U0305754

自然科学史

［英］詹姆斯·金斯　著
韩阳　译

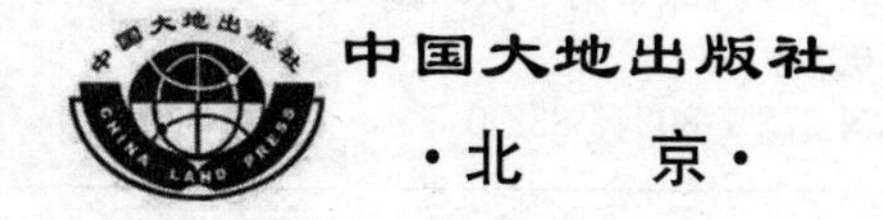

中国大地出版社
·北　京·

内容简介

本书把自然科学从起源到现在的发展过程的概貌整理了出来，揭示了自然科学发展的历史轨迹，并从中概括出自然科学发展的基本规律。通过对古代卓越的物理、数学和哲学方面成就的记叙，描述了自然科学的发展脉络。

图书在版编目（CIP）数据

自然科学史/（英）詹姆斯·金斯著；韩阳译. --北京：中国大地出版社，2016.3（2021.4 重印）

ISBN 978-7-80246-832-0

Ⅰ.①自… Ⅱ.①金… ②韩… Ⅲ.①自然科学史 Ⅳ.①N091

中国版本图书馆 CIP 数据核字（2016）第 007051 号

Ziran Kexue Shi

作　　者：（英）詹姆斯·金斯　　译　　者：韩　阳
责任编辑：王雪静
责任校对：王素荣
出版发行：中国大地出版社
社址邮编：北京海淀区学院路 31 号，100083
购书热线：（010）66554518
网　　址：http：//www. gph. com. cn
传　　真：（010）66554518
印　　刷：北京财经印刷厂
开　　本：880mm×1230mm　1/32
印　　张：9. 125
字　　数：220 千字
版　　次：2016 年 3 月北京第 1 版
印　　次：2021 年 4 月北京第 5 次印刷
定　　价：45. 00 元
书　　号：ISBN 978-7-80246-832-0

（如对本书有建议或意见，敬请致电本社；如本书有印装问题，本社负责调换）

目 录

第一章　遥远的起始

（公元前5000—前600）

当物质文明以“断颈速度”，将我们带往一个谁都无法预见，或者说以前也从未猜出的端点时，我们只能无力地任由一切如此进展。过去100年发生的变化比罗马帝国1000年发生的还要多，更超过了石器时代的10万年。在很大程度上，这些变化来源于蒸汽、电和石油，以及多种工业技术的应用，并且它们正在影响着我们生活中的一切。这些变化出现在医药和外科医学中可能会拯救我们的生命，但在战争中却可能使我们陷入彻底毁灭。从更加抽象的角度讲，这些变化已经对我们的哲学观念、宗教和对生命的总体看法产生了重要的影响。

本书非常希望能够梳理自然科学的发展历史，并找寻出它在获得今天的力量和重要性的道路上所历经的步伐。要完全达到这种效果，我们应该回顾过去，看一看尚没有自然科学的时代，看一看我们的穴居祖先开始注意为什么黑夜后继白昼，为什么火可以毁坏，以及为什么水从山顶流到山下等现象之前的时代。

而我们无法做到这些。我们的早期历史隐藏在过去的雾霭之中，我们最想要了解的关于过去的事实游离于我们的探寻之外。我们也许将永远不会知道，是哪些人或民族首先发现了火可以通过摩擦产生，或者首先发现了轮子、船帆和杠杆原理，但我们仍然还有早期人类在他们的茅屋和山洞中所留下的，或者与死者埋在一起的工具和武器，还有古埃及人的金字塔和他们墓穴中的器物，以及苏撒、伊瑞克、乌尔城和克诺索斯的建筑物、图画和家居用品。从这些碎片遗迹中,考古学家可以重新构建这些早期民族的某些生活场景,而且可以发现原始科学在其中起到的作用。

对科学的兴趣变得系统化的最早证据,来源于幼发拉底河和尼罗河河盆地区的文明,时间大约可以追溯到公元纪年前的第4个千年和第5个千年。人类当时还处于新石器时代,但正在迈进“青铜时代”(青铜在公元前3800年左右已经开始在克里特岛使用,在古埃及第5王朝,即大约公元前2800年或更早也开始使用,这些模糊的遥远时代仅基于非常笼统的猜测),他们学习着如何通过一种锌混合物将太过柔软的铜变得坚硬,进而将所得到的合金制作成工具和武器。这一阶段人类在艺术方面的发展远超过科学,可以看到的是,他们已经开始制作雕塑、陶器和珠宝,并且其中的技艺表现高超。

上述两种文明各自有独特的地理位置,但并非完全迥然不同,因为它们在文化、艺术甚至宗教方面都显现出某种共同之处。已经发现的大量证据显示,在公元前5000年以前,一个和平的、充满艺术的和具有高度才能的种族离开了他们在亚洲中部的栖息地,进入美索不达米亚—— 一片位于幼发拉底河和底格里斯河的“两河之间”区域,这里正是被称为“人类摇篮”,或更加准确地被描述为人类文明摇篮的地区。在与当地土著种族融合的过程中,他们产生了新的人群——苏美尔人,并继而将文明提到更高,达到了其他任何原始民族都不曾达到的层次。苏美尔人具有令人瞩目的工程技艺,诸如大约于公元前5世纪在美索不达米亚下游地区所建立起来的灌溉系统,以及宏大的庙宇和宫殿都是例证。即便在公元前5世纪,他们的手工工艺已经达到可以利用陶工旋盘来制造精致陶器,并用一种棕色赤铁矿混合碱盐和钾制成明亮的黑漆装饰。在乌尔地区的墓地中出土了公元前3500年具有精致工艺的金、银、铜和贝壳制艺术珍品。

外来入侵者中的一些人停留在了美索不达米亚,但是其他人似乎继续向前进入古埃及，带去了某些苏美尔人的影响。同样，这里也迅速形成了高度文明，如人们可以非常科学地界定天文年的长度。古埃及人以前的历年为精确的365天——12个月，每月30天，再加上额外5天的圣日或“天空日”。但由于天文年中，地球绕太阳运行的时间长于365日，两个年份并不同步，每年的自然事件，如尼罗河的泛滥，都在历年法中的时间上稳定地向前推移发生。由于尼罗河泛滥的发生并不十分规律，因而无法用来确定天文年的确切长度，因此古埃及人不得不开始寻找更加精确的时钟。

他们在升起的东方星座中找到了依据。每一颗星星都要比前一天早升起几分钟，所以每天早晨都可以看到一些新的星星，而它们在前一天的同一时间，还未升起就淹没在太阳的光亮中。天狼星第一次可见的日子与尼罗河的泛滥极为巧合，并且在每个天文年中重复发生，因而形成了一种标志，这就是一个准确的天文钟，指示着每个确切的天文年。观察发现，第一个可见的天狼星的升起，在历年法中前进的速度，是每4年一天，从而天文年被视为有$365^{1}/_{4}$天，并且第一次可以看到的升起的星星在1461年后会回到其初始位置，古埃及人称这个期间为“天狼星周期”。一个新的周期在公元139年开始，据此可以计算出起始的那一个周期何时开始。可能的情况是，古埃及人的历法开始于公元前4240年出现的那个周期，也就是说，即便在这个早期，他们已经通过真正的科学观察获得了有关一年长度的准确知识。

在第一个王朝开始之前（大约公元前3400年或更早），古埃及的匠人就一直利用铜、金、石膏和象牙进行熟练操作，他们已经发现，可以通过加热沙子和钾碱或苏打，以及金属氧化物制作出一种装饰用釉料，并且知道，可以通过在其融化物中加入一点铜将其变成蓝色。

他们已经开始使用写作材料——钢笔、墨水和纸，并在采用一种字母和确定的数字系统（见埃及节注释）。通过这些，他们对当时的事件进行记录,包括跟踪尼罗河涨潮中所达到高度的数据。但是,也许他们文化中最引人注目的证据是胡夫金字塔,大约建于公元前2900年。该金字塔的底部是一个完美的四方形,其各边为精确的南北向和东西向,这样确切的图形,即便在沙地中将其画出来也绝非易事。更加出众的是这个地基上面矗立的结构,其面是完美的平面——或者在其外罩被剥离之前,并且所有都是精确的51°50′。其“砖头”是2.5吨重的石板,并且相互完美适配,其间隙紧密,甚至无法插入刀刃。法老的墓室位于结构的中心,顶为56块石板,各54吨重,它的放置蕴涵着高等几何知识和发达的工程技巧。

在其东部地区有印度和中国,二者在公元3000年以前即具有高度发展的文明,并且可能也具有高度发展的科学。中国人保留着自公元前2296年以来的彗星出现的记录,《尚书》是一部当时的文献集录,记载了尧帝命令保存的有关最长日和最短日以及昼夜平分点的史实。他们可能已经能够预测日食、月食,因为有记载说两名天文学者因为没能做出预测而被处死,“盲人音乐家敲着鼓,官员们骑上马,人们聚集到一起。这时,亥和霍就像两个木偶,没有看到也没有听到,因其不能计算和观察到星星的运动,招致了死刑”。

这些情况表明,天文学在中国一定已经达到了较高水平,印度的情况大概与此类似,但我们不得而知。幸运的是,这个问题对我们的探索而言并不十分重要,因为我们更注重结果而不是播种。我们的主要研究不是自然科学的起源,而是它的发展,而值得记载的发展直到公元前6世纪才开始。这起初是在希腊的艾欧尼亚,即形成小亚细亚西部边缘的锯齿状海岸线和岛屿地区,然后从这里逐渐延伸出去,先到达希腊大陆,然后逐渐散布到欧洲其他地区。

希腊仍然还是一个新的文明地带,在它的东方有成熟的文明,如中国、印度、波斯、美索不达米亚、腓尼基、克里特和埃及,在它的西方还是文明未曾触及的地带——荒凉、野蛮的日落之地。科学,如同文明的其他部分一样,从东方向这个区域照来曙光。思想和知识开始从东方的初始文明地区流入这些西方新兴的文明地区,通常是通过贸易促成的,但偶尔的殖民化或军事征服也起到了催化作用。印度和中国对西方科学的贡献仅仅通过近似媒介的传播,所以我们如果对这些较远的东方文明忽略不计,而将注意力集中在成为欧洲直接踏板的较近地区,也不算大错。这些地区中首当其冲的是美索不达米亚(或按照现代定义为古巴比伦王国)、古埃及和腓尼基,让我们看一看这些文明在公元前6世纪做出的贡献。

古巴比伦

古巴比伦人最伟大的成就之一是他们的数字系统和计算方法,如同大多数远古时期的民族一样,他们首先使用了一种简单的10进制系统——例如,他们以10来计数——按亚里士多德的推测,这很可能是因为人有10个手指。亚里士多德在他的《问题》一书中提道:“为什么人们,无论是蛮荒人还是希腊人,都数到10而不是其他的数字?这不可能是巧合,因为普遍并且总是在做的事不会是出于巧合的……这是否是因为人生来有10个手指,所以人们也用之来计数其他的事物呢?”

但是,如同很多民族已经发现的,一个10进制系统并不是完美方便的,已经有评论认为,如果人类有12个而不是10个手指,那么数学会简单得多。因为12可以被2、3、4、6整除,这样可以避免一些麻烦的分数,如$33\frac{1}{3}$和6.25,它们出现在10进制系统中,因为10不能被3或4整除。但即便是12进制也是不完美的,因为12不能被5整除。晚期的巴比伦人尽量将两种系统的优势合并起来,使用一种60进制,即这个较大的单位有60个较小的单位,而且60可以被至少10个数字整除——2、3、4、5、6、10、12、15、20、30。大约公元前2000年，他们在乘法表中采用这个体系，其效果被证明是如此便于应用，所以直到今天还存在于1小时的60分钟、1分钟的60秒，以及相应的角度刻度中。

巴比伦人将这个60进制与一种标记法结合起来，即一个符号的值取决于它在一个数字中所占据的位置。这种优势在未来的希腊和罗马计数体系中明显缺失，可以说是一种灾难。在我们当代的标记法中，123意味着 $1\times(10^2)+2\times(10)+3$ ，数字由于在不同的位置，显示着百、十或个。同样，对巴比伦人来说' ' '（三点）代表 $1\times(60)^2+2\times(60)+3$（与我们的10位阿拉伯数字1、2、3……不同），巴比伦人只使用两种符号——楔形的'来代表单位1和<来代表10。我们几乎可以设想这些代表一个手指和两只伸开的手。例如，他们表达我们的14，写作< ' ' ⁏，上三点下一点）。他们的分数标记法与我们的类似，我们用1.23来代表 $1+\frac{2}{10}+\frac{3}{(10)^2}$ ，他们则用' { ' ' ' ' '来代表 $1+\frac{2}{60}+\frac{3}{(60)^2}$ 。他们没有将这个标记系统直接传到欧洲，但这很可能是印度—阿拉伯10进位系统的起源，并最终通过阿拉伯人传入西方，进而被整个世界采纳，直至今天。我们不知道在什么时间和通过什么方式使60进制成了10进制。

他们在相同方向走得更远，例如，将长度单位里格（league）分成180考得（cord），将考得分成120腕尺（cubit），还将一个完整的圆圈分成360°。一些人认为他们这样做是将等边三角形60°作为基本单位，再将其分成60个亚单位，其他人则认为天文学方面的考虑在其中起了作用。早期的巴比伦人最初试图测量一年的天数，他们会发现有360天。在公元前2000年以前，他们就一致认定，将一年定为360天作为约数，再分为12个月，每月30天，并且根据需要插入额外的月份以避免日历与季节相悖。在较晚的时候，他们还追踪了黄道十二宫——太阳、月亮和行星在天空中跨行的路线，并将之分为12个区域，这样太阳就每个月在其中一个区域中运行。很自然地，现在将这些中的每一个区域分为30个部分，太阳每天可以穿越其中，整个圆圈可以分为360个相等的部分。

有证据表明，古巴比伦人不仅命名了黄道十二宫，还将北部天空分为“星座”，或者称为星群，并对其命名，直至今天。他们没有到过地球南部，所以没有见过南极上空的星星，这里的星座有其现代的名称，如“时钟”和“望远镜”。但是北部天空的星座名称则来自古代典籍中的传奇人物和英雄，表明它们是在古代被划群和命名的。

地球随着旋转会摇摆不定，所以从地球表面任何地区可以见到的天空部分，都处于不断地变化之中，具有古代名称的星座属于大约公元前2750年北纬40°N处可见到的部分，因此这可以认为是古巴比伦人在那个时代进行的分组和命名，这些星座与今天的北部天空的星座几乎一致。中国人对星座的分群和命名与此不同，表明我们的星座不是从中国传来的。

早期的天文学者不知道如何对一天中小的零头部分进行精确测量，人们在这方面的迷惑一直延续到伽利略发现了钟摆定律的17世纪早期。但是，在公元前大约2000年到3000年的时间内，巴比伦的神职人员已经能够较为准确地记录行星的运动，尤其是关于金星。一座寺庙据说保存有石板库，记载了大约公元前3000年以来的类似观测，而那些开始于公元前747年的部分则被证明对后期天文学家极为宝贵。到公元前7世纪的时候，天体运动得以在完整的天文台系统中进行定期记录，并且将报告呈递给国王，而后者似乎掌控着天文台和历法。

较为近期的巴比伦学者已经对天文学了解很多，可以预测日食和月食。当月球运行直接处于太阳和地球之间时，太阳便出现日食。同样,如果太阳、地球和月球都运行到同一平面时,那么每个月亮月中都会出现食况。但实际上这三个天体总是运行在不同的平面中,所以现实中的食况仅仅在大约233个月亮月时才会出现,也就是大约18年$11\frac{1}{3}$天。这个期间即为“撒罗尼克周期”,简称“撒罗”,通过对撒罗的了解,古巴比伦人在公元前6世纪可以预测食况。

在更晚的时候,他们对其他天文时期做出了令人惊异的准确测量,下面这几个对月亮月的估算尤为突出:

那巴瑞阿奴(Nabariannu)(大约公元前500年)	29.530614天
西单努斯(Kidinnu)(大约公元前383年)	29.530594天
真实值	29.530596天

此类精准的知识所带来的,是在预测和预言天文未来方面的某些有限的能力,这无疑可以解释古巴比伦人显著热衷于天文学,以及古巴比伦天文学者在整个古典世界中所享有的令人惊异的特权的事实。如果一个天文学的学生便可以预测太阳、月亮和行星的运动,如果(天文学联谊会在灌输该信仰时显得十分谨慎)这些天体的运动影响人们的生活,那么天文学家可以明显地使他们所服务的人免于不良影响,并且向他们显示如何将有利的情况最大化。

几何在古巴比伦也似乎出现了一段辉煌时期,对大约公元前1700年的石板的最新破解显示,当时的巴比伦人熟识希腊人在公元前5世纪所重新发现的著名的“毕达哥拉斯定理”,甚至知道如何找到整数,使三角形通过具有该数值的边而成为直角三角形。希腊人是伟大的几何学家,但是,至少在这个特例中,古巴比伦人领先了1000多年。

同时期的石板还显示,巴比伦人在数学计算方面有很高的技艺,其中的一些石板记载了一些问题的解法,甚至可以出现二次方程，例如，在和与积已知的情况下确定两个数的数值。还有些石板记载了将某些数值自乘到某次幂，从而得到另外一个确定的数值的知识，这应该是用来计算复利的。实际上，可以找到此类计算的两个实例，附属利息率为20%和$33\frac{1}{3}\%$。

古埃及

古埃及和古巴比伦从早期起就有着紧密的商业和文化联系，因而不可避免地有很多共同之处。如同古巴比伦人一样，古埃及人对正整数也有着很好的10进制标记法个位和10位分别由“|”和“(”表示，代替古巴比伦的“'”和“<”，还有其他符号表示百、千，直至百万，但在分数方面却不是这样。古埃及人的做法一直被希腊人效仿，直至6世纪，即将所有分数（$\frac{2}{3}$是唯一例外）表述为分数能除尽的部分之和——这些分数每个都有一个单位元素作为分母。例如，他们认为$\frac{3}{4}$仅仅是$\frac{1}{2}+\frac{1}{4}$。

我们对于他们的数学方法的知识，主要来源于大英博物馆中莱茵德藏品中的羊皮纸文物，其时间可以追溯到公元前1650年，但这只是一个复制品。从内在的证据看，其原品应该是在很多个世纪以前所写成的。在记录中，很多分数可以分解成可除尽部分之和，最初的分子总是2，如：

$$\frac{2}{97}=\frac{1}{56}+\frac{1}{679}+\frac{1}{776}$$

但对于此类分解并没有一个规则，整个论述似乎只是一个反复实验所得出的结果的摘要。我们的印象中，古埃及人是一个历经艰苦跋涉但缺乏想象力的类群。

古埃及人的乘法是俄罗斯人一直到近代才开始采用的方法，

被乘数——被乘的数，首先翻倍，然后再翻倍，以此类推，由此出现一个表，给出被乘数的2、4、8、16倍……通过这个表，他们使用需要的项，得出需要的结果，再将它们加起来。例如，如果乘以13，古埃及的数学家会将被乘数的1、4、8倍项找出来填进去，然后再求和。

他们有一个简单的方法来找到所需要的项，假设我们需要用13去乘117，首先将13和117写在同一条线上，如下。然后将13除以2，不计余数，以下亦同，然后将商6写在13下面。同时，我们将117乘以2，将积写在117下面，这样完成第二行。我们重复该过程，获得第三行，继续直至第一个项降至1。现在将所有第一栏为偶数的行列划去——本例中只有第二行，然后将所有第二栏中剩下的项加起来，如图（如果数学家看到被乘数用2的进位法表示，第一栏的奇数和偶数会对应为1和0，那么就可以看出其中的理由），和1521就是我们需要的结果。

13	117
6	234
3	468
1	936
17	1521

这种方法将所有整数的乘法换成一系列的×2的乘法，分数可以通过上面的分解表乘以2。

在普通天文学方面，古埃及人远远落后于古巴比伦人，他们除了记录下几个场合中天空显现的外观外，所做甚少，而这也仅仅是为了祭祀而非研究，似乎他们并不好奇为什么天空的事情是这样发生的——所留下的仅仅是没有想象力的记录。

而另一方面，古埃及人在几何方面很可能比古巴比伦人领先很多。由于尼罗河水每年泛滥冲毁土地，所以每年都有希绪弗斯（Syisyphus，神话，指无休止的劳动）似的丈量土地的重复工作，这使得几何研究和实践十分重要。莱茵德羊皮纸记载有很多测量的数字规则,以及更加抽象的几何信息,但语言的隔阂往往使理解变得模糊。例如,我们无法弄明白三角形的面积是底的一半乘以高,还是底的一半乘以边。前者当然是对的,后者不对,但如果三角形非常高窄,那么二者的区别就不大,而这正是羊皮纸中画出的实例。

一份新近发现的羊皮纸,即十二王朝的莫斯科羊皮纸(大约公元前1800年),显示了关于抽象几何的更加广泛的知识。例如,其中记载有一个关于计算缩短的金字塔的容积的正确公式,即一片金字塔被沿着与地面平行的方向切下,如同部分完成的石金字塔。还有一个关于半球面积的公式,表明半球的面积是其基底圆的面积的两倍。这当然正确,尽管其中给出的圆周率π值为$\frac{256}{81}$,而这个值是当时古埃及人所普遍认同的。

但古埃及人的真正伟大之处不是在数学方面,而是在医学方面。大约公元前2500年的雕刻描述了一个正在进行的外科手术,而大约公元前1600年的艾贝尔羊皮纸记载了一份有关准备相关药物和治疗物质的完整论述,还有埃德温·史密斯羊皮纸可以称作真正的外科科学论文。在几何学和工程学之外,药学和外科学似乎是古埃及人真正杰出的领域,但无论古埃及还是古巴比伦都没有可以被称为自然科学的东西。

腓尼基

斯特雷波告诉我们,腓尼基人对数字科学、航海和天文学具有特殊兴趣。我们大概可以完全相信,如果没有相当的数字才能,它们不可能成为伟大的贸易强国;如果没有学习航海和天文学,也不能成为最伟大的海洋国家。这方面没有太多的证据,如同已知的,那里的任何文献甚至在没有被引用之前就已经消失了。台利斯曾经建议希腊人采用腓尼基人的做法,通过小熊座而不是大熊座找到北方,如同他们常做的。但希腊人似乎没有听从这个建议,因为在大约6个世纪以后,我们发现了阿拉图斯。一个不太著名的希腊诗人这样写道:“通过大熊座希腊人才在海上知道他们航船的方向,而腓尼基人则在过海时相信小熊座。大熊座现在明亮易见,在夜幕初降时硕大高悬,但小熊座则对于水手来说更合适,因为它旋转的环形更小(更靠近北极),正是通过它,西顿人航行在最直的航道上。”

重要的是,早期希腊的两名最伟大的科学家——塔利斯和毕达哥拉斯被誉为腓尼基之精英,如同几何学家欧几里得和哲学家芝诺,尽管很多人不以为然。

希 腊

自然科学研究最终是寻找主导现象的法则和秩序,因此,如果没有用来发现和讨论这些法则和秩序的工具,它就不能长足发展,自然科学中的基本工具是数学、几何,以及测量时间和空间的技术。

现在这些工具似乎在古埃及和古巴比伦以及腓尼基都可以获得,这自然出于当时时代的需要。但是它们都没有得到严谨科学的运用,直至几个世纪以后。而且当真正的科学精神首次出现繁荣时,其地点却不在古埃及或古巴比伦,而在爱琴海的小型的希腊殖民地上。那里没有与过去完全割裂,但是柔软的植物好像获得了新的生长能力——似乎希腊的新鲜土壤提供了更古老文明所缺失的一些新要素。这些新要素是什么呢?也许部分是将知识从祭司手中解放出来,使之传播到普通人手中。如同法灵顿所写:“古埃及和古巴比伦有组织的知识一直有一个传统，在祭司类的学校中代代相传。但6世纪希腊人中出现的科学运动却是一次完全的世俗运动，这是关于创造和财富的，不是声称代表诸神的祭司的运动，而是那些仅仅希望对人类的普遍需求进行倾听的普通人的运动。”更广义上说，正是那种特殊的学识上的好奇才促使人们尽量理解而不是仅仅知道。

亚里士多德认为，古埃及人没有希腊人这种对知识的热爱，他们的激情更多的是针对财富和物质方面的富饶。他们积累了大量的某些特定而孤立的事实，但是没有意识到将其中一种事实用来指导另一种。知识仅仅是一种揭示，是诸神的礼物，而不是人们用来发现透特未曾述说的世界的基础（透特为智慧月亮女神，在柏拉图的《斐德罗篇》中，苏格拉底说，他早已听说埃及神透特第一个发明了数学、计算科学、几何和天文学），所以我们读到了祭司般的观察者们站在主塔上夜复一夜地记录着星星的位置，但是我们没有听说过任何试图发现它们运动法则的尝试。

古巴比伦人受到了天文成就的影响，这使得他们不断完善预测天文未来的这种十分有利可图的技艺，但是我们同样很少听说他们试图在单纯的智慧好奇上增加知识，或使用所有的知识来进行任何利用天文学增加收益以外的活动。知识在古埃及和古巴比伦不断积累，在腓尼基可能也是一样，但是为了知识自身而对知识进行寻求并没有产生太大吸引力，直至希腊人的到来。

这些希腊人表现出新的能力和兴趣，并且可以将不联系的事实熔炼成科学，他们是什么人？来自何方并如何使用了智慧的力量？

我们无法回答，这是最大的历史谜团之一。伟大的古代文明——印度、中国、波斯、克里特的米诺斯文明、美索不达米亚的古巴比伦文明，都是在希腊人出现以前的几千年里就已经建立起来的，每一个文明都有自己独特且明显的特点。更新的希腊文明没有它们的印记,这是个新鲜的、更年轻的文明,毫无疑问与前不同。关于它,我们所拥有的第一张清晰图片是荷马史诗,尽管一般认为成文于公元前9世纪,但很可能描述的是早于200年的希腊文明,它告诉我们一个热情且快乐的民族,与身体而不是思想共存,尽管对自身所存在的世界有所疑问,但从不为其所困扰。他们的理想是在生命之火前紧握双手,并在火焰的持续中完全享受。除了提到几个星星的名字外,这些诗文对任何自然科学都不熟识,而且也没有预示任何抽象思考和学术好奇所产生的力量,而这些力量将在几个世纪以后便结出光辉之果。

但在艺术方面,很多人注意到,在新的希腊文明与古老的、在公元前3500年到前1500年时,以克里特的克诺索斯为中心的米诺斯文明之间存在着相似性。他们发现在两者之间存在着同样地美学和对形体的感受,同样的精美手工艺和对细节同样的注重。学者们无法阅读米诺斯的古卷,但他们中的有些人认为后来的希腊文明一定从早期的米诺斯文明中学习了很多。米诺斯的位置使其成为贸易中心,它可能已经从东方获得了很多商品和思想,并将之传播到西方。

即便如此,这些事实也不能告诉我们希腊来自哪里。很多学者曾经想象,是入侵者——荷马的亚该亚人,大约在公元前1400年进入希腊,他们的铁制武器使只使用原始武器的土著皮拉斯基族迅速瓦解。一些人认为,他们来自西亚或者俄罗斯斯特普斯族。另一些人认为他们从多瑙河的盆地或北部欧洲进入。还有人认为,入侵者的主力停留在了希腊大陆,而一些支脉继续进入爱琴海的沿岸和岛屿并定居——也就是小亚细亚的西部边缘,在那里他们的驻地北邻艾欧尼亚(小亚细亚西岸地名,古代希腊的殖民地和早期希腊),南邻朵瑞亚。他们带来了自己部落的神祇,即天空—雨水之神宙斯,他住在山上,能发出雷电,有自己的随从儿子和女儿——阿波罗、雅典娜和其他群属。这些神很快被希腊人接受,但是还要与已经在希腊的其他神分享权力，并与更多原始部落的兄弟神结为近属。

不管怎样，可以做出一个较为可靠的猜测：希腊人是一个混合的种族，他们的文明是诸多来源的混合体。历史上有很多例证，新的文明在入侵的征服者与原土著民族的混合中成功崛起，如同当铁和锌混合时，一种新的东西就会生成，比其初始物质都要高级——这大概就是希腊的情况。

某种程度上几乎是突然地，我们遇到一个非常独特的希腊智慧文明，随之而来的是我们理解的最初的科学家。这一切都出现在大约公元前6世纪，如同希罗多德所说："希腊种族与野蛮人分开，与胡言乱语相比，是更加有智力、更加解放的种族。"在艾欧尼亚，尤其是米勒图斯，即艾欧尼亚或整个希腊的最大城市，尽管其人口可能不超过1万人。这里是重要的贸易中心，尤其是与古埃及的贸易，而且因为其已经在地中海沿岸建立了超过60个自称的子城市，所以必然享有着与地中海国家不断的思想交流。出土的陶器显示，这里自米诺斯时代就已存在，到公元前6世纪中期，已经成为希腊杰出的文化中心，好似一个焦点，学识之光便从这里由东方射向西方。

第二章　艾欧尼亚

(公元前600—前320)

本章中,我们将探讨希腊科学进步过程中最初的三个世纪。我们的时代起始于东方科学思想首先对希腊艾欧尼亚产生的影响,终结于亚历山大大帝对希腊的征服(公元前332年)、亚里士多德的去世(公元前332年)、希腊科学和艺术的整体衰落,以及在后来的多个时代中保持为学术中心的亚历山大港及其大学的建立(公元前332年),简而言之,我们研究的希腊学术是处于兴盛时期的希腊科学。

这些科学几乎完全是数学科学,希腊人没有任何像我们今天所拥有的实验室和天文台的复杂仪器设备,事实上,他们的仪器仅局限于自己的大脑,但这是最好的大脑,就像埃斯库罗斯和索福克勒斯所表现出的思想力量可以与莎士比亚相媲美一样,阿基米德和阿里斯塔克的智慧亦可以与牛顿相提并论。因此,他们可以在解决不同的问题时仅仅采取反思和沉想,只是靠最少的观察获得帮助,因而当涉及物理学和天文学时,他们进行的不过是哲学思考,而非我们所理解的真正的科学行为。

方便起见,下面依次分别讨论早期希腊数学、物理学和天文学。

希腊数学:艾欧尼亚的学校

希腊数学家中首先要提到的是泰勒斯,泰勒斯大约在公元前

624年生于米勒图斯，卒于公元前546年。希罗多德说，他具有腓尼基的血统，但其他资料认为他来自于米利都贵族家庭。

他是学识上的巨人，如同很多科学巨匠一样，他可谓多才多艺。诸如“政治家、工程师、商人、哲学家、数学家和天文学家，几乎涵盖了人类思想和活动的所有方面”。如同很多思想家一样，他也有这样的名声：生活在自己的世界里。柏拉图记述过他的一个故事：他一边走路一边看着天空，结果掉到了井里，然后“被色雷斯的一个聪明而可爱的女仆所搭救”，这说明他太过于专注天空发生着什么而忽视了脚下的事情。尽管有这样小的失误，但他在实际事物上还是显现得非常精明的。亚里士多德记述说，有一次橄榄即将大丰收，他利用此机会在橄榄压榨中做了一个“垄断”，然后按照自己的价格出售，并从中赚了一大笔钱。他是一个显然有着某种特殊能力的工程师，曾被指派将克罗伊斯的军队带过哈里斯河，而脚没有沾湿。他的方法是在自然河岸边做了一个人工河岸，当军队走过原河岸和干涸的新河岸后，河水便又被放回原来的河道。而且，我们还不止一次地读到有关他曾有效地介入政治活动的著述。

由于正是通过他的活动，科学精神首次进入了希腊。我们非常想知道他对于科学的兴趣来自哪里，他是如何产生这种兴趣的，但这方面的信息却十分缺乏。可能会受到一些古巴比伦的影响，我们了解到古巴比伦的一个祭司在考斯岛附近建立了学校，而且有猜测，泰勒斯可能是他的学生。另一方面，我们知道泰勒斯进行了很多旅行，尤其是在古埃及和古巴比伦，而且我们可以确切地知道他没有任何老师，仅仅与古埃及的几个祭司有联系。

不论情况怎样，一个具有如此广泛和多种兴趣的人可以被认为有能力吸收在旅途上遇见的任何科学观点，这在那些日子里极为罕见。他可能在古埃及获得了一些几何知识，在古巴比伦学会了撒罗尼亚周期和预测日食、月食的古巴比伦方法。据希罗多德的回忆显示,当回到家后,他因为预测了日食而声名鹊起(现在对此有很多质疑,但我的记述来自于希罗多德以及多位历史学家的重复。如果故事是真的,此次日食应该发生在公元前585年5月28日)。日食发生在米提亚人和吕底亚人正在进行战争的时候,并且如此完全,以至于双方停止了战斗,这被认为是神祇希望战争停止,因而和平得以实现。之后在公元前582年,不仅在日食方面,预言也获得了显著的地位。泰勒斯被宣布为希腊的“七位圣者”之一——在诸多政治家中唯一的哲学家。普鲁塔克在公元100年的文章中写道,他是七个人中唯一“智慧通过思维跨越了实际功利界限的人”。

他的著作没有保留下来,我们只能通过第三方的资料了解。在他去世1000年后,雅典哲学家普罗克勒斯在其《论欧几里得》一书中,以对欧几里得的希腊数学的追溯作为开篇。其中的事实告诉我们,泰勒斯去过古埃及,并且将几何传到了希腊,他不仅仅对其应用感兴趣,还认为这是一个“演绎的科学,其基点在于一般性的论题”。书中将下面四个论题归于泰勒斯:

(1)一个圆的任何直径将圆分成两个相等的部分。

(2)等腰三角形的底角类似(图2-1,泰勒斯认为相似而不是相等,表明他没有将角度当作量值,而只是作为线条组成的图形)。

(3)当两条直线交叉时,对顶角类似(图2-2)。

(4)当三角形的底确定,且两个底角确定后,那么三角形完全确定。

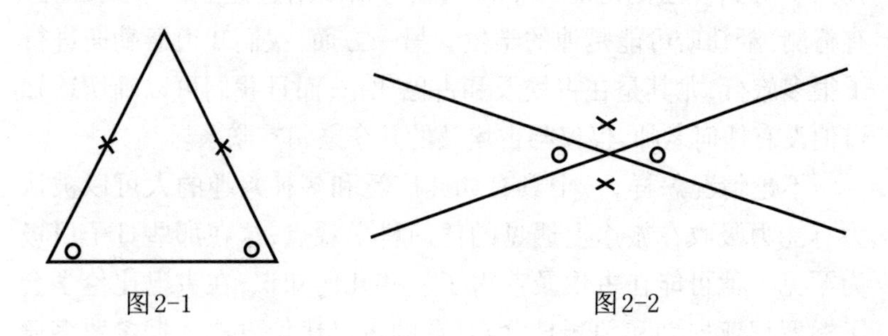

图2-1　　　　图2-2

普罗克勒斯还被认为做了如下贡献：当两个三角形是相同形状时（角度相同），它们的边成比例。他说，泰勒斯测量了埃及金字塔的高度，方法是将其阴影与一个长度已知的木棍的阴影进行比较。例如，如果一个6英尺[①]的阴影来自于一个3英尺的木棍，那么600英尺的阴影应该来于一个300英尺的物体。普罗克勒斯认为，这个测量方法对当时在场的古埃及国王阿玛西斯产生了很大的触动。但是，其他更早的学者，希罗尼穆斯和普林尼则认为，泰勒斯选择了阴影和物体高度相等的时刻。如果这是真的，泰勒斯大概不会太了解更加一般的命题，也不会太了解更加困难的比例问题。另一方面，普罗克勒斯说，泰勒斯可以确定海上轮船的距离，他的方法涉及比例理论，而方法的细节无从知晓。

泰勒斯还与另外一个定理有关联，他一定认为这个定理很重要，因为据说他将一头牛奉献给神灵作为祭品，用以庆祝该定理被发现。潘菲拉在记述尼禄（公元54—68）掌握政权期间的事迹时，这样写道："泰勒斯是第一个将折角三角形置于半圆的人。"也就是说，他是第一个发现半圆中的角是直角——如同图2-3中的角ADB。所有这些定理都与线关联，而古埃及的几何仅仅与平面、面积和体积关联。我们可以说，泰勒斯是线条几何的创造者。泰勒斯的定理进而宣布了抽象的一般原理，而古埃及人则仅仅关注实际的测量，泰勒斯建立了抽象几何，并成为一种科学。

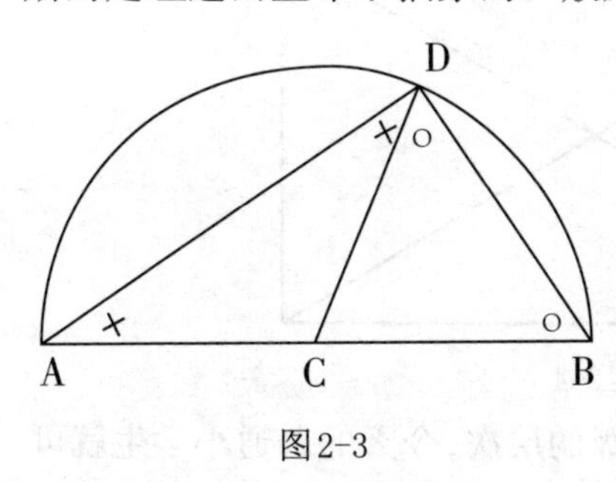

图2-3

我们不知道泰勒斯是如何得出他的结论的，只要几何通过单纯的演绎方法继续前进，那么如果没有通过首先预定的假设，就不能从中得出任何结

① 1英尺＝0.3048米。——译者注。

论。如果能够知道泰勒斯究竟做出了什么假设来得出他的结论，那将是十分有趣的。有一些很简单，也不会产生问题，例如，我们可以看到，当将一个圆沿着直径折返时，这个圆就被两分，但关于一个半圆内的角都是直角的命题就不那么明显。如果知道一个三角形的三个角的和等于两个直角，那么就可以比较容易地通过演绎得出结论，否则，证明该命题就比较困难。泰勒斯很有可能并不知道这个原理，他不将角度作为一个量来看待，所以将角度相加对于他来说是陌生的，普罗克鲁斯（希腊数学家）将定理归功于泰勒斯之后50年左右的毕达哥拉斯。另一方面，泰勒斯可能非常了解一个长方形的对角线相等，并互相平分。这种关系在观察贴着瓦片的地面时就可以注意到，当想到一个一半长的对角线不可能比任何另一个一半长的对角线长时，这个事实就会非常明显。

如果泰勒斯从没有注意到这一点，那么他可能会另外注意到，一个圆圈可以通过一个长方形的四个角画出来，那么该定理也就很明显了。泰勒斯的很多证据可能就是这种半直觉，的确，普罗克勒斯告诉我们，他“发现了很多定理，他的解决方法有些很抽象，有些则更基于实测”。

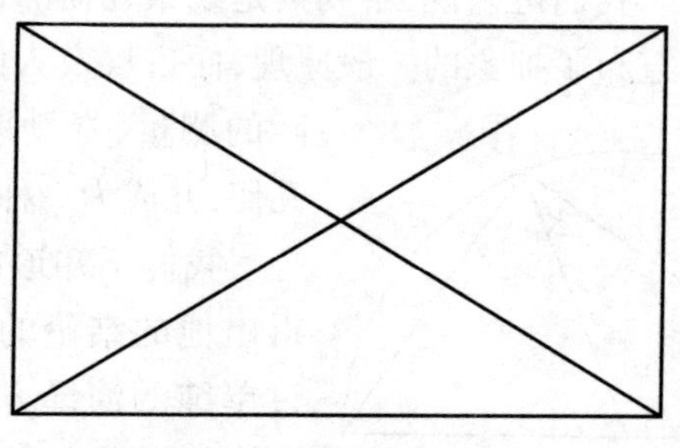

图2-4

他的多数“发现”处于很初级的层次，今天的普通小学生就可以斥之为显而易见，但这只是说泰勒斯站在欧洲几何的源头，他将发现的溪流变成了真正的科学通道，从而对几何史的追溯，乃至对数学和一般科学的追溯,变成了仅仅是对这个溪流的追溯。自然科学的主要实践成就——电流、电报和电话、飞机和机动车,收音机和电视,都来源于西方,但如果我们一直追溯到最初,可以发现,它们都来源于由泰勒斯所开发的知识溪流。

阿那克西曼德(古希腊唯物主义哲学家),为泰勒斯的同乡和朋友,生于大约公元前611年,卒于公元前547年。斯维德斯告诉我们,他写了一部关于几何的书,这样他似乎可以将泰勒斯的几何传统继承下去,但是他显然对天文学、地理学和哲学的一般问题更加感兴趣。除了他的几何学外,据说他还写了唯一的一部书《论自然》,在其去世前出版。泰奥弗拉斯托斯(古希腊哲学家、自然科学家)对他及其学说进行了介绍,所产生的印象是他具有伟大的思想力量和广泛的兴趣。有时,他似乎比其所在的年代早出生了2000年,他当然是比任何同时代人更加接近今天科学观点的人。

尤其值得注意的是,他将进化的思想引入了科学。希波吕托斯记录说,他区分了"三种状态,形成、存在和消逝"。他将所有变化归于运动,并且坚持认为,有无数的世界都在运动中,"因为如果没有运动,将没有形成和消逝"。他还将进化的观点引进了生物学,认为活着的东西最初都来源于黏质物,在阳光下会蒸发;它们在开始时有多刺的表皮,然后移动进入较干燥的地方。他认为,人生于鱼,并且在初始时像鱼。人类与其他出生后即可自己觅食的动物不同,人类需要更长久的护理,如果人类开始时即与现在一样,则不可能存活。

在这些以外,他是第一个地理学家,试图对有人居住的地表绘制一张图。他还提出了时间如何通过一种原始的日冕测量,方法是使用一个直立的木棍,但是古巴比伦人在其之前使用了这个方法。

在他去世后,米利都学派逐渐将兴趣转移至哲学,并最终在大约公元前400年终结。我们不必再去探讨,如果希望对科学的发展进行观察，我们必须在离开米利都城(Miletus)时，再看一看另外一个杰出的人，他将几何知识的火炬更远地带到了西方——我们必须注意神秘难解的毕达哥拉斯(古希腊数学家、哲学家)以及他所建立的学派。

毕达哥拉斯学派

毕达哥拉斯 我们对其生活、出生和死亡知之甚少，他的出生地可能在艾欧尼亚的萨默斯，如同泰勒斯和欧几里得，他被认为具有腓尼基血统，但这一点值得怀疑。有关他的唯一确定的生活年代是公元前530年，当时他离开萨默斯，并在意大利南部的克罗顿的多里安聚居地建立了一个学派。他的年龄当时应该足够年轻，其母亲还健在(他与之一同前进)，并且也足够年长，使他可以出于政治的原因离开出生地，所有这些证据使他被认为出生在公元前570年。扬布里柯认为，泰勒斯对毕达哥拉斯的能力的印象非常之深，并将自己的知识传授给他，同时建议他去找古埃及的祭司并从那里学习。他这样做了，从22岁至44岁学习天文学和几何，之后在古巴比伦被囚禁了12年，并“达到了算术、音乐和其他知识的最高辉煌”，但是很难将这些信息形成一个完整的传记。

在克罗顿，他与学识渊博的人建立了一种兄弟关系，他们具有同样的东西——知识、哲学和货物，通过一种共同的道德准则安排生活，形成的组织更像现代的宗教协会，其成员严格自我控制，自我节制，自我净化行为，过着简单而节欲的生活，并且因为相信动物是人的近亲而拒绝食用动物——这是现代以前为数不多的几个关于生物世界的观点的实例之一。的确如此，毕达哥拉斯与恩培多克勒一起被认为是该道德学分支的创始人。简而言之，毕达哥拉斯希望，通过节制、纪律和宗教仪式来净化灵魂，将之从出生的轮回中解救出来,并适用于死后的世界。他们认为,身体只是灵魂的短暂的牢笼,毕达哥拉斯本人宣扬灵魂的不死和转移,其来源是他的老师——锡罗斯岛的弗瑞西德斯。毕达哥拉斯写道:“当我们活着时,我们的灵魂是死的,并与我们埋葬在一起;但当我们死时,我们的灵魂复活并存在。”

在现实事务中,毕达哥拉斯学派的目标是社会道德的改造,这导致了他们的无所作为。他们倡导由最佳人选组成政府,即最广泛的真正意义的贵族政治,这使他们与民主派的暴民不断发生冲突,后者最终在大约公元前501年时杀死了他们中的很多人,并烧毁了他们的房屋,而他们的创立者逃到了塔伦特姆。关于这次事件如何终结的记述各不相同,但社会似乎在大约公元前4世纪时结束了一次纷争。

上述兄弟会似的组织的每天工作就是获得知识,并只在成员之间共享,任何泄露的人都可以被处死。我们读到了两个毕达哥拉斯学派学者被溺死于海中的著述,每个案例都被认为罪有应得。其中一个名字为希伯索斯,自诩发现了一种新的规则体——十二面体,而另外一个,则揭示了不可通约性。

这种保密的习惯使人们很难说出毕达哥拉斯的门人到底在科学上取得了哪些成就,而且也不可能将某项成果归于个人。我们最有用的资料,是天文学家菲洛劳斯在毕达哥拉斯死后约90年所写的有关其哲学和教育的材料,原书已经无存,但其中的某些部分在所说的欧德莫斯片段中有所描述,柏拉图据说曾引用该书进入其唯一的科学对话《蒂迈欧篇》。普罗克鲁斯记述说,毕达哥拉斯“将几何研究转换成一门普通教育”,而亚里士多塞诺斯说,他“推进了算术研究,并将之带出了商业功用的界限”。

毕达哥拉斯算数更关注整数的难解特性。我们都知道,迷信可以与数字联系起来,如3和7可能会带有神圣的意味,13是不幸运,666是动物的数字,等等。毕达哥拉斯的观点被阿里斯蒂德记录下来,他们将数字1和一个点,将2和一条线、3和一个面、4和一个空间联系起来。这非常简单,但是2也和主观观点联系起来,因为二者都“不受限制,且不明确”,且与女性气质类似,尽管原因不明。3不仅和表面这个概念相连,而且与男性气质有关。4与公平有关,因为4=2×2,两个数的乘积恰恰是两个数的平分。下一个5与婚姻有关,因为它是男性3和女性2的组合,7与处女有关,因为它没有任何因子。有10组基本的相对体与奇数和偶数相关,比如有限和无限,一个和多个,左和右,等等。这些现在看起来似乎无关紧要,但毕达哥拉斯学派则认为它们可能代表着宇宙的钥匙。亚里士多德说,他们认为,那些数字不仅表达着宇宙的形式,而且还指其物质。例如在后来,柏拉图认为世界主要由思想构成,而德谟克利特认为世界由原子构成,毕达哥拉斯认为世界由数字构成。对他们来说,数学就是完全的现实,他们并不区分几何实体和可以在空间中移动的物理物体的区别。

他们还在几何的范畴内研究数字,对自己所描述的三角和方形数字格外关注。三角数字是1、3、6、10、15等,因为这些数字的点可以平均地布满等边三角形,如同图2-5[第 n 个三角形数字是一个系列的和: $1+2+3+4+\cdots\cdots=\frac{1}{2}n(n+1)$]。方形数字也类似,三角形可以由方形取代;这些数字是1、4、9、16、25等。毕达哥拉斯派发现了有关这些数字的一些细节,例如,两个连续的三角形数字是一个方形数字,这一点在将一个三角形恰当地在另一个三角形上时,就可以很容易地看出来。图6是一个几何关系的等式: $\frac{1}{2}(n-1)n+\frac{1}{2}n(n+1)=n^2$ 。

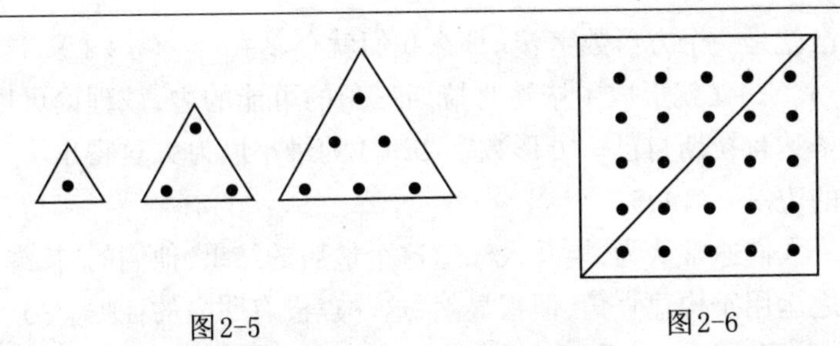

图2-5　　　　　　　　　　　　　　图2-6

另一方面，他们在真正的几何方面获得了发现，并具有基础重要性。著名的"毕达哥拉斯定理"通常被认为是他们的功绩，或者说是毕达哥拉斯本人的功绩："如果一个三角形是直角，其最长边上的方形面积等于其他两个边上的方形面积之和。"毕达哥拉斯所做的很多看起来都很简陋，没有用处并且具有误导性，但是如果他们真的发现了这个定理，就为数学科学奠定了基石，很持久并且不可或缺。毕达哥拉斯可能将这认定为最伟大的成就，因为阿波洛道鲁斯(希腊建筑师)，尽管他的年代不详，却写下了"毕达哥拉斯如何发现了那个著名的命题，并为之奉献了一头牛作为祭品"。但是这个行为似乎与我们所知道的毕达哥拉斯的性格不符，这个故事与泰勒斯的那个故事相似得令人怀疑，大概阿波洛道鲁斯混淆了两个人，并且后来的作者延续了这个错误。即使毕达哥拉斯做了那个献祭，但还是不能确定哪个具体的发现造成了该行为。大多数的记述认为，这就是指前面描述的那个定理，但也至少有一个记述认为是其他定理，而维特鲁威，一个最早的关于此话题的学者，认为那次献祭是一个更为简单的发现的结果，即如果一种特定的三角形的边长之比为3、4、5，则此三角形为直角三角形。毕达哥拉斯派可能通过他们对于"方形"数字的研究得出了这个结论。我们可以将任何方形数字 n^2 用 $n \times n$ 个点散布于一个方形内来代表，可以再加上一条 $2n+1$ 个点的边缘带，n 环绕相邻两个边的每一条，有一个点在角落，这样就得到了方形数字 $(n+1)^2$。如果 $2n+1$

自己就是一个方形数字 a^2，那么我们就有 $a^2+n^2=(n+1)^2$，这样，a、n、$n+1$ 就形成了毕达哥拉斯三角的可能的边，该理论可以归于毕达哥拉斯自己。方形数字 $2n+1$ 的最小值为9，这得出了三角形的边——3、4、5。

人们通常认为，埃及人知道这个最后的结果，他们的“拉绳人”将之运用于构建直角，但很显然，这一点没有明显的证据。另一方面，如同我们已经看到的，大约在公元前1700年，巴比伦已经知道了一般定理，这个时期的石板讨论了在弦 BC 和弧高 DA 已知的情况下如何计算一个圆的直径 AE（见图2-7），所以所得到的结果可以是一个毕达哥拉斯定理的简单表述：$OC^2=OD^2+DC^2$。公元前4世纪或5世纪的一本印度书籍中也陈述了这个一般定理，但是没有证据，同时也解释了如何通过建筑三角形的边3、4、5、5、12、13、8、15、17、12、35、37画出直角。

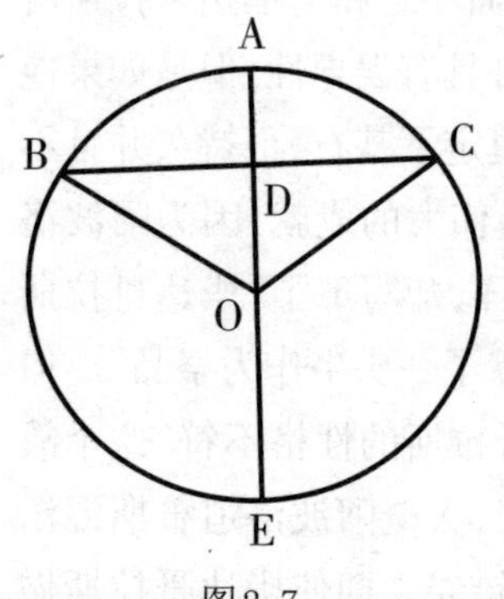

图2-7

不管这个定理在毕达哥拉斯时代之前被了解了多少，几乎可以确定的是，毕达哥拉斯派对这个定理进行了独立的再发现——根据后来几个世纪的欧洲学者的记述，是毕达哥拉斯独自完成了这个发现，正是这个再发现，将该定理引入现代数学。

对数学没有兴趣的人可能会感到奇怪，这个定理的重要性在哪里？他可能认为这很抽象、迂腐，仅仅具有学术价值。这里让我们检验一下它的实际运用，科尔切斯特港口位于伦敦以北30英里、以东40英里。那么我们如何计算科尔切斯特与伦敦之间的距离？答案是：根据毕达哥拉斯定理和唯一的物理测量。定理告诉我们，科尔切斯特到伦敦的距离是50英里，因为 $50^2=30^2+40^2$，这样，我们就知道可以通过直线而不是绕三角形的边来节省距离。原有的定理只对直角三角形适用,但可以很容易扩展到任何形状的三角形,这样看来,我们可以不再感到奇怪,为什么这个定理奠定了科学的基石——也许是几何科学的基石。

我们不知道结果是怎样证明的。霍夫曼搜集了30多种证据,可能是其中的任何一个,可能是其中最简单的一个,表述如下:

我们从直角三角形的直角 A 向下垂一个垂线,到达对边 BC(见图2-8)。这样三个三角形 ABC、DBA、DAC 都是同样的形状,所以其边长必定成比例。这样 $\frac{BC}{AB}=\frac{AB}{BD}$,即,$AB^2=BC\times BD$。在处理其他小的三角形时,我们发现 $AC^2=BC\times DC$。这样,AB 和 AC 上方形面积的和就是 $BC(BD+DC)$,等于 BC 上的正方形面积——毕达哥拉斯定理。

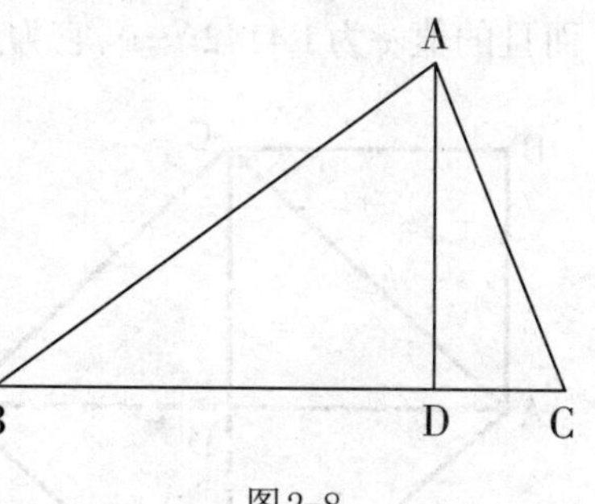

图2-8

它们还没有完全将图8解决殆尽,还有两个小三角形属于类似情况,所以 $AD^2=BD\times DC$。这样,我们得到另外一个问题的解法,这也可以归功于毕达哥拉斯——建立一个方形,使其面积等于已知长方形。"光辉的牛献祭"有时被认为与这个发现,而不是与主要的毕达哥拉斯定理相关,但是它们如此紧密联系,因此可能是同时被发现的。

希腊人对后一个更感兴趣,他们很少有或没有代数计算能力,所以即便是最简单的代数公式也对他们意义不大,除非他们根据其意义可以画出一个几何图形。他们知道表面的面积和体的体积是重要的,但是他们不知道除了方形的面积和体积之外的那些应该如何表达。

刚刚提到的简单问题可能会被描述为长方形的正方形化,一个更加著名的问题是将圆正方形化,比如,画一个方形,使其面积等于一个已知的圆形。人们早已知道,这个问题不能通过单纯的几何方法解决,所以“将一个圆形正方形化”几乎成为试图做不可能的事的同义语。希腊人并不知晓这一点,毕达哥拉斯通常被誉为解决了这个问题。

另外一个类似的问题却看起来真的无法解决,在任何一个正方形 $ABCD$ 中(图2-9),对角线 AC 上的方形面积等于 AB、BC 这两个边上的方形面积的两倍。这可以通过毕达哥拉斯定理看到,或通过完成 AC 上的方形看到——同样,这是可以在贴满瓦片的地面上发现的。我们这样表述,一个方形的对角线等于 x 倍的边长,而且的值 x 为1.4142……,它为无尽小数。但是毕达哥拉斯学派对此思维方式不熟悉,他们对于一条线的概念是一幅画——很小单位的排列,各个单位相等,而且非常之小,几乎为点。如果一个方形的一边包括 p 个这样的点,而对角线的个数为 p ,那么所代表的含义就是 $\frac{q}{p}$。

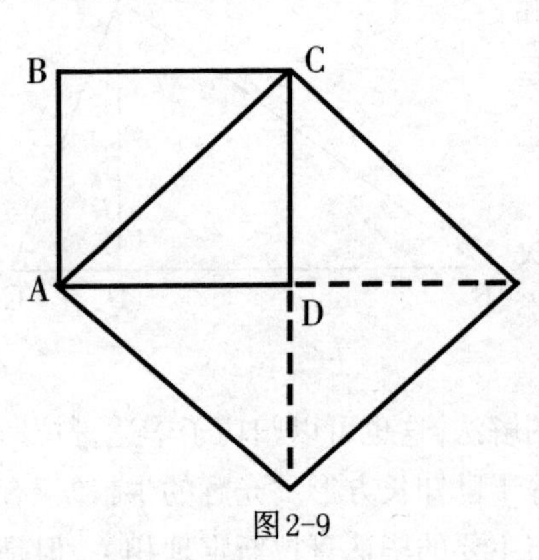

图2-9

可以简单地表示出,不存在这样的分数(如果存在,设 p 和 p 为最小的数字,$q^2=2p^2$ 。既然 $2p^2$ 是一个偶数,q^2 一定是一个偶数,所以 q 一定是一个偶数,让我们用 $2r$ 代替,用之代替 q 的值,原来的关系变成了 $p^2=2r^2$,与原关系的形式相同,但是数字较小。这样,原来的假设,p、q 是最小的数便导致了矛盾。从而,$q^2=2p^2$ 不可能满足任何数字)。

我们这样表述,2的平方根“不可通约”。毕达哥拉斯学派学者似乎很早就发现了这个现象(晚期的毕达哥拉斯学派学者,西奥多勒斯,柏拉图的数学老师,据说证明3、5、6、7、8、10、11、12、13、14、

15、17的平方根也不可通约)，并且意识到这将导致他们学派的毁灭，因为他们认为每一条线都是由系列确定的单位组成的，而且自然是由整数统治的。据说他们试图混淆其致命的发现，但是事实不可能总被隐藏，人们认为这解释了为什么希腊人摒弃了数字观点，并将测量从其几何中抽取出来。

数学家芝诺(公元前495—前435)，注意与后来的哲学家季蒂昂·芝诺做区分，可能对他的著名的悖论做了改动，希望能达到同样的效果，但对于此一直有不同观点。最著名的为阿基里斯和即将参赛的乌龟的悖论，即如果乌龟开始时得到1000码[①]的优势，阿基里斯可以追上它吗？芝诺表示，如果毕达哥拉斯关于长度的观点是正确的，那么他永远不会。

阿基里斯很快会完成了乌龟所有的1000码的让局，而此时乌龟只完成了另外的100码。比赛现在可以认为是重新开始，只是乌龟的开局让局降到了100码。在第二阶段，阿基里斯完成了这100码，乌龟只完成另外10码。比赛继续，一个阶段接着一个阶段，每一个阶段的让局都减为前一个的$\frac{1}{10}$，但让局永远不会降为0，在无数个阶段之后，乌龟仍然领先。阿基里斯和乌龟都完成了不计其数的阶段，根据毕达哥拉斯的观点，每一个都包括确定数字的确定单位，这样所完成的距离是无限的。如果毕达哥拉斯是正确的，阿基里斯永远不会赶上乌龟，而这一切当然是荒唐的。

最后，毕达哥拉斯十分注重“规则体”——所有边和所有角度都相等的体形象。他们知道四种这样的体，可以通过正方形和等边三角形确定。最简单的是立方体，有6个面，互为直角。然后是四面金字塔或四面体，由4个等边三角形构成，八面体由8个等边三角形构成，还有更为复杂的图形，二十面体，由20个等边三角形构成。最后，希伯索斯发现了十二面体，由12个五边形构成，这一

① 1码=0.9144米。——译者注

切完成的时间大约是公元前470年，这些就是我们所知道的当时所有的规则体。

对于现代数学家而言，这些多样化的研究似乎仅仅关注较为细小的边缘事物。对于希腊人来说，由于他们一直以来受到的熏陶是，宇宙基本上是完美的规则体，因而它们似乎是最重要的。我们在下面将看到，这些研究如何继续存在并进入未来的时代，继而在发现行星的排列和作用方面起到作用。

阿尔希塔斯这些早期毕达哥拉斯学派学者的工作得以继续，并被协会的后继者们所扩展，尽管他们的注意力也为新的兴趣所吸引。在晚期的毕达哥拉斯学派学者中，应该特别注意阿尔希塔斯（大约公元前400年），一个曾经7次担任塔兰托市长的人。他特别注重将科学付诸机械运用，据说形成了滑轮理论。他还建造了为数众多的机械玩具，包括飞鸟，所以我们应该将他作为航天科学之父来看待。但毕达哥拉斯学派的这种兴趣的扩展并没有得到协会内所有人的认可，当阿尔希塔斯最终在一次船难中丧生时，协会内一些更为保守的成员断言，对于一个偏离了奠基之父如此之远的人来说，这是一个应有的结局。

阿尔希塔斯因解决了"立方体复制"的问题而闻名——这是比前述的方形复制更困难的问题。这是古代未解的问题中著名的一个，基于以下原因被称为迪林问题。

大约公元前430年（根据菲洛彭诺斯），雅典人受到一场瘟疫的袭击（大概是伤寒热），于是他们派出使者到得洛斯阿波罗神庙去祈求结束这场瘟疫。神谕告诉他们要将雅典的阿波罗神塔加倍扩建，使之成为立方体。得到启示后，雅典人将塔的长、宽、高加倍，希望瘟疫停止，但结果却变得更糟。当第二批使者被派往得洛斯时，得到的解释是，三个方向的加倍不是如同神所要求的体积加倍，而是成了8倍。这样，知道如何将已知立方体的体积加倍就很重要。

阿尔希塔斯给出的解决方法很困难，并取决于一个旋转的半圆切割静止的圆柱而形成的复杂的曲线的特点，由于这显示出毕达哥拉斯学派学者已经掌握了相当程度的几何水平和技巧，因而它引起了人们的兴趣。我们应该还注意到的是，神塔的祭司们有着相当高的能力，可以设计出一个他们认为在瘟疫蔓延期间无法解决的问题。

雅典学派

当毕达哥拉斯学派在成员数量和实力上日渐低微时，一个新的科学流派在雅典发展起来，而此时的雅典已经成为希腊的商业和文化中心。为了解这是如何形成的，我们必须回顾公元前480年—前490年的历史——马拉松、温泉关和萨拉米斯的10年。

希腊的东面是波斯王国，一个权势和野心与日俱增的政权，其皇帝大流士希望将版图扩展到西面，于是与小亚细亚沿岸的艾欧尼亚居民点发生了冲突，也与前来援助的雅典和厄立特里亚发生冲突。希腊当时不是一个统一的国家，而是有众多分立的城邦，各自效忠自己的本地政府。当艾欧尼亚战败后，雅典不得不几乎独自面对波斯人，但当双方军队于公元前490年在马拉松对峙后，从战场逃跑的是波斯人。

大流士的继任者薛西斯继续进攻当时仍未统一的希腊，其军队规模庞大，据称有500万人之众。斯巴达人派出了一支小股部队进行对抗，但他们在温泉关遭到毁灭，直至最后一个人。之后，整个阿提卡，包括雅典，都面临着威胁。当敌人在两处都被彻底打败时，他们从欧洲撤出，来自东方的威胁暂时解除了。但是为了避免未来的类似威胁，若干城邦彼此融合起来，并基于得洛斯邦联，成为一个单一的国家，将雅典作为首都。

在5世纪雅典的希俄斯岛的希波克拉底，我们发现了三位重要的数学家。第一位是希俄斯岛的希波克拉底（不要与内科医生考斯·希波克拉底混淆），他于公元前470年生于艾欧尼亚诸岛的希俄斯岛，被誉为是将圆形方形化了的人。他的生活开始于商人职业，据说在大约40岁时来到雅典，在一场诉讼中捍卫了自己的利益，他与教师和哲学家结交，最后开办了自己的学校。

但在此之前，他还没有将圆形方形化。在图2-10中，*AB* 是一个直角三角形 *ACB* 的底边，也是一个圆 *ADB* 的直径，所以更大圆中的四分之一圆 *ACB* 与一个小圆的半圆 *ADB* 的面积相等。在两个图形中分别除去共有的未加阴影的 *AFB* 部分，我们发现加了阴影的“月牙” *ADBF* 与有阴影的三角形 *ACB* 面积相等。这样希波克拉底将“月牙” *ADBF* ——更像一个圆形，具有弧度边缘，变成了方形，并以此获得了名声。

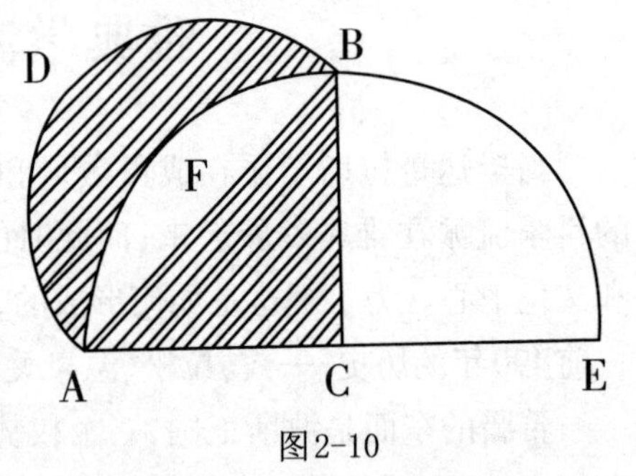

图2-10

希波克拉底还尽力将方体复制，尽管并不成功。的确，雅典的数学家主要集中于三个问题：

(1)方体的复制；

(2)圆形的方形化；

(3)一个角的三分。

这些问题看起来都很简单，但现在我们知道，如果只用直尺和圆规是不能找到答案的，而这却是当时仅有的方法。对于这个无奈事实的大概解释是，所有看似简单的问题都得到了解决，除了几个不解之谜外。

所以，希波克拉底最好的工作成果只不过是一本几何教材

——这是已知的最早教材，而且根据普罗克鲁斯的说法，这也是第一部写成的教材。我们不知道其中的内容，但是，它可能对欧几里得的《初级几何》产生了影响，甚至成为其样板。欧几里得的这本书虽然晚出现了一些年，但是希波克拉底必定在某种程度上为超过2000年的欧洲学校的几何教学模式起到了作用。

柏拉图　下面我们谈到柏拉图，他是一位伟大的哲学家，于公元前429年生于雅典，公元前407年成为苏格拉底的学生。当雅典人在公元前399年处死苏格拉底时，他开始旅行，并在很多国家学习数学。他于公元前380年回到雅典，建立了学校，被称为“学院”，并存在了几乎1000年，他卒于公元前347年。

柏拉图的声誉当然主要在哲学领域，但是他的著作显示，他对数学有很好的知识和理解，但只有一项重要的数学成就归功于他，这可能是一种误解。这个成就是，他对立方体的复制进行了另外的尝试。

在图2–11中，B、C、P处的角都是直角，所以标记为1的三个角相等，同样，标记为2和标记为3的三个角都相等。所以以P为顶点的三个三角形，即APB、BPC、CPD相似，所以：

$$\frac{PA}{PB}=\frac{PB}{PC}=\frac{PC}{PD}\text{，所以}\left(\frac{PA}{PB}\right)^3=\frac{PA}{PB}\times\frac{PB}{PC}\times\frac{PC}{PD}=\frac{PA}{PD}$$

如果我们将PA定为PD的两倍，以PA为边的立方体的体积是以PB为边的立方体的两倍，这样，立方体的加倍问题就得到了解决，这一点算法用直尺和圆规可以做到，但如果用机械方法更容易做到，例如，将杆在平板的表面移动，而杆中的销在平板上的槽内滑行。柏拉图不屑于使用任何直尺和圆规以外的器具，但是刚刚描述的器具的使用将雅典挽救于瘟疫。

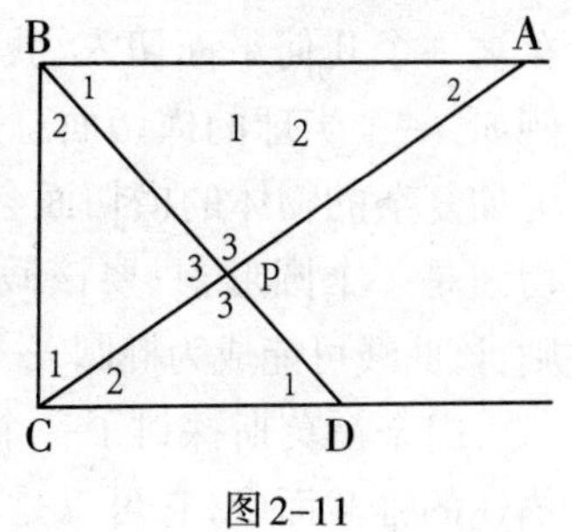

图2–11

尽管柏拉图对数学的直接贡献很小或几乎为零,但他一定已经在该题目的发展上产生了巨大的影响。他坚持说,应该在抽象方面而不是功用方面进行教育。毕达哥拉斯也表达了类似的观念,他们的一个准则是:“理论向前,步子向前,不是理论和六个铜板。”以这种精神进行的研究,柏拉图认为,正是由于其表现出的确定性和精确性,堪为所有其他研究的榜样,并且提出,这是逻辑思维的最好的训练。在他的学院的入口处,镌刻着“非数学家请勿入内”——这不是空洞的警示,因为我们知道,有一个申请者因为不懂几何而被拒之门外。的确,柏拉图对于数学教育的价值的信念没有限度。在他60岁后,狄奥尼修二世,即锡拉库扎的独裁者传唤他到宫廷上灌输智慧和美德。柏拉图尽量教给他们所有的几何知识,用记述者普鲁塔克的话说,直至整个王宫因王子和大臣们在地上画图形而陷入“灰尘的旋涡”。但是王子很快认为,其他的方法可以更直接地达到效果,柏拉图便回到了雅典。

欧多克索斯 雅典学派第三个需要提到的人物是欧多克索斯(公元前408—前355),他在天文学方面的成就要强于他的数学,尽管后者无从考证,但应该也是一流的。

门奈赫莫斯和圆锥曲线的奠基人欧多克索斯离开了雅典,在塞西卡斯建立了一所学校,他的学生门奈赫莫斯开始了圆锥曲线的研究。

如果我们将一个物体用刀或锯切开,或者想象一个几何体正在被一个几何平面切入,我们就获得了该物体的一个“横切面”。例如,一个半球的横切面总是一个圆,无论该横切面怎样获得,但更加复杂的物体的横切面会更复杂。例如,一个圆柱或黄瓜的横切面是一个圆形,只要该截面是沿着与轴成直角的方向切得,否则,该曲线可能成为椭圆——一种拉长了的圆。

门奈赫莫斯探讨了一个圆锥体横截面的曲线,发现在我们所描述的锥截面中,它可以是其中的任意一种,也就是椭圆、抛物线和双曲线(图2–12)。

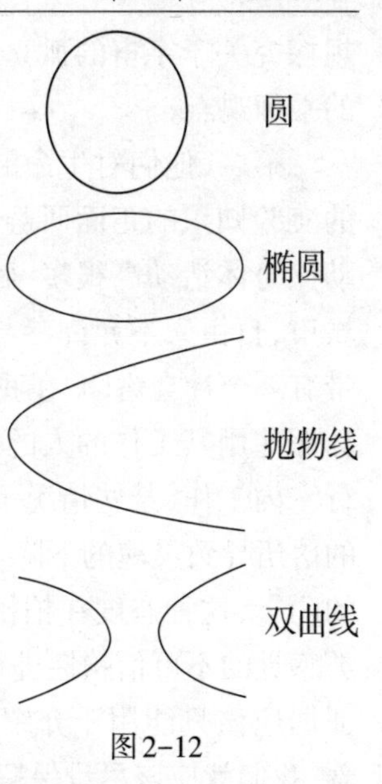

图2–12

这样进入科学视野的元锥截面注定要在知识的未来发展中扮演一个重要的角色,但是时间还未来到。门奈赫莫斯所获得的最近的结论既不是本身很重要,也不是将用于重要的目标。的确,他只是为了对已经是老生常谈的方体复制问题再建造出两个新的解法。

不仅这两个问题,整个希腊数学都变得有些陈腐。如果我们希望追溯出数学发展过程以及整个科学知识发展过程中的重要步骤,我们必须放下希腊前去埃及,具体来说是去新的重要城市亚历山大,但在我们踏上旅途之前,让我们看一看几何和物理在当前时代中所取得的进步。

希腊物理学和哲学　现代物理学家通常经过确定的计划开始解决问题,这种计划是亚历山大时期所不清晰的,而且,如同我们将要在下面所要看到的,它由达·芬奇、培根、伽利略等人提供给当代人,其要点是在解决问题时不将其作为整体,而是作为零碎的个体,并且不是以已得出的一般原则开始,而是以已经完全确立的实验知识开始。一些特定的现象,事物的一些特性被提出来进行具体细节的实验性研究,从而希望以这种途径探究宇宙某一角落里的法则和秩序。当这个目标被实现时,知识的领域便一点一点扩大,对自然的每一个阶段的直接实验都会对自然提出问题。

希腊物理是一种完全不同的东西,希腊人不可能遵循上述方法,即便他们希望这样,但受限于他们的实验技巧和设备短缺,但是他们绝对不可能希望这样,原因有二。

第一,这样的程序对于他们的思维模式来说非常陌生,他们不想探究关于宇宙的孤立角落的知识碎片,想要得到的是整体综合的平衡观点。

第二,他们对生命的整体态度导致在很多情况下对与日俱增的实验知识的正面回避。在生活的日常事物中,他们认为思维活动比身体活动高很多,后者只适合于奴隶而不是自由人。在某些城市,自由人不允许参与机械活动。如同色诺芬所说:“机械艺术带有一个社会烙印,在我们的城市被完全鄙视,因为这些技艺会损坏那些用其工作的人的身体——方式是强迫他们坐着工作,即进行室内工作,某些情况下,在火焰边花去整天的时间,这种体力上的落伍导致灵魂的下降。”实验室科学自然来自于这种偏见所产生的阴影,这种态度在柏拉图时期达到顶点。他之前的很多人对人类感觉的不可信赖性进行了评论,但是他长篇累牍地讨论,他们的证据应该只能用于介绍辩论或智力活动的典型问题:“当我们活着,我们就应该尽量保持对知识的追求,同时避免(知识)与身体的接触和交流,并使自己纯洁不被玷污,直到神将我们救赎。”在天文学中,他认为对天体的研究应该是提供一些最接近的信息,用以了解绝对迅速和绝对慢速条件下的完美运动。这些绝对运动应该仅仅通过推理和智力理解,而不是通过观察,“如同在几何中,我们应该讨论问题,将天空放在一边,如果我们希望从正确的道路接近的话。”他对音乐家有类似的抱怨,因为他们在理解之前就竖起了耳朵,“和声的老师们仅仅比较听到的声音和和声,他们的工作如同天文学家,是无用的。”

所以毫不吃惊,最早的希腊物理学主要包括一些抽象的思想,我们今天称之为没有基础的思考。与外部世界不进行接触,仅仅由个人对事物的适合性的理解做引导——希腊人尽力发现一个其内部意识之外的世界并对其进行规划。一些人认为,这个世界一定是造物主根据某个简单而精致的模型制造出来的,其他人则认为,圆是完美的曲线,并做出结论说,大多数自然运动一定是在圆圈中发生的。但是其他人猜测说,宇宙中一定有某种规则约束,例如,进化论学者阿那克西曼德认为,所有存在的事物一定通过时间流转,这样可以弥补它们在淘汰它之前的同类时所犯的错误。

在所有令人混淆和不连贯的猜测中,两个学派的思想比较清晰地呈现出来。可见的宇宙由不断活动的物质组成,一个学派主要集中于物质并尽力猜测其本质,另一个学派集中于活动并尽力猜测其重要性。一个关注行为者,一个关注行为,他们多少有些与今天的唯物主义和唯心主义雷同。第一个学派主要从艾欧尼亚得到支持,第二个学派则从意大利得到支持,主要包括毕达哥拉斯及其追随者。

艾欧尼亚的唯物主义

很自然,希腊人通过不断的努力归纳,可以猜测出,自然世界所有丰富的多样性可以通过一个简单的公式来解释,他们开始将之归结于某个共同的物质,即整个世界赖以被创造的物质。在欧洲科学的最初时代,哲学家们头脑中最迫切的问题是:“所有的一切是由什么制作的?”

泰勒斯的回答只有一个字:水。但是显然,这个答案对于他的意义和对我们的意义不同。他说,“所有存在”可以有三种形式:雾霭、水和泥土,他的这种观点可能与我们今天的物质存在气体、液体和固体三种形态的说法类似。他选择水作为基本形式,因为他认为世界的最大特点是其流动性和水性,其变化的方式是固体结构所不具有的。

阿那克西曼德作为进化论者则提出了一个不同的观点,他坚持认为所有事物的第一个原则和基本要素是“不断的无限的介质”,充满所有空间,这是所谓的“介质”的第一次出现,并一直延续到今天。阿那克西曼德对于介质的物理功能的描述，提醒我们维多利亚物理学家的类似描述，而他对其哲学功效的描述——万物出于之并归于之，使我们联想到20世纪哲学家亚历山大关于时空的描述。

在泰勒斯后50年，他的直接继任者阿那克西曼德将事物的本质属性比喻成空气而不是水。宇宙的基本物质，按照他的说法，是呼吸，就像我们所呼吸的空气一样。他主张，如同普通空气支持人类的生命，一种更加一般性的气体形式支持宇宙中的所有生命。对阿那克西曼德而言，如同他之前的泰勒斯，所有事物都被赋予了生命。他进而相信，不同形式的物质通过凝结和稀薄而互相转换，这样，当水被稀薄后，成为气体，当既被稀薄又被加热后，成为火，所以火仅仅是被加热过的空气。他还相信，水的凝结变成了泥土，这种信仰一直持续到17世纪。所以，对于阿那克西曼德而言，四种元素——泥土，水，空气和火，在后来的希腊推理物理学中将大量涉及，都是互相修改而来。

又过了50年，艾夫索斯的赫拉克利特说，火是所有物质中最具变化性的，是所有事物的原形。他说，一切以火的形式开始，但火变成水，水变成泥土。他的主要学说是，一切都处于溶解流动的状态——一切都在流动，没有静止，我们从来不会两次踏入同一条河流。

原子主义　下一个艾欧尼亚的著名学者，米利都的留基伯（时间不明）和他的学生德谟克利特（公元前470—前400，大概也是米利都人）则教授了完全不同的学说。他们认为，宇宙只是由不变的原子及其之间的空间组成。原子不仅不可见，如同它们的名字所预示的（不可分），而且统一，呈固体形态，坚硬并且不可压缩。它们的物质不可毁坏，它们的运动也一样。原子可以保持运动，只要没有任何力量阻止它。

这个画面没有任何重要之处，宇宙的改变不是来源于原子的内部变化,而是来源于它们的运动和再排列,这出于一种必然,这样,宇宙便成为一个沿着预先设定的路径前进的机器。

这些学说将重点从人的感知和感情转移出去,这些已经不再是世界的重要因子,他们强调客观世界的存在,在人的外部,独立于人,与人无关,简言之,外部自然已经被发现,一直是人们活动场和游乐场的世界成为了监狱。它被美丽、甜美和温暖所渗透——神给人类的礼物,但这些不再是自然的一部分,只是人类自己的想象。德谟克利特写道:"根据习俗信仰,有甜有苦,有热有冷,还有颜色。但是在现实中,有原子和空洞。被感觉的目标被认为是真实的,并且通常被认为是这样,但实际上它们不是,只有原子和空洞是真实的。"

这些学说基本上和现代原子理论有很多共同之处,但是它们的基石,既不是知识也不是观察。从哲学上讲,它们几乎和今天的哲学唯物主义相同,也同样否定自由意志。人不可以选择他想要做的事,这已经在久远之前由其原子安排好了。决定论者进入了科学,但是希腊人称之为"冲动"——必须成为什么。

毕达哥拉斯的"元素"

当艾欧尼亚人将宇宙描绘成某种基本上简单的东西的时候,毕达哥拉斯和西西里的阿格里真坦的恩培多克勒(公元前500—前440)正在宣扬关于世界的一个更加复杂的观点,他将艾欧尼亚人的单一基本物质取代为四种不同的"元素"——泥土、水、空气和火。恩培多克勒指出,一切都是由这四种元素构成的,但比例不同,形成的作用有互相吸引和排斥,而且由于他没有对人类和非生命世界进行明确的区分,同样的观点被认为也适用于人类,互相吸引和排斥的作用的形式是爱和恨。

四种元素本身是由两对相对物的互相吸引和互相排斥形成的——热和冷,湿和干,这样就有下列不同的组合。

	干	湿
冷	泥土	水
热	火	空气

我们会看到这些观点,尽管与事实距离遥远,但在未来物理思想的发展中将注定扮演重要的角色。

恩培多克勒指出,宇宙的开始是四种元素混乱地混合。首先,空气被从混合物中分离出来,然后是泥土,从中挤出水。天空是空气组成的,太阳是火,而泥土周围的“其他东西”则是由剩下的元素组成的。

恩培多克勒做出了另外更有价值的贡献,即光在空间传播的速度是确定的,它需要时间从一处到另一处,从被看到的物体到看到它的眼睛。

作为物理学家的柏拉图和亚里士多德

当物理还处在最初的发展阶段时,遇到了来自两个伟大思想家的灾难性的态度,他们是柏拉图和亚里士多德。柏拉图冷漠而鄙夷,亚里士多德没有理解物理应该承担的功用。

柏拉图 我们可以看到,柏拉图是一个能力非常强的数学家,他不断宣称对数学的高度评价。但这是因为数学处理思维方面的事物,而不是开辟了一条新的道路让人们更好地理解物质事物。他赞赏针对的是单纯的数学,而不是我们所声称的应用数学——后者在那时还不存在。如同很多同时代的哲学家一样,他看到,我们只有某些感官知识可以影响我们的思想。这些可能在一个外部的物质世界中看起来有创造性,但这样一个外部世界的存在仅仅是假设。思想可能是唯一的现实,外部世界只是我们的思想创造出来的。柏拉图认可后一种观点的某种变体,他将思想看作唯一的基础现实,物质世界只是现实的投影。他声称,我们来到这个世界,头脑中有一些预设的一般思想,如同坚硬、红色、球形。这些观念被他称作"形式"。当我们说,我们看到了一个硬的红球时,我们仅仅意味着——柏拉图说,某些影响我们感官的东西适用于这个形式,而这个形式已经预置于我们头脑中,即坚硬、红色、球体。这个物体可能很好或很糟地适用这个形式,但这种适用绝非完美;没有任何一种物体可以如此完美地成为球形,就像我们想象的一样,或者如此完全地成为红色,如同我们对红色的概念。柏拉图相信完美和现实必须走在一起,最终不变的形式必须是世界的真实现实,而物质物体仅仅来来去去,至多为形式提供一个不完美的再现,因而其现实性是很低的;它们与现实的关系如同数学家在沙地上画的圆与真实的圆之间的关系(我们可以看到为什么柏拉图认为物理问题应该被讨论,但仅仅是我们思想的理想化,而不是感觉的显现)。这样在最终的实质上,与世界相像的,不是水、空气、火或坚硬的原子,而是思想。

一个现代的科学家可以对所有这些提出挑战,其基础是柏拉图的形式不是我们头脑内固有的,而是我们的思想通过经验做出的分类。例如,他会说,一个盲人在头脑内不会有红色的形式,聋人也不会有喇叭音的形式。如果我们发现这些形式在我们的头脑中,是因为我们不是盲人或聋人,我们已经在生活中见过很多这样的东西。但柏拉图痴迷他的固有形式的教条,认为对我们称为物质的投影类的东西的研究并不重要。超过其他大多数人的是,他有一个观点,无论对或错,唯一一个对人性而言值得肯定的东西是寻找高尚和美丽的品质——这两种品质是希腊人认为完全等同的,所以他们使用同一个词。他因而非常痛恨德谟克利特,因为后者将人性、善良和美丽解释为物质原子的机械表现,他从未提及德谟克利特的名字，但据说表达过愿望，希望后者的书籍全部被焚毁。

从苏格拉底对他的某些评论，我们可以看到他对于物理科学的一般态度。天文学者阿那克萨戈拉曾经写过一本书，首次宣称“初始时，所有事物都混合在一起，然后思想出现，将一切简化成秩序”，然后他继续用机械方式解释这是怎样完成的。苏格拉底说，他倒是希望这本书首先告诉他，例如，为什么地球是圆的或方的，然后继续解释其中的原因，也就是说，“地球像现在这样比较好”，而不是像其他那样，他接着说：“因为我无法想象，他一旦说这些事情都是思想的作用，他就会给它们指派更进一步的原因，但不包括‘它们应该是现在这样的’。这些期望，我不会用它们来换一大笔钱。当我继续我的阅读时，我发现我的哲学家抛弃了思想和其他任何的秩序原则，而转向空气、醚、水和其他稀奇古怪的东西，这时，可以想象我是从一个怎样的希望之巅被抛了下来。”

对于物理的目标和方法，恐怕没有比这个更完整的误解了。

亚里士多德　柏拉图对于物理的态度可称为头号灾难，但更糟的来自于他的学生亚里士多德。早在17岁时，亚里士多德就离开了他的家乡斯塔吉拉，那是在希腊北部马其顿的一个粗犷半野蛮的州，他的父亲在那里是一名宫廷医生。他来到雅典，跟随柏拉图学习，并在那里一直居住了20年，直至他的老师去世。然后他居住在位于小亚细亚海岸的莱斯博斯岛5年——从公元前347年到前342年。然后他给马其顿年轻的王子亚历山大做家教6年，而后者成了著名的亚历山大大帝，征服了文明世界的大部分，其帝国从希腊延伸到印度，从色雷斯到古埃及。在公元前334年，他回到雅典，在那里他成为一名公共教师，并且建立了亚里士多德派著名的学院。在这里他似乎没有得到他不称职的兄弟哲学家的认可，他们中的很多人反对说，他的作风适合于宫廷而不是学院，长长的脏胡子和褴褛的服装不适合他。在前323年，他再次离开雅典，并在一年后去世。

在年轻时期，他以如饥似渴的阅读而闻名，在成年时期，他获得了百科全书式的思想，囊括了其本行的所有知识，并向科学的各个领域延伸。他在很多方面进行写作，倾泻出清晰的思想和良好的感觉，而这些都需要犀利的判断和深邃的知识储量。但在科学方面，他的收获很不平衡，他是优秀的生物学家，但也是软弱的医学家。他的生物学基于个人观察，一些有能力的评论者认为他是所有时代最伟大的生物学观察家之一，他的一些观察一直到现代仍具有重要性，他对于生命形式的分类直到林奈出现才被超越。但是他的敏锐的观察能力在物理学中却没有用武之地，因为物理学的世界太过复杂，其中秘密不能够仅仅通过观察得以解释。这里需要有计划的实验，而实验的概念对于亚里士多德和他的同时代的人来说完全是陌生的。

在每个实验中，我们假设，一个事件是果，前面是因；我们提供因，观察果，这样研究在因果链条上的环节，我们相信其贯穿整个自然，并且控制各个事件。这个因果链条没有进入亚里士多德的思想，对于一个问题“为什么事情是这样的A”，我们现在的回答形式是“因为这样B，发生在过去”。但亚里士多德的回答是这样的形式：“因为A的性质就是这样。”例如，我们回答这个问题：“为什么月亮会有月食？”我们会说，因为地球在太阳和月亮之间运动。但是亚里士多德认为只需这样回答就够了：“因为月亮的本性使其可以月食。”他写道：“事情的本性和实施的原因是等同的。”

这样的思维显然使亚里士多德不能够成为一个合格的物理学家，资料显示，他在莱斯博斯岛期间完成了生物学研究工作，其年龄在37岁到42岁之间，但在回到雅典后完成了关于物理学的著作。他当时50多岁，其思想可能已经不再乐于接受新观点，只局限在他的生物学思想的模式中，所有的科学对他来说可能只是观察和描述。

除此之外，亚里士多德仍然坚信，世界只有一个中心，将人视为一切创造的中心、高点和最终胜利者。对他而言，宇宙主要是人的感觉中的宇宙，一切的最终真理都通过人在人体内所产生的感觉显示出来。关于蜜，他所知道的最多就是棕色、黏、湿和甜。亚里士多德将这些特性视为绝对，而不是与产生它们的感官相对。他将这些糟糕的哲学观念放入一个糟糕的机械系统内加以限制。德谟克利特曾经说，一个运动的物体继续其运动，直至有东西介入并阻止，但是亚里士多德解释说，所有运动都是自然属性的自我满足——好像所有东西都是有生命的物体。如同一粒种子希望发芽并透过泥土向上生长，一个重的物体想要下沉，轻的物体想要上升，每一个事物都尽力达到自己在世界上的"自然地位"，所以烟上升，石头下落。因为相信生物类比，即所有事物都有相互吸引和相互排斥的效应，亚里士多德接受了恩培多克勒的四种元素说——泥土、水、空气、火，作为物质的组成元素，又加入了第五个——"典范"，作为宇宙的基本物质。为了证明这一点，他讨论说，两种运动是可能的，上下以及圆圈。在恩培多克勒的四种元素中，空气和火向上运动，泥土和水向下运动，那么必然有第五种做圆圈运动，这只能是星星的构成物"介质"——"介质"要比其他四种元素更加具有神性，而且一定是不变的，因为关于外部天空或其任何部分都没有发生改变的记录。

亚里士多德一般被认为是形式逻辑的创始人——严密证据的逻辑有些人认为是比物理学更加大的灾难。他在一方面是正确的，即坚信除非可以通过其他的确定为正确的事实以严格的逻辑推断出，否则一项事实必定不是真实的，但他没有看到，这正是我们在科学中不能做的。由于对所有科学都要求数学的精确，亚里士多德对这些科学加上了数学的限制，并在一种新的修饰中显示出来。他长篇累牍地就广泛的物理问题进行写作，但他的方法却是演绎，而且他的前提都是不可避免的错误，他的结论也自然如此。2000年将过去，而亚里士多德的演绎方法一直占据统治地位，直至归纳法出现才被抛弃,之后进步变得迅速起来。

同时,亚里士多德的身后影响也显现在物理上。如果不是这样自由讨论,德谟克利特和恩培多克勒思想的融合——原子和力,可能你会给物理一个好的开始,因为不知有多少现代物理学的基本观点在这两个人的思索中被惊人地预见。

享乐主义者和禁欲主义者

亚里士多德去世后的一段时期出现了混乱和骚动——军事、政治和思想方面。亚历山大征服了希腊,而希腊人对其军事失败感到痛苦,失去了他们以前的快乐的自信和不负责任的欢愉,他们感到了对哲学或宗教的需要,希望可以从中知道他们该如何生活,他们轻松的奥林匹亚宗教从未做到这一点。基督教会带来一种解决方法,但时间还没到。

在这个充满不安的社会中,产生了两种新的哲学系统:享乐主义和禁欲主义。两者都适于当时阴冷的时代。享乐主义是一种满足和快乐的哲学,即使在不幸时也一样,而禁欲主义则要求自我控制和致力于责任。两者主要都是伦理和宗教系统,但由于都闯入了科学的领域,它们在本书中具有某种价值。

享乐主义　伊壁鸠鲁是享乐主义的创始人,公元前340年出生在艾欧尼亚诸岛中的一个,从小体弱且生活充满艰辛,这就要求有一个新的宗教来使生活更加有忍耐性,所以他教导追求简单生活、思想的安定和内在的宁静。他不是科学家,对知识本身存在偏见,尤其是“天文学的空洞”。他不屑于阿利斯塔克对于太阳和月亮大小的计算,并评论说,太阳大概只有看起来那么大,可能更小,因为远处的通常看起来比实际小。他的确接受了赫拉克利特关于太阳的直径只有1英尺的估计,这使得太阳与我们的距离只有115英尺。

他教导一种完全唯物主义的物理,不承认柏拉图和亚里士多德所宣称的宇宙基本元素的学说。他还研究德谟克利特的著作,宣称所有存在都是物质的,只有原子和空洞。必定有空洞,否则原子不能四处运动,它的规模必然是无穷的,只可以被某种不同性质的东西限制,但如果说原子和空洞构成了所有存在的总和,上述情况就是不可能的。原子的数量必然也是无穷的,否则它们将在无穷的空洞中漂浮散布,不会因为与其他原子的碰撞而保持在原位。原子在空洞中以不可思议的速度飞驰,“快如思维”,它们的组合不断地产生新的世界。物体不断从自身表面放射出薄薄的薄膜似的自身的形象,向各个方向游动,当射入我们的身体时产生感受,这些感受给我们关于世界的知识。

伊壁鸠鲁尤其关注将一种观点拉下神坛,即世界有一种神性的统治。他认为,诸神的确比我们更好更高级,但只是如我们一样的自然的产物,因而也一样受到自然法则的制约。所以他们不能统治世界,并且的确对人类事务漠不关心,人类仍然可以是自己命运的主人和灵魂的主宰。这样伊壁鸠鲁尽力将人类从卢克莱修所描述的“宗教负担”中解放出来,尽管他承认,他们可以,如果希望,仍然对他们传统神灵保持忠诚。

禁欲主义 另外一个新的哲学体系是芝诺所建立,腓尼基人血统、生于塞浦路斯的季蒂昂,于公元前311年来到雅典,并建立了一个学派,在拱廊和喷有绘画的门廊进行宣教。他的哲学也很实际并与当时的时代相应,他也教导世界的克己,人类应该得到良心和理性的指导,而不是欲望、爱和感情,无宗教世界的最好的思想和最高贵的品性是禁欲主义者或直接受其影响。

如同享乐主义,他也教导出一个完整的物质体系,甚至美德和活动也被描述为“体”。每一个体都应该由积极和消极原则组成,这些各自是可以发生变化的内在物质,以及导致这些变化的力量,因而每个变化都有原因,自然中发生的事件和运动也有原因。在牛顿之前2000年,禁欲派提出,每个事件都按照普遍规则发生。星星,如同现在发现的,按照完美的规律的法则运行,并且一定是一个宏大有目的的计划的一部分。这样,世界一定是向着神所设计的某个完美的方向运动,但是人类可以完成其中某部分,因而人的生命是一种尊严和价值。

享乐主义和禁欲主义的这些自然科学理论对希腊科学思想的发展仅仅产生了很小的影响。

因为亚里士多德的名誉如此之高,他所说的话被认为是不可挑战。如果亚里士多德说了,那么一定是这样,不仅在希腊如此,而且在未来的整个中世纪也如此。这里,基督教教会支持他的学说,因为它更适于宗教精神而不是伊壁鸠鲁和芝诺的唯物主义,结果物理学在亚里士多德模型中成型,直至文艺复兴时人们开始自己思考,直至伽利略开始实验证实亚里士多德所说的是否为真,并发现事实远非如此。

实验的发展

这就是希腊物理思想所遵循的主线,但如果认为这是思想在尽力前进过程中的唯一路线,那就是错误的。宇宙的本性是单纯的智力所不能阐明的,这种观点受到指责,希腊的一些人一定已经模糊地认识到了这一点。因此,尽管他们一般不寻求事实,但还是有些人这样做。大概第一个例子就是阿那克西米尼(公元前550年)的观察,即,如果我们轻轻地击打自己的手背,呼吸会感到温暖,而如果用力击打,则会感到寒冷。阿那克西米尼错误地解读了这些事实,但是我们认可对自然寻求信息并且尊重其结论的实验方法。

几年之后——甚至更早,毕达哥拉斯学派开始对音乐声音的音高进行试验。必然已经熟知的是,深度音高的声音是通过大的结构制造出来的,高度音高的声音是小的结构所制造出来的。狮子怒吼,而老鼠唧唧叫。毕达哥拉斯学派学者尽力在体积和音高方面建立关系,波伊修斯在6世纪的著作中告诉我们,毕达哥拉斯自己曾经经过一个铁匠的炉房,那里锤子击打铁砧所发出的声音像音乐的组合,深深地吸引了他。他称了锤子的重量,发现其中的四个呈简单的关系,12∶9∶8∶6(如果是这样,这是一个巧合,因为在锤子的重量和它们击打铁砧时所发出的声音之间没有明显的关系),而第五个,发出不和谐音,与其他的那些没有简单的关系。

据说毕达哥拉斯之后对弦进行了一系列实验,发现了构成了今天声学科学基础的一些规律。我们知道,如果弦只是在长度上不同,可以产生不同音高的音符。当两个这样的音符放在一起听的时候(或者连续听,如同希腊人的做法),其组合可能会令人感到悦耳或不悦耳。毕达哥拉斯学派学者的伟大发现是,只有在弦的长度之间呈某种非常简单的数字关系时,如2对1,3对2,声音才悦耳。这个发现已经过去2000年,但人们仍没有做出一个合适的解释。我们引述这个例子是为了说明实验的日益增加的重要性,同时,我们也确定,声学是一种最古老的实验科学。

大约一个世纪以后,我们发现恩培多克勒正在通过实验研究空气的本质。他将一个管状的容器的低端放在水中,然后就像我们对吸液管和点滴管所做的一样:当他的手指将管子的上端封住,内部空气的压力就将水挤在外面。如果他将手指拿开,水就会进入。如果他再一次用手指封住,水就不会排出管子,即使将它提出水面——管子外面的空气的压力将水保持在管子内。他的解释是,空气是物质,可以产生压力。几年之后,阿那克萨戈拉重复了这个实验,还吹鼓了囊状物,表明需要力来将它压缩,通过实验探寻自然的方法现在为人熟知。

希腊天文学——早期天文图片

大多数种族，包括那些远古民族，为自己创造出故事，解释天地的一般初始、昼夜的交替，以及一些天文学现象。大多数民族设计出宇宙进化论来解释事物为什么是今天这样，希腊人也不例外，但是他们的天文学如同他们的数学，显示了他们科学前辈古巴比伦人和古埃及人的影响。

古巴比伦人将宇宙描绘为一个大的形状，天空是房间屋顶，地球是地面。地面被水所围绕，如同城堡被护城河所围绕一样，在护城河的远处矗立着山脉，支撑着天穹。更多的山覆盖着白雪，从地面的中心升起，从中有幼发拉底河，即古巴比伦人生活的中心。

古埃及人画了一幅类似的图画，但是将埃及放在地面的中心，大概他们想象尼罗河的每年的洪水显示出这里是地球表面的最低处，四个巨大的柱子支撑着屋顶，上面的星星像灯一样点缀。

最早的希腊人采用了这种一般的图画，但是很快进行了改进。在荷马时代(公元前9世纪)，他们想象地球是一个平盘，带有大洋，他们称为海洋神之河，代替周围的护城河。在上面是天穹，下面是塔耳塔洛斯(“地狱”的代名词，死者的住所)，形成了与天穹对称的第二层穹。

泰勒斯和阿那克西曼德　在公元前6世纪，泰勒斯和阿那克西曼德再一次修订了这幅图画。泰勒斯认为，泥土在水上漂浮，而阿那克西曼德的观点更先进。看到星星围绕极星旋转，他得出结论说，它们被贴在一个完整的球形上，地球自由地悬浮在中心上的空中，没有任何支撑。他想象说，地球在与其他天体的等距离处——似乎他已经在考虑地球受到其他天文物质的引力的作用。

这对于古巴比伦、古埃及人和荷马关于宇宙的图画有一个明显的改进，他们的设想没能解释太阳在哪里度过夜晚。现在，太阳可以在晚上从地球下穿过，而不仅仅是在船中被载着在护城河中转圈，如同古埃及人所设想的。但是这幅图画太过革命性，无法获得一般认同——也许，这需要太多的数学想象。不久之后，我们发现阿那克西米尼写道，太阳和诸星并没有在地球下穿过，而是它们所黏着的那个球面在地球上不断转动，如同"帽子可以在头上转动"——这个猜测只需起码的观察就可以否定。

阿那克西曼德没有认为地球是球状，而认为是一个圆盘或短粗的圆筒，其厚度仅是直径的三分之一。他说，太阳与地球的大小相同，按轨道沿着地球转动，轨道的大小是地球的27~28倍，而月亮的轨道是地球的19倍。但是这没有任何推理和观测作为基础，仅仅是凭空臆测。的确，希腊人的观察力还是令人遗憾的落后，似乎还没有人意识到月亮表面的明亮的部分总是对着太阳，或者猜测月亮的光辉来自太阳。相反，我们发现阿那克西曼德说，一般的星体，包括月亮，都有管状通道突出，从而我们可以从中看到光。月亮的盈亏是由于这个通道被交替打开或关闭，如果完全关闭，则发生月食。

毕达哥拉斯学派 在阿那克西曼德之后的一个世纪中，毕达哥拉斯学派学者取得了很多重要的进展，尽管如以前一样，很难将这些观点归于某一个人。

阿那克西曼德的自由悬浮在空中的短粗圆筒论被取代，毕达哥拉斯学派学者据说一直相信地球是球形，每天沿着一个轴旋转。他们还做出重大假设，假设地球没有构成宇宙的固定的中心，而是与其他所有行星一起，沿着一个中心的火旋转。一个记载将这个观点归于菲洛劳斯，另一个记载归于某位锡拉库扎的希塞塔斯。如果他们再进一步，确认这个中心火为太阳，那么他们就对科学发展做出了重大的贡献，但出于某种原因，他们没有走出这一步。一般认为，这个中心的火的确意指太阳，但是他们不敢这样说,也许是因为出于对宗教迫害的恐惧,如同后来阿那克萨戈拉所遭遇的一样。另一方面,亚里士多德说,他们确信天空中运行的物体的总数一定是神奇的10。在这个总数上,太阳、月亮和其他的5个行星组成了7个,然后地球和有固定星星的球体构成另外两个。为了将数字拉向所希望的10,他们设想一个"反地球",也在围绕中心火旋转。由于没有见到中心火或反地球,则不得不假定说,他们所居住的地球的球体永远从上述两者移开,这与中心火为太阳不一致(图2-13)。

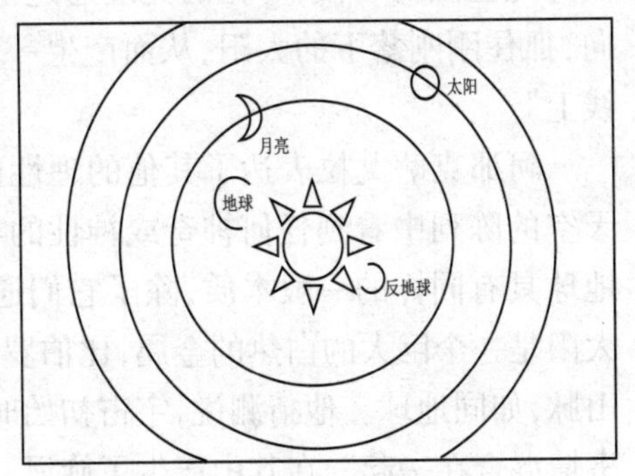

图2-13

关于中心火和反地球的假设很快站不住脚,航海者已经开始驶出地中海,南至非洲北至欧洲进行探索,他们将很快沿着不列颠海岸驶到外面的冰冻海中。他们看到很多奇异的景色,但是没有一个显示中心火或反地球的存在,所以最终,由于缺少信息,它们不再得宠,同时坠落的还有毕达哥拉斯学派学者的更加有价值的部分学说。

毕达哥拉斯学派学者相信自然框架中数字的极端重要性,这使得他们想象,不同行星与中心火之间的距离呈现某种简单数字的比率,而且也必然与音阶中的和谐间隔相同。这样,他们说,"整个天空就是和谐和数字",并且相信行星在沿着轨道运行时产生了音乐,但我们听不到——"球体之间的和谐"。

阿那克萨戈拉　克拉佐门尼的阿那克萨戈拉是一个富人,但忽视他的财产,将自己投入到天文学中,说人出生的目的是"探索太阳、月亮和天空",并最终因为理性主义的观点陷入麻烦。他发现月相的原因,根据埃蒂乌斯的记载,并坚信月亮每个月的暗晦是因为跟随给它光亮的太阳运行,而当它在地球的阴影中时,即出现月食。普鲁塔克说:“阿那克萨戈拉是在所有人中第一个最清晰最勇敢地写出月亮明晦原因的人。”但是克莱门德说,他质疑所有宣称的事实,怀疑它们仅仅是一些创造,而创造者“希望在天文学家和哲学家中造成混淆”。不管怎样,他说,如果这样的食况的确发生,可以通过地球大气的折射进行充足的解释,这使得即便太阳和月亮在地平线以下也可以被看到。“可能发生的情况是,当空气湿润并完全湿的时候,可见的光线通过弯曲产生在地平线以下的方向,抓住刚刚落下的太阳,从而产生一种印象,好像太阳还在地平线上”。

阿那克萨戈拉表达了其他的理性而唯物主义的观点,拒绝在天空的陈列中看到任何神奇或神性的事情,并且声称其他天体与地球具有同样的一般本质,除了它们通过旋转变得白热。他认为太阳是一个巨大的白热的金属,比伯罗奔尼撒大,而月亮有山谷和山脉,如同地球。他猜测说,宇宙初始时“是一个混乱的物质,所有事情混合在一起”,在其中产生了旋涡,扩展到更加宽大的圆圈内,从而空气、云、水、泥土和石头在圆圈运动下逐一分离,最重的仍然靠近中心,最后“在不断的、旋转运动的力量中,周围的激烈而火热的介质将石块从泥土中剥离,并将它们点燃成为星星”。——这种宇宙产生论与后来的“拉普拉斯的星云假说有很大的共同之处”。阿那克萨戈拉认为,在我们世界周围的其他世界也是同样产生的,并且有我们同样的人类在上面居住,有城市和用于耕种的土地,以及他们自己的太阳和月亮。

这些学说解释了很多事情,但当阿那克萨戈拉在雅典进行阐释的时候,并没有获得流行。普鲁塔克告诉我们,阿那克萨戈拉的书几乎没有得到尊重,只是“秘密流通,很少有人阅读,并且在拿到时都小心翼翼”。我们已经注意到柏拉图是如何得到的。最后,雅典人决定将阿那克萨戈拉以不敬神和无神论的罪名处死,他试图将他们的神祇带走——那是有助且友善的存在体,一般而言,人们可以向其求助和获得安慰,并且神接受他们的恳请甚至贿奉。亚拉图写道:“我们总是在宙斯的需要中,我们甚至是他的后代。他用他对人类的善意,指出吉祥的事物,激起人们进行劳动,告诉他们注意每日的日常需求,以及土壤什么时候最适于牛和犁的耕种,什么季节耕种树木和一切种子可以带来吉兆。”一般的希腊人不情愿放弃这样的神而选择没有生命的泥土和金属。

而其他人更加开化,发现这些类人的神令人满意,并且,如同齐诺弗尼斯所说:“寻求,合适地发现——一个神,所有神和人的最伟大者,与人在思想和形体方面不同,但是无所不见,无所不闻,无所不知。不需辛苦劳作,他可以通过头脑中的想法支配事物,在同样的地方永存,毫不移动。”但是他们同样不愿意接受对天空现象的理性的解读。如同普鲁塔克所写:“那时的人们拒绝容忍自然的哲学家和被称为仰视星星的人,他们的假定是将神性消磨直至归于无理由的起因、盲目的力量和不必要的特性,因而普罗泰戈拉被流放,阿那克萨戈拉被监禁,尽管后来由伯里克利费尽周折营救出狱。”

关于阿那克萨戈拉到底发生了什么,有一些疑问。一个记载中说,他被定罪并从雅典逐放出去,只是通过伯里克利的营救才免于一死。而另一个记载则说,他被赦免,但发现最好还是离开雅典,回到出生地艾欧尼亚。无论哪个情况,都十分清楚地说明了人类思想的理性主义的时代还没有到来,相反,此时开始了一场长期的宗教与科学之争。宗教宣战,开始了对科学的迫害,这在两者的历史上令人遗憾地反复发生,并留下了显著的印记。在阿那克萨戈拉的情况中,我们发现最初、最简单和原始的形式的冲突,其简单性和与现代世界的远离使我们可以非常容易地理解。

柏拉图　天文学和物理学一样,在这期间受到了亚里士多德和柏拉图消极态度的不利影响。柏拉图的科学信念不是建立在观察或知识之上,而是仅仅建立在 对"什么是最合适的"的个人观点之上。宇宙在他看来,一定是用来满足人的需要和欲望的,神一定是好的,因而一定建立起一个最好的世界让我们来居住。因为所有形状中最完美的是圆,神一定将宇宙做成了球形。而且,由于最完美的曲线是圆,神一定让行星按照圆周进行运动。运动是来源于神性,必然在规律性方面完美无缺——所以对于柏拉图而言,当发现星星的运动不具备完美的规律性时,他会感到很大的麻烦,据说他曾经让所有的学生尽力去发现什么样的统一性和有秩序的运动可以解释行星的运动。

在柏拉图一生的大部分时间中,他想当然地认为,地球在宇宙的中心,但在他的晚年似乎对此观点有些改变,根据普鲁塔克的说法,他"很后悔将地球作为宇宙的中心,这显然不合适"。对设想中的中心火的思考,现在令他"认为地球是在中心以外某个别处,而且认为中心和最主要的地方属于更加有价值的星体"。但他还是不动摇地认为,宇宙的计划可以通过一般原则更好地发现,而不是通过观察,在他的唯一一个科学对话中——《蒂迈欧篇》,其中最弱者——他尽量从完全无理由的假定出发发现这个计划,即该结构是人类的结构,他认为,宏观世界一定与微观世界相仿。

但是我们知道,还是根据普鲁塔克的说法,他对于天文学的兴趣将这种观点从无神论的责骂中解救了出来,并使之成为一个值得尊敬的研究题目,"通过柏拉图光照四射的名望,这种责骂被从天文学研究中去除,所有人都可以了解该题目。这既是因为他一生所备受的尊重,也是因为他将自然法则置于神的原则之下"。

亚里士多德 亚里士多德的一般态度与此类似,他的观察能力在生物学中广获成功,但在天文学和物理学中却没有那么有成就。如同柏拉图,他尽力从一般原则而不是知识演绎出宇宙的计划,并认为其必定是以球和圆的完美形象做样板的。他将宇宙比作一个同轴球系统,都以地球作为共同的中心。在泥土圈的外部是海洋圈，然后是大气圈，然后是火圈，这样依次有四圈——泥土、水、空气和火。在火圈之外有其他圈层，有月亮、太阳和已知的5个行星。最后，在所有之外，是固定星体圈。与原子主义者的宣教不同，亚里士多德认为，一定有某种驱动力在不停工作，保持不同的圈和与它们的关联行星不断运动，所以他假定还有另外的一圈，在所有圈之外，提供这种动力——主要驱动者，亚里士多德认为应该是神本身——他使所有的行星和星体在不同的圈内以同样的速度运行，"就像被爱的驱动给爱的。"

但是亚里士多德非常具有包容性，很大程度上意识到其他观点也站得住脚："如果任何人从与我们所说的不同的立场来研究同一个问题，我们必然尊重双方，但是要由更准确的来引导。"

在他的《天象论》中，亚里士多德猜测说："与整个宇宙相比，地球的整体小得微不足道。"并继续说："从地球上小变化的原因出发，将宇宙置于不断变化的过程中是荒谬的，因为地球的体积和实体与整个宇宙比起来的确微乎其微。"他还对中心火的学说进行了理性的辩护，但这是一个典型的例证，他通过错误和不科学的原则进行讨论，得出了错误和不科学的结论。在引用了毕达哥拉斯的观点"中心是火，地球是一个星体"（如行星）之后，他继续说："很多其他人可能同意，我们不应该将中心位置给予地球，即不应该寻找对理论的证实而是寻找对观测事实的证实。"理论是，既然火比地球更值得尊敬，火理所应当，并且也必然已经获得了更加值得珍惜的地位，"从这些前提出发进行讨论，他们认为地球不是球体的中心，火才是。"

欧多克索斯在离开闭塞之地回到天文学思想的主流之后，首先应该提起的是另外一个毕达哥拉斯学派学者，尼多斯的欧多克索斯（公元前409—前356），他是一个优秀的观察家，对行星的运动进行了精确的观察。

我们曾经看过柏拉图如何阐述他的问题，即什么样的统一体和有顺序的圆形运动可以解释观测到的行星运动。欧多克索斯对解决这个问题的努力，使他阐释了一种在多方面来说是退化的宇宙学。他的前辈毕达哥拉斯已经将地球在空间的运行与其他行星相提并论，欧多克索斯不仅将地球的运行放回万物的中心，而且令其静止在那儿。在这个固定的中心周围，他猜测有很多球体在运转，在外一层是亚里士多德所说的带有很多星体的一个球，里面的一层没有星体或行星，因而它绕着中心的地球进行非常复杂的旋转。为了适应他的观察，欧多克索斯需要3个球体分别给太阳、月亮，另外4个球体分别给每个星体，总数为27之后，他的学生卡利普斯更加确切的观察显示，27个球体不够，现在需要34个球体。这里我们有一个圆圈和周转圆的复杂体系的胚胎，这个体系将在托勒密的领导下，主宰引领未来的2000年。

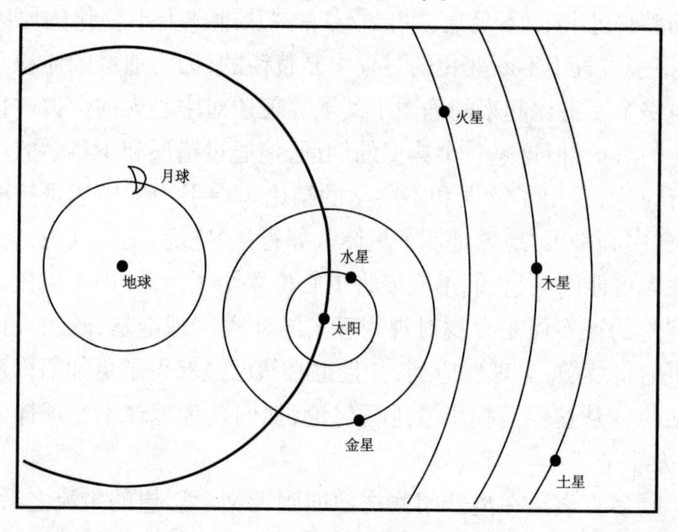

图2-14

在整个期间，探索者继续探索地球的表面，并且注意到一天的长度如何在不同的地区有所不同，并且这种情况取决于纬度而不是经度，这意味着地球在形态上是球体。最后，埃克潘达斯——最后一个毕达哥拉斯学派学者之一，宣称这个球体围绕着自己的轴进行运转。

大约公元前350年，本都的赫拉克利德斯（公元前388—前315）教导了类似的学说，并且提出，太阳和主要的行星围绕规定的地球旋转，金星和水星围绕运动的太阳运转——这个系统具有前瞻性，类似于1900年以后的第谷·布拉赫提出的概念。

要感谢埃克潘达斯和赫拉克利德斯，天文学现在有了一个关于地球的观点，地球非常小，可以在固定星体和行星的篷穹下运行，而所有这些星体都围绕着太阳运转。

第三章 亚历山大大帝时期的科学

（公元前332—642）

我们刚刚讨论的三个世纪构成了一个学术上的“黄金时代”，科学的发展进步超过了古巴比伦和古埃及的3000年。但这个时代接近了它的终点，变化出现了，到公元前4世纪时，希腊文化毫无疑问开始衰落，同时希腊科学也渐失生气。几年以后，这个趋势由于亚历山大大帝的军事入侵和征服加速，但那时对于科学来说具有灾难性的事件可能只是未来的因祸得福。

现在亚历山大决定庆祝他的胜利，并巩固自己的王国，他要建立一个首都，使之成为世界上最重要的城市。他在尼罗河流入大海的平地上找到了地址，并将其命名为亚历山大港——以他自己的名字。

他死于公元前323年，其宏伟的计划尚未完成，他的王国被所有可以染指的人瓜分。古埃及陷落在他的一个将军托勒密手中，他不仅将尚未完成的亚历山大港继续作为首都，而且比亚历山大更加雄心勃勃，不仅要将这里变成世界的政治和商业中心，而且还要变成文化和知识的中心，为此，他在王宫接壤区域选了一个地方，开始建造一个“博物馆”或者叫“慕斯庙”，有些类似于现代的大学。这就是后来代替雅典成为地中海地区文化之都的城市雏形，这里的大学为后来1000年的科学提供了活动场所，这1000年就是本章的主题。

到大约公元前300年，大学可以投入使用，托勒密为其选择了当时最杰出的学者任教，其中很多来自雅典，这样将学识的火炬向后从西方向东方带回了一步。当托勒密在公元前285年去世时，他的继任者托勒密二世同样热切地希望将亚历山大港变为世界文化中心，于是在这里建造了著名的图书馆，成为世界七大奇迹之一。该图书馆分为4部分：文学、数学、天文和医学，每个都有自己的图书员和馆长，并在最初的40年里搜集了不少于40万册手稿。

在这个新家里，幸运之神对科学时而微笑时而皱眉。首先出现了一系列光辉照人的成功，部分来自当权王朝的官方支持，但部分是由于从古埃及到希腊的转移所带来的方法上的变化——如同我们将要看到的，这些变化包括从对宇宙的梦幻般的思考到对现实问题的精确探索。

然后出现了一段时期，科学开始再次萎靡——基督时代之前的停滞。进步的精神似乎已经抛弃了科学，部分是因为很多研究的题目似乎已经到达了自然的尾声，乏新可陈，发现让位于评论、批评和对过去的胜利的回顾。

外部影响也变得不太有利。在统治埃及大约300年后，托勒密王朝在公元前3世纪时伴随着克莉奥帕特拉的去世而走到终点，罗马人打败了土著的埃及军队并夺取了埃及的政权。罗马人是伟大的战士、伟大的管理者和法律建造者，还是伟大的工程师和机械师，具有难以想象的现实风格，但是他们对科学几乎没有同感。这样，即将置罗马治下的亚历山大港几乎会对科学产生灾难性的影响，然而结果却并不坏。罗马人对臣服的民族表现出了他们常有的宽容，允许希腊语言和总体上的希腊氛围在亚历山大港继续弥漫，所以生活很快恢复正常，而且大学再次坐满学生，成为学习和研究的中心。

真正的威胁在晚些时候出现并来自于另外一个角落，基督教，在从最卑微的起始出现后，控制了地中海世界，比以往罗马军队所做得更加彻底。罗马统治者引入了一个新的政府机制，但是基督教统治者则带来了新的生活方式和对人生目标和命运的革命性的理念——其革命程度是我们今天所难以想象的。他们的身份在天国,他们在这里的生活只是为未来的在别处的生活做准备,因此他们视物质世界只是一座监狱,天穹只是一道幕布。这里的一切与远处的一切相比,只是短暂的和完全不重要的。在他们某些人的一生中,有一天星辰将从天上落下,天空将像卷轴一样向后卷去,露出坐在王位上的法官,“然后天父,即耶稣所称的慈爱之父,将会改变形象恢复到他在《旧约全书》中的暴怒和专制,甚至曾祈祷‘父亲宽恕我’的基督耶稣本人也会放下慈悲,履行公正和报复:那些他曾经像牧羊人寻找迷失的羔羊一样寻找的罪人将被投入地狱,并在那里遭受无尽的烈火和折磨——这一景象反衬增加了天国的幸福美好。”特土良曾经写道,“我将怎样赞美,怎样大笑,怎样快乐,怎样欢呼,我看到……如此之多的贤哲在红热的火焰中羞愧,与受他们骗的学者一起。”这愤怒最后一天会对人们带来怎样的好处呢,他们曾花费时间与精力来探讨监狱的铁栅是什么制造的,或在研究消逝的天幕?的确应该为这个审判进行准备?出于这种信仰,基督徒可能很难对科学研究感到同情,尤其他们中很多人是狭隘的狂热分子。他们的宗教就是他们的一切,与其所代替的异教不同,它没有容忍或对其他观点的宽容。这在起初并不太重要,那时的基督徒为数不多且无足轻重。即便是在4世纪的初期,人口中仅有一少部分人是基督徒(布瑞认为只有五分之一)。其他信仰的文字著者几乎没有提到他们的存在,即便是伟大的道德学家诸如塞尼卡和马克·奥勒留也对其或保持缄默或轻描淡写。

历史来到了312年,人类历史上的里程碑,君士坦丁大帝,一个罗马官员和一个塞尔维亚酒馆招待的私生子被战地的军队选为罗马皇帝,突然拥抱了基督教(大概他这样做不是出于道德转变或思想信念,而是使用基督徽章似乎给他带来了胜利。欧瑟比陈述说,他和他的军队在天空中看到燃烧的十字和铭文“在此统治下”,他将其放在旗帜上并迅速取得了四次连续的胜利)。在390年,异教被通过的法令在整个帝国范围内禁止,由此基督教获得了最高权,只有一些偏远的地方除外,那里淳朴的村民会聚集起来唱赞歌,并向他们祖辈的神祇贡献简单的祭品。

20年之后,罗马被阿拉里克和他的野蛮人所占领,当他们拥抱基督教信仰的时候,欧洲的“黑暗时代”降临了——由教士统治所有人类思想和大多数人类活动的时代,“这是一个从任何知识角度看都比人类历史所有阶段都要低微的时代,对任何与其观点相左的无限不容忍与等同的对任何有利于其观点的错误或刻意虚假的无限宽容结合在一起。轻信被当成美德进行教导,权威垄断着所有结论,麻木降临到人的思想上,并在多个世纪中将他们的行为停滞下来”。

在本章中,我们的任务是追寻科学在这几乎1000年的时间内出现的财富,从它在希腊衰落,和在亚历山大港兴起,直至令人窒息的麻木的对人们思想的攫取。

场景几乎只是在亚历山大港,因为尽管有很多不利的因素影响,亚历山大港仍然将自己确立为世界文化的中心,几乎所有在下一个千年出现的伟大科学家都在这里教学或研究,或两者兼为。科学的精神主要体现在两个领域——天文学和数学。亚历山大港的数学家包括很多世界上曾经出现的最伟大的人——欧几里得、阿基米德和阿波罗尼奥斯。天文学的情况也是一样,这些伟大的名字包括阿利斯塔克、厄拉多塞、希帕克和托勒密。现在让我们具体地探索亚历山大港的科学,从数学开始。

亚历山大大帝时期的数学

欧几里得——这是亚历山大港第一位伟大的数学家,生于公元前330年,卒于公元前275年,父母很可能是希腊人。我们不知道他在哪里受到教育,但是一些人认为雅典人受到了他的著作以及对柏拉图工作的指导启示,他成为亚历山大港图书馆的馆长和图书员,并进行教学。

迄今为止,他最著名的著作是《几何初步》,其中确定了学校中几何的教育方法,并一直沿用到近代。我们不知道这本书的目的何在——为学生而做,或一部几何知识的纲要,或表明学者努力显示几何事实是不可避免的真相,可以通过无可辩驳的真实的公理而演绎得出。实际上这本书非常好的符合上述三个目标,也是本意如此,但这不是今天的我们所感兴趣的。

现代几何学者不认为公理是毋庸置疑的,他们认可,如果公理是正确的,命题就成为纯粹的逻辑。但是他们认为,公理,尤其是第十二条公理(如果一条直线遇到两条直线,在一边上组成的所有角一共小于两个直角,那么如果继续沿着上述该边继续的话,这些直线会相遇)确定了空间的特质。他们必须处理很多层空间,但是只有在一种空间(即他们所称的欧几里得空间)之内,第十二条公理才普遍正确。只是在这个空间而不是其他空间内,欧几里得定理才如毕达哥拉斯定理一样永远正确。通过陈述毕达哥拉斯定理在其他空间内的不适用程度和方式,其他空间的特性可以得到最简单的表达。所有这些都在后来纳入实用科学的范畴,因为相对论将世界描述为存在于欧几里得公理并不完全适用的空间内。

《几何初步》是包含了12本书的连贯专著,在这些专著中,一系列命题通过上述定理,由严密的逻辑演绎出来,另外还有第13本不连贯的旁支细节,形成附录。也许如同德·摩根曾经所说的,整部书成于欧几里得老年,不久之后的离世令他甚至未能将书定稿,大部分还仅仅是文件集。其中很多命题出现在欧德莫斯的《数学历史》中,其时欧几里得只有10岁大,而且还有一些内容毫无疑问是毕达哥拉斯派学者所知晓的——例如,不可通约分这个定理就提到了两次。欧几里得的很多证据都是单调乏味的,缓慢的,显而易见的，但其他的则显示出独特性，下面就是一个例子。

我们知道，数字可以分成两类——质数和可分解数(合数)，可分解数是可以有较小因子的数，比如，6(可分解为2×3)，8(可分解为2×2×2)，而质数是不能分解的，如5或7。如果我们看一看1后面的6个数字，就会发现三分之二是质数，即2、3、5、7；如果考察的数字是12个，比例就会成为二分之一，质数为2、3、5、7、11、13；如果考察24个数字，比例为八分之三；48个数字比例为十六分之五，96个数字比例为四分之一，等等。我们走得越远，比例就越小，原因是不断会出现新的除数。现在出现了问题：如果我们走得足够远，会不会有一个范围内无质数？换句话说，是否有一个最大的质数，在其后就不再有质数？这似乎是一个很复杂的问题；如果读者不这样认为，让我们在继续之前解决一下。欧几里得解决方式是，仅仅做出了如下分析：如果有一个最大的质数 N ，那么 $(1\times2\times3\times4\cdots\cdots N)+1$ 就既不是质数也不是可分解数，而这是荒谬的。它不是质数因为它大于 N ，而 N 是我们推定的最大质数；但它又必然是质数，因为没有质数会是它的因子，任何质数在被除之后都会有一个1留下，因此存在最大的质数就意味着得到自相矛盾的结论，所以不会有最大的质数。

除了《几何初步》之外，欧几里得还写了4本书来阐述几何，还有关于天文学、音乐和光学的书，但仅有最后一种得以保留。该书精确地阐述了光的反射，而折射的原则当时还不为人了解，但欧几里得对光的本质的看法是错误的。毕达哥拉斯教导说，光从光源到人眼的传播是以粒子的形式——这是牛顿微粒子学和当代光的粒子画面的前身。恩培多克勒则教导说，光是一种扰乱，通过媒介传播，在途中需要时间——18和19世纪波动理论和当代波图理论的前身。柏拉图和其他一些人曾非常错误地想象，光包括光线，以直线从人眼传播直至物体，然后人眼看到。他们教导说，当我们看东西的时候，我们用这些光线四处戳寻找它，就像我们在黑暗中用手四处摸索某件物体。欧几里得接受了最后这个替换之说,讨论到,光不可能从物体出发进入眼睛,因为如果是这样,“我们不应该,如同真实发生的,看不到掉在地上的针”。

阿基米德 亚历山大港所有数学家中最伟大者,欧几里得之后最著名者是阿基米德(公元前287—前212)。在亚历山大港学习之后,阿基米德回到了他的出生地西西里岛,并最终被围城三年后攻入锡拉库扎的罗马军队杀死。和毕达哥拉斯与柏拉图一样,他认为,学习应该为学习而学习,不是为某种所得或某种功效学习,但是由于他死于战时,他的伟大的机械天赋不得不被主要用于军事用途。据说他曾用镜子和玻璃点燃了围攻锡拉库扎的敌船——一个很多人都怀疑的故事,并发明了弹弓将围城的军队驱离城墙。在他的更加和平的发明中,有阿基米德螺旋,该装置可以将水提到高处,并且在古埃及一直沿用到近现代,还有一种齿轮轮和螺旋组合用以启动船只。但他最知名的是测量物品特定引力的方法,他将已知重量的物品放入装满水的容器中,然后测量溢出边缘的水的重量。例如,如果他将12磅放入容器中,并发现1磅水溢出,他可以知道该物品重量是同等体积溢出水的重量的12倍。一个著名的故事记载了他如何探测出一个金匠的欺诈,该金匠将用来做王冠的金子掺了假,据说他在洗澡时发现了这个方法,并跑到街上叫好。

他在数学方面的研究范围广大且种类丰富,几何方面的很多常用公式都归功于他——πr^2 用来代表圆的面积(其中 π 是圆周与直径的比例),$4\pi r^2$ 和 $\frac{4}{3}\pi r^2$ 代表球的表面积和体积,另外还有圆锥和金字塔的公式(阿基米德说,金字塔和圆锥的体积公式首先由德谟克利特给出,但没有证据,第一份证据由欧多克索斯给出。但是关于金字塔的公式可在莫斯科羊皮纸中发现,早了至少1000年,半球的米阿尼公式也是同样早了至少1000年)。

阿基米德还得出了π的非常近似的值，方法是我们所知的“穷尽法”。可以完全容纳一个半径为 r 的圆的最小方形的面积是4 r^2，而可以容纳在圆内的最大方形的面积是2 r^2。图3–1显示出，圆的面积一定在2 r^2 和4 r^2 之间。如果我们画的是六边形而不是方形，就会得到一个更近似的极限2.598r2和3.464 r^2，而八边形的值更加接近，为2.828 r^2 和3.314 r^2。多边形的边越多，抓住圆的角就越多，所得到的极限就越窄。在96边形中，极限在3.1395 r^2 和3.1426 r^2 之间，所以π的值就在3.1395和3.1426之间。阿基米德使用了96边，但同时引入了某种近似法，将 π 的值确定在 $3\frac{10}{71}$（3.1408）和 $3\frac{10}{70}$（3.1429）之间。

图3–1

阿基米德还对不同论题写了为数众多的专著，诸如杠杆和滑轮的原理、螺旋的原理（尤其是著名的阿基米德螺旋）、抛物线的区域、算术等，其中大多数已遗失，但下面的两则数学方面的例子可以显示出他所达到的高度。

希腊人仍然使用字母来表示数字，并且有不同的系统在一起使用。在亚历山大港，他们用最初的9个希腊字母（α – ι）代表从1~9的数字，从10~90使用另外的9个字母，从100~900，在另外9个字母（希腊只有24个字母，有必要加入两个已经遗失的字母，以及一个腓尼基字母）。从1~999的所有数字都由这个方法表示，其上的数字直到99999999，则通过加入上标和下标表示。但这种系统十分不便，即便是小数字的记录和使用都很困难，而且没有办法表示非常大的数字。阿基米德提出，对于后一种情况，可以将100000000作为一个新的单位，其平方、立方等可以作为额外的序列单位表示“第二、第三”等。在现代数学中，我们要表示1，后面有若干个0，可以写为 10^n，然后阿基米德提出，10^8 作为新的单位，序列应该是10^{16}、10^{24}、10^{32}等——如同我们将100万作为单位,然后表示十亿、万亿、兆亿等。为了具体描述他的这个系统的工作,他计算了用来填满宇宙的沙粒的数量。假设,10000粒沙子可以放入一个以一指宽的十八分之一为半径大小的球,而宇宙的直径小于100亿"斯达地"(stadia,古希腊长度单位,此长度为大约10亿英里,仅仅比木星的轨道稍长),他计算最后的值为10^{63},这里我们使用的是后来在现代天文学中十分重要的计算的原型。

阿基米德指出,不同的单位,108、1016、1024,构成了我们今天所说的几何级,并做出了充满想象的结论,第m次和第n次的单位的乘积等于该单位的$(m+n)$次,用现代的表达,就是$x^m \times x^n = x^{(m+n)}$。这里我们第一次知晓了指数定律,这是2000年后出现的对数计算的胚芽。

第二个例子是非常不同的一类,阿基米德提出了下面的问题,用来挑战亚历山大港的数学家们:"有一群牛,颜色各不同——花斑的,白的,灰的,暗褐。花斑公牛的数量比白色公牛少,二者之差为灰色公牛的数量的$\left(\frac{1}{2}+\frac{1}{3}\right)$倍;比灰色公牛的数量少,二者之差为暗褐牛的数量的$\left(\frac{1}{4}+\frac{1}{5}\right)$倍;比暗褐色公牛数量少,二者之差为白色公牛数量的$\left(\frac{1}{6}+\frac{1}{7}\right)$倍。另外,白色母牛的数量是灰色牛群(公牛与母牛)的$\left(\frac{1}{3}+\frac{1}{4}\right)$倍,灰色母牛的数量是褐色牛群的数量的$\left(\frac{1}{4}+\frac{1}{5}\right)$倍,暗褐色母牛的数量是花斑牛群数量的$\left(\frac{1}{5}+\frac{1}{6}\right)$倍,花斑母牛的数量是白色牛群数量的$\left(\frac{1}{6}+\frac{1}{7}\right)$倍。问,各种颜色的公牛和母牛各有多少头?"

我们可能会认为这并不难解决,只要重新将这些资料用线性方程的形式写出即可,尽管有些复杂。但这种方法是阿基米德所不熟悉的,而且,不管怎样,算术绝非简单。当然没有独特的解法,因为数据仅仅表明比例,不是牛群的确切数量,阿基米德给出了如下解答:

花斑　331950960公牛，435137040母牛

白色　829318560公牛，576528800母牛

灰色　596841120公牛，389459680母牛

暗褐色　448644800公牛，281265600母牛

其中所有数字都是80的倍数,所以可以有一个比较简答的解法:将所有数字都除以80。难以想象的是,阿基米德在处理这个级别的大数字时,使用的是当时通用的并不简便的计数系统,因而,他可能会使用了另外他自己的系统以得出结果,然后将其翻译回通用系统,并对外公布。我们前面一个例子已经显示,他所有的系统可能甚至与今天的不相同。

阿基米德毫无疑问是希腊数学家中最伟大的一个,如果不是战争和破城这样的意外打断了他的活动并缩短了他的生命,他将仍然继续占据这个地位。当罗马人最终攻取了锡拉库扎,士兵们曾得到命令饶恕他及其家庭,但是,也许出于意外或事先设计,这并没有实现。罗马征服者为他建造了一个豪华墓地,上面铭刻着一个圆柱外接一个球形的图案,用以纪念他计算球面积的方法——是他自己的遗愿将自己埋葬在这样的墓地中。

亚历山大港的希尔罗　从阿基米德,我们的思路自然转向希尔罗,另一个亚历山大港的数学家。他的生辰并不确定,大概在阿基米德之后一个世纪,或几个世纪。他几乎具有阿基米德同类的机械天赋,尽管略逊色,也显示出了优异的机械技艺。但是阿基米德似乎是出于自愿成为一名数学家,出于时代的必须,成为一名机械师和发明家。希尔罗的情况正好相反,他发明了大量的戏法魔术和机械玩具,其中最著名的一个是蒸汽机。蒸汽通过沸水制造出来,进入一个可以在固定的轴旋转的空管子。四个喷嘴将管子

接通外部空气，弯度适当，这样外溢的蒸汽通过回压令管道旋转——类似喷气式飞机。这是该方面的第一个实例，蒸汽压将燃料燃烧的化学能转化成运动的能量，也就是今天蒸汽机的原理，希尔罗据说也发明了有记载的世界上第一个自动贩卖机。

在抽象方面，希尔罗做了非常好的数学工作，他对光学方面的研究具有特殊的兴趣。欧几里得曾说，当无线从一个光滑表面反射的时候，入射角等于反射角。希尔罗认为，同一原则可以以不同形式存在：光线在点到点的行程中走最短的路径，但条件是，它必须在行程中的同一点射到镜子上。在图3-2中，如果 ABC 是真实的路径，它将比 $AB'C$ 或 $AB''C$ 以及其他任何类似的路径短。希尔罗似乎完全没有重视这个结论，但毫无疑问，他事实上引入了一个新的意义深远的原则，将演化出机械学中最重要的一个方法。

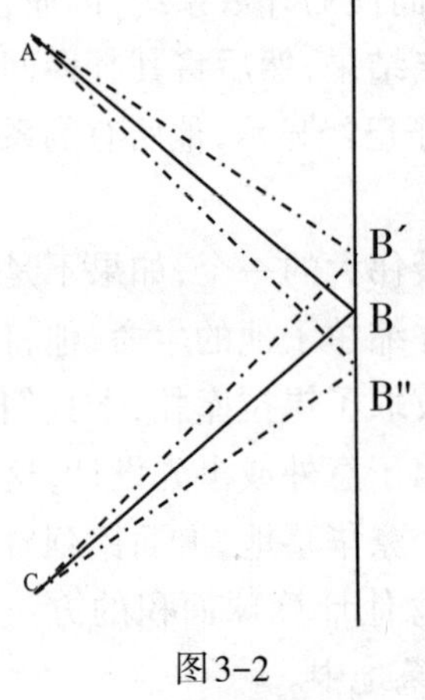

图3-2

阿波罗尼奥斯 （公元前260—前200）继欧几里得后最重要的希腊几何学家，著有《圆锥曲线》。我们已经看到，门奈赫莫斯如何将圆锥截面(圆锥曲线)引入数学，但并没有大量使用。欧几里得和阿基米德还研究了曲线，但大多数著作已经遗失。然后是阿波罗尼奥斯，他曾经在亚历山大港学习了一年多，大概又在那里教学，并将新的生命注入研究。简言之，他在圆锥截面(圆锥曲线)上的工作如同欧几里得100年前在圆上的工作，他还写了一部专著，其内容广泛，几百年内无人对该议题进行实质性的补充。该专著包括大约400个命题，分为8本书，我们对其内容较为熟识，其中7部仍然存在，4部用原文希腊语写成，3部为阿拉伯语译文。在此之外，我们还看到帕波斯(4世纪)和欧托基奥斯(6世纪)关于整部书的评论。

门奈赫莫斯曾经设想了几种圆锥截面(圆锥曲线),都从一个与圆锥平面垂直的截面获得,并且发现了三种不同的曲线,都源于角度分别小于、大于、等于直角的锥面。

阿波罗尼奥斯现在证实,所有三种曲线都可以从一个任何角度的单一圆锥获得。我们自己可以看到这一点,比如当我们将地面或墙上的电子火炬(手电筒)点着时,火炬会抛出一个单一的不晃动的锥形光,我们将光以不同角度落在地上,可以看到锥体不同的横截面。如果我们将火炬垂直指向下面,就会看到一个地上有一片光,显示出横截面的曲线是一个圆。但是如果我们将火炬通过一个小角度进行翻转,光片就会被拉长,横截面的曲线是一个椭圆(或拉长的圆)。如果我们继续翻转火炬直至它指向水平,横截面的曲线是抛物线。如果我们将火炬在同一方向上继续做更大翻转,使之有些微微向上,截面的曲线变成了双曲线。通常认为,锥面是从顶点向两个方向的延伸,但这种状态无法用火炬复制。当我们这样想象圆锥的时候,双曲线包括两条分离的曲线,如图12。

阿波罗尼奥斯还对圆锥截面(圆锥曲线)给出了现代仍然沿用的称谓:抛物线,意为“应用”;椭圆,意为“不足”;双曲线,意为“过剩”(这些名称在其等式中显得十分恰当:$y^2=\alpha x$ 抛物线;$y^2=\alpha x-\beta x^2$,椭圆,由于有 βx^2,y^2 变得不足;$y^2=\alpha x+\beta x^2$,双曲线,y^2 由于 βx^2 变得过剩)。

圆锥截面(圆锥曲线)因为在自然中的大量存在而获得了特殊的地位,但是希腊人并不知道这些,仍然想象着最自然的运动一定是以圆圈的形式存在的。这个观点后来不得不抛弃,因为开普勒在1969年发现行星按照圆锥截面(圆锥曲线)的方式运行,牛顿在1687年指出,它们的运行必须这样,因为其运动受到太阳引力的吸引 βx^2。

当这些曲线变得重要,希腊的研究方法便不再适用。该方法是构建一系列的命题,每一个都是由前面的命题通过严格的逻辑得出的——如同欧几里得在《几何初步》中的方法，进而形成了结论汇总。但是这样的汇总现在已经没有用处，如同阿哈姆斯在羊皮纸上所记录的算术结论合集一样，因为当代的方法在处理数字时可以给出毫不费力的方法，得出我们任何时候都需要的结果。门奈赫莫斯·欧几里得和阿波罗尼奥斯也类似地被所知的“解析几何”所超越代替。这一般认为是笛卡儿（1596—1650）和费马（1601—1605）的创新，我们将在后面的章节中介绍，但是解析几何很有可能在他们的时代之前就已经开始应用，甚至可以追溯到阿波罗尼奥斯。这个方法无疑更加直接，更加有力，更加确实，比希腊几何的摸索式进步得多。

这些最后提到的方法在阿波罗尼奥斯时达到极限，所以几何在基督教时代的科学大静止中几乎陷于停顿，一直持续了其后的多个世纪。在4世纪的下半叶，一个杰出的几何学家帕波斯在亚历山大港出现，但却生错了时代，因为那时人们对几何的热忱已经退去。他唯一的著作《合集》，是关于数学知识的汇总，并由于描述了已经佚失的其他著作中的内容而受到关注。数学家们仍然将帕波斯的名字和一个他在书中所详述的问题联系起来，但该问题只得到了部分解答，即，为一个点找到一条移动的路径，使其到一些线的距离之积与该点到另外一些线的距离之积成正比。欧几里得和阿波罗尼奥斯解决了这个问题的一些简单实例，笛卡儿以最通常的形式解决了这个问题。的确，正是这个问题使他被称为解析几何的创始人。

丢番图（古希腊亚历山大学后期的重要学者和数学家，代数学的创始人之一，对算术理论有深入研究）几乎与帕波斯同时代，我们看到了另一位伟大的亚历山大数学家，他被誉为将代数学方法引入数学，当然也是已知作者中最早系统使用符号的人。他使用符号来表示乘方、相等、负数等，尽管有一些已经被佚失作品的作者更早使用过。

我们看到过欧几里得如何证明几何定理，方法与代数等式同型，其几何背景的原因是，他那个时代的希腊人通常通过长度和面积来考虑数量。例如，欧几里得将定理：

$$(a+b)^2=a^2+2ab+b^2$$

放入几何图形，图3-3“AB上的正方形等于AC和CB上的正方形之和，外加AC，CB上的长方形的两倍”。到丢番图时代，如果宣布一个没有几何图形解释的定理是非常罕见的(希尔罗宣称，一个以abc为边的三角形的面积是：

$$\frac{1}{4}\sqrt{(a+b+c)(-a+b+c)(a-b+c)(a+b-c)}$$

而这种陈述方式是早期希腊人所认为没有意义的，因为几何表现需要思维空间。但是这种陈述非常不寻常，所以希尔罗为使用四个因子相乘而道歉，而在一个图表中，三个因子就足以说明问题)。数量科学挤入一个几何框框内，直至丢番图打碎框框，将其解放出来。

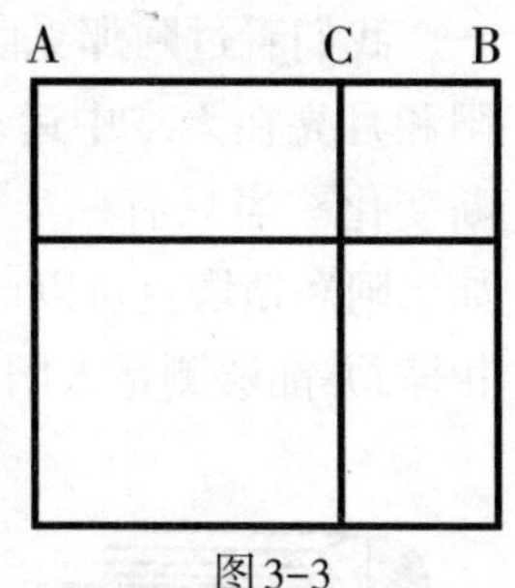

图3-3

丢番图用这种新的代数方法解决一级和二级方程，例如线性和二次方程，形式为$ax+b=0$和$ax^2+bx+c=0$，令人感兴趣的是，他使用的方法正是今天学校中所教授的方法。他还解决了几个简单的联立方程，以及非常简单的三级方程$x^3+x=4x^2+4$。

亚历山大大帝时期的天文学

在我们现在所观察的1000年中，与亚历山大港有关的可谓伟大者有四位——阿利斯塔克、厄拉多塞(公元前276—前196)希帕克、托勒密。第一位之所以令人瞩目，是因为他是首位对太阳系的布局给出较为真实描述的人——行星，包括地球，以太阳为中心旋转。而最后一位之所以著名，是因为他给出的描述是完全错误的，但仍然保有地位，几乎无可挑战，直至16世纪。

萨姆斯的阿利斯塔克（公元前310—前230）我们对于阿利斯塔克的生平所知甚少，他有时被描绘为"数学家"，但维特鲁威认为他是为数不多的几个伟人，对科学的所有分支都拥有几乎等同深邃的知识——几何、天文、音乐等。他生于萨姆斯，成为斯特拉顿的学徒。斯特拉顿是最早的游历教师之一，可能与亚里士多德有紧密接触。由于斯特拉顿曾经尽力在理性的方向上解释所有事，所以毫不奇怪，阿利斯塔克也从类似的角度研究天文学问题。

的确，阿利斯塔克是第一个以真实科学精神对待天文观测的人，并在其中通过严格的数学方法进行演绎。在一部现存的著作《关于太阳和月亮的大小和二者间的距离》中，他尽量使用基于观测而进行的纯粹演算来计算这些体积和距离。

我们看过阿那克萨戈拉已经对月相进行了真实的解释。当太阳和月亮在天空中运动时，月亮表面的一小部分被太阳照射并不断变化。当只有一半被照亮时，图3-4中的 *EMS* 角一定是直角。如果阿利斯塔克可以此时测量 *MES* 的角度，他可能会知道 *MES* 的相撞，并能够测量太阳和月亮的相对距离。

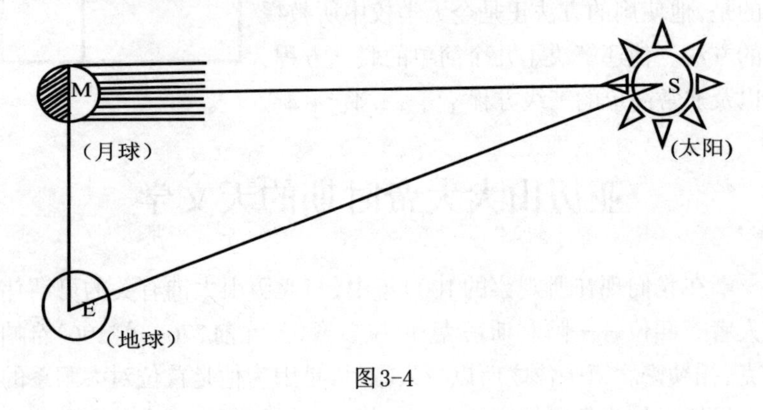

图3-4

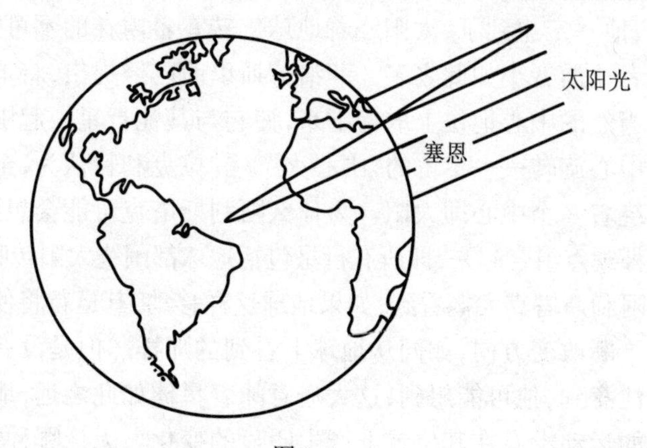

图3-5

这就是他的天才和无可辩驳的方法。但是,半月的确切时间难以预定,阿利斯塔克估计应该在*MES*角为87°时,而真实情况是在角度是89°51′。错误要比表面上看起来的更加严重,因为最终的计算结果将误差确定在这个角度与90°之间。阿利斯塔克的估算为真实值的20倍,并做出结论说,太阳的距离为月球的19倍,而真实的数字是20多倍。但是这样的计算尽管不甚正确,仍然让人注意到太阳和月亮的距离的不等。这显示,太阳和月亮一定大小很不同,它们在天空中看起来一样大小,可以非常简单地确定为椭圆,所以它们的实际大小一定与它们的距离成正比——阿利斯塔克对此已经确证。

现在只剩下确定太阳和月亮的真实大小了,这可以通过食况发生时地球投在月球上的阴影确定。由于太阳如此之远,地球的阴影一定几乎等于地球本身。阿利斯塔克估计阴影的直径大约是月球的7倍,并且做出结论说地球一定有月亮7倍的直径,而我们所知的真实数据是4倍。但是,无论他的估算多么不准确,都显示出太阳一定比地球大很多倍。

我们无法了解他面对这个发现时的心理感受,但是我们可以想象，他一定想到了，太阳绕着地球旋转有着内在的不可能性，因为后者比前者小如此之多。菲洛劳斯以前已经提出，将地球从它理所当然的中心地位上取缔下来，使它与其他行星一起围绕一个新的中心旋转——宇宙的"中心火"。赫拉克利特认为，金星和水星围绕着一个中心即太阳。为什么阿利斯塔克可能会想到，不能将两种观点组合起来，即所有行星包括地球都围绕太阳转呢？

阿利斯塔克大概看到，如果地球这样移动，其运行将使固定的星体不断改变方向，如同从地球上看到的那样。但是没有这种改变被注意到，他可能想到，这大概意味着星体如此之远，地球绕着太阳的运动没有在其位置上产生明显的变化。无论哪种情况，阿基米德几年后写道，阿利斯塔克提出了假设"固定的星体和太阳保持不动，地球按圆圈围绕太阳运行，太阳位于轨道的中心，固定星体散布在同样的太阳中心周围，非常大"，以至于地球的轨道"与固定星体之间的比例与球体中心与表面之间比例相同"。

通过抛弃希腊的通常思维方法和对以前提出的原则的依赖，阿利斯塔克几乎一下得出了太阳系的布局，了解了地球的相对微小，作为遥远的更大的太阳的附属显然微不足道，以及二者在无尽空间的无关紧要。

通过这种方式，天文学开始步入正确轨道，我们可以期望故事的其他部分会在科学道路上快速进展，但是事实十分不同。普鲁塔克告诉我们，阿利斯塔克的学说在公元前2世纪时由巴比伦的卡里尼科斯鼎力甚至暴力支持，但除了这个明显的孤立的支持者，我们很少听到拥护的声音，直至哥白尼和伽利略。

事实是，这些学说似乎在时间上过于超前，无论普通人或学者都无法接受。普通人的顽固、僵化和无想象力的"马的感觉"告诉他们，将地球如此之大的物体想象为宇宙的微小碎片是非常荒谬的。这样大的固体不断地在运动更为可笑——因为如果这些是真的，祈祷一下，在机械力时代看来，什么可以有如此之大的力量来保证这个运动呢？

而且，我们可以想象，普通人非常不愿意放弃那种作为宇宙中最重要的部分，或作为神的近邻而产生的惬意感。所以，克来安塞提出，阿利斯塔克应该被起诉为不敬神，如同两个世纪前的阿那克萨戈拉，宗教的刻薄再一次将思想从正确的轨道上拉开。天文学被带回到了欧多克索斯离开的那一点，与欧多克索斯基本类似的观点将在未来的2000年后塑造天文学。

厄拉多塞（公元前276—前195）是亚历山大大学图书馆的总馆长，不仅有古董学方面最博学者的美誉，而且因同样出众的体育才能而闻名。他在诸多科目留下著作，但是最著名的是对地球大小的测量，其方法极为简单，而且不是前所未见的。

他相信，在中夏的正午，太阳正好在塞恩（今阿斯旺）的头顶，所以井底可以直接照入阳光，他发现，同时间亚历山大港的测量显示出，在天底下，太阳是正圆的五十分之一（或者7°12′）。他相信阿斯旺在亚历山大港的正南面，并得出结论，阿斯旺的地球表面与亚历山大港地球表面比，成正圆的五十分之一度角，因此地球的周长应该是塞恩到亚历山大港距离的50倍。将此后者的距离估为5000“斯达地”（也称为天文单位），厄拉多塞得出结论说，地球的周长为250000“斯达地”。阿基米德告诉我们说，以前的估算为300000“斯达地”。

厄拉多塞似乎后来将这个估计值修改为252000“斯达地”，我们不知道古埃及体育馆的确切长度，但是如果我们猜测大概的长度为517英尺，周长应为24650英里，而真实的值为24875英里。但是厄拉多塞似乎只是得到了非常近似的数字，所以在某种程度上说，他最终的精确结论应归功于好运（事实上，阿斯旺并不完全位于赤道上，而是大约其北40英里，也不是亚历山大港正南，而是其东180英里，二者纬度之差不是7°12′，而是6°53′，最初的40英里的误差可以造成地球圆周的2000英里的误差）。

据说厄拉多塞还测量了椭圆的倾斜度，例如，地球翘起的自转轴导致了四季的不同，并得到值为正圆的 $\frac{11}{166}$，或者说是23°51′，而真实的值为23°46′。

希帕克 我们下一个遇见的伟大人物是尼西亚的希帕克(公元前190—前120)。从阿利斯塔克的时代起，很多天文学家就开始记载一些与天空中某种标点相关的更加明亮的星体。希帕克在罗德斯建立了一个观测站，并进行了类似的测量。他的理由是，在大约公元前134年，他发现明亮的角宿一星在过去的160年中位置改变了2°，这表明需要对星体的位置有一份新的确切的列表。他列出了大约1000个星体的名单，包括了所有在埃及可以轻易看到的，然后对它们的位置进行了尽可能的精确测量。

他将这份列表与阿利斯塔克时代，以及更早的古巴比伦时代的记录进行了比较，他可能曾经期望发现某处的某个星体在天空的位置发生改变。事实上，他发现了一系列规则而系统的变化，表明地球的轴改变了在空间的位置，总是指向某个相同的点。如前所用的类比，地球的旋转不是孩子们所称的像一个"睡着了的顶"，而是像一个不稳定旋转的"染色顶"。这种现象被称为"昼夜平分序列"，发现权一般归于希帕克，尽管也有人认为应该归于其著作为希帕克所熟知的古巴比伦人基德那。希帕克估计地球的轴每年穿过一个45″的角运动，但真实的值是50.2″，这样地球的"顶"需要25800年完成一个摇动回到原位。这是一个很长的期间，但与人类的历史相比，还不算引人注意，所以在人类历史中，地球的轴一定曾经指向某个与今天不一样的方向。我们已经看到，这个知识只是可以被用来表示星群的名字，同样，如果我们不知道希帕克的日期，则可以通过他所发现的星体位置来演绎出具体的日期。

他还研究了太阳、月球和行星跨过天空的运动，得到了非常精确的结果，月球月的长度误差为1秒，太阳年的长度误差为6分钟。的确,他对天文学大多数的基本数据都进行了较准确的测量,从而将量化天文学置于理性的精确的基础之上。他尽力勾画出一个星体轨道的布列,可以解释横跨天空的观测到的行星的运动。他的大多数著作已经佚失,但他的规划很可能与托勒密后来在《天文学大成》所描述的非常类似,只是还没有最后成型。

他通常被认为发明了三角学,尽管其著作已经无从获得。据说他曾构建了我们今天所知的正弦函数表(这实际上给出了圆内圆心角所对的弦的长度),并且据信发现了通常所知的托勒密定理,我们表述如下:

$$\sin(A+B)=\sin A\cos B+\cos A\sin B$$

并且尝试初级三角学的全部内容。

人们认为希帕克知道如何“解决”球面三角形,例如,当6个条件中3个已知,计算出画在球面(如地球)上的三角形的角度和边长。例如,这可以让航空员计算出两点的距离,只要二者的经度、纬度已知。应该提到的是,通过经度和纬度确定地球表面位置的方法始于厄拉多塞,但确定天空上的位置则始于希帕克。

希帕克大约死于公元前120年,在其后两个多世纪的时间里,没有出现留名的天文学家,天文学如同其他领域,在基督教时代开始的科学停滞时代中驻足不前。

托勒密　在这个停滞的鸿沟的另一端我们看到了克罗狄斯·托勒密(约公元90—168),并被认为与同名的王朝没有任何瓜葛。127—151年,他在亚历山大港教学观测。他最著名的著作《天文学大成》对天文学的贡献如同几何学中的欧几里得的《几何学初步》,并直至17世纪一直作为标准教材。和《几何学初步》类似,该著作包括13本书,数学和天文学的内容同样丰富,其中有些是独创,有些则显然取自前人(如希帕克)。

书1,关于三角学的专著,以自然正弦表闻名,π的值达到$3\frac{17}{120}$,或者3.14167,其他的值如下:

阿基米德给出的界限：$\begin{cases} 3\dfrac{10}{70}=3+\dfrac{1}{7}=3.14286 \\ 3\dfrac{10}{71}=3+\dfrac{1}{7\frac{1}{10}}=3.14084 \end{cases}$

托勒密的值：$3\dfrac{17}{120}=3+\dfrac{1}{7\frac{1}{17}}=3.14167$

后来的近似值：$3\dfrac{16}{113}=3+\dfrac{1}{7\frac{1}{16}}=3.1415929$

真实的值:3.1415927。

另外两本书包括1022个星体的位置,其他的则论述行星运动的理论,这些是托勒密著作中最著名的部分,当然将地球重新置回了宇宙中心的位置。欧多克索斯和卡利普斯曾经设想,行星贴在一个有很多运动的星球的复杂体系中,托勒密将这些星球的系统用一个运动的圆圈系统代替,具体的布列如图3-6。

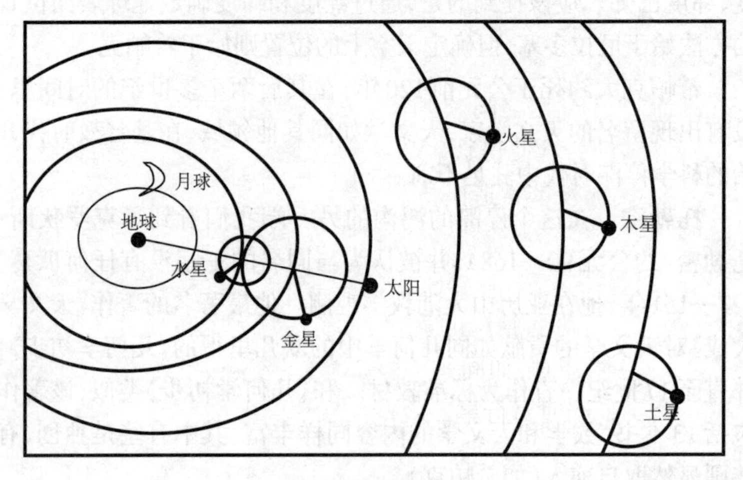

图3-6

在这个体系中,太阳和月球在圆形的轨道上沿着地球运行,但是其他行星的运行更加复杂。在太阳轨道外面是另外一个圆形的轨道,没有任何实体在上运行——只有一个数学的抽象体“虚拟的火星”。当这个虚拟的火星按圆圈运行时,真实的火星在它的周围沿着一个较小的圆运行。虚拟火星运行的大圆被称为“均轮”,而真实火星运行的较小的轨道则被称为“火星周转圆”,这是一个重叠在另一个圆上的圆。二者的运行方向相同,每个圆中的运行都会加强另外一个,所以火星在天空中的运行显得非常快。但在另外的阶段,当在周转圆中的运行向着其他的方向时,火星就会显得慢一些。有时周转圆中的运行方向与均轮中完全相反,火星就会看起来倒退。所有这一切都与所观测到的火星的运行吻合,火星通常在天空中与太阳和月球的运行方向一致,但有时会出现停顿,有时相反。

在距离地球更远的地方,托勒密为木星和土星提出了类似的双轮结构。水星和金星也类似,但是这两颗星的情况有本质不同,只适用于这两个行星的运行情况。火星、木星和土星通常稳步地落到太阳以东,而水星和金星则围绕太阳运动,而且从未远离太阳。托勒密提出解释说,这是因为水星和金星的均轮位于地球和二者与太阳的轨道之间,虚拟行星在均轮的轨道上运行,恰恰在地球和太阳之间,这使得真实的行星在周转圆中似乎在围绕太阳运转。但这个解释非常造作,而且奇怪的是,托勒密没有想要将水星和金星的均轮与太阳的轨道偶合,如同本都的赫拉克利德斯所做,即使是古埃及人据说也相信这些行星直接围绕着太阳运行。

如果作为真实情况的表述,托勒密的观点当然大错特错。但是同时,在阐释时,如同德·摩根所评论,这却可能比事实更加有用,因为人们当时对行星表面的运动而非真实的运动更感兴趣,并且这样的推演可以使所针对的受众容易理解。如果托勒密曾经知道有爱因斯坦,并且说星体的路径是四维空间的测地线,他的陈述将会因无知而变得毫无价值。如果他曾经知道会有开普勒,并且说行星在椭圆的轨道上围绕太阳运行,在等同的时间里画出相等的区域,他的陈述也会有同样的评价。真实的情况必须以人们所熟识的概念形式向每一代人详解,阿利斯塔克没有将他的信念在自己时代推得太远,托勒密也许与他的伟大前辈相比不够犀利,但却获得成功,大概是因为与当代思想的水平更加靠近。

托勒密还在光学方面写过5卷的专著,其中大多数通过20世纪的阿拉伯语翻译成了拉丁语并得以保留。在最后一卷中,他对光的反射的天文效应进行了研究。他知道,当光从一种物质穿过到达另一种物质时,如从空气到水,它会发生折射或从直线上弯曲,他看到星光在从稀薄的上层大气到达下面的浓厚大气时会发生弯曲(这是现代的表达方式,实际上,托勒密遵从欧几里得的说法,光线是从眼睛出发的发射,在空间进行摸索,直到落在被看到的物体上,所以他会说,光线在从底层稠密大气到达上层稀薄大气时发生折射)。这会使得一个星体看起来比实际情况更像垂直位于头上,因而,当太阳、月亮和各个星星落山之后,它们仍然可以被看到。托勒密描述了他通过玻璃和水进行的光折射的实验结果,给出了折射表,提出了折射定律,并且使之在折射角很小的情况下几近正确。托勒密描述了两个新的天文学仪器——星盘和墙仪,不仅在当时而且在以后的多个世纪里广为应用。他还从天文角度讨论了地理,解释了地图绘制原则,认可希帕克的观点,即经度和纬度的观察应首当其冲。但他并没有准备将自己的规诫付诸实施,所以只制作出一些效果不佳的地图,充其量只是从商人和远行者那里获得的信息片段的拼凑。

很多关于光学、占星术、声音和其他题目的书也都归在他的名下,但是真实的作者值得怀疑,而且其中内容也远不及《天文学大成》那样可以令作者名垂后世。

亚历山大大帝时期的物理学和化学

亚历山大大学的物理或化学似乎乏善可陈,主要的事件是3世纪时炼金术的兴起和衰落。炼金术一词在我们的头脑中与各种愚昧和欺骗联系在一起,但严格来说,它应该显示出化学的早期形式。在亚历山大大学,其操作具有严格的祭司等级性质,其秘密也被非常小心地严守,但其中的很多在雷顿图书馆的3世纪莎草纸文集中留有记载。炼金术的一般目标是将基本金属转换成"高等"金属,例如金和银。3世纪的亚历山大大学的炼金术的特殊目标是,制造出金银物品的廉价模仿物。例如,大块合金可以通过大量低级金属和少量黄金获得,然后塑型,与腐蚀性的盐混合,如同现在的蚀刻。这会对低级金属而不是黄金造成影响,从而形成的产物不仅仅是像黄金,而真正是黄金——当然,只要没人过分探寻表面以下。这里没有真正的欺诈,整个过程几乎完全相当于我们现在的电镀。炼金术在亚历山大港一直存在到耶稣后第三个世纪,直至戴克里先宣布其为非法,并命令将所有有关书籍予以焚毁。起初,炼金术还像上述那样比较纯粹,但到后来出现了假冒,让人看起来低级金属真的被转换成了黄金。

亚历山大大帝时期学校的终结

当4世纪接近尾声的时候,我们遇到了天文学家、数学家赛翁,他写了一部对《天文学大成》的评论,并发布了有关欧几里得的《几何初步》的新版本。与他同时期的还有他杰出的女儿希帕蒂娅,古代史中唯一知晓的女科学家,她写了关于阿波罗尼奥斯二次曲线和丢番图代数的评论。原创科学著作的激情早已远离了亚历山大港，现在学校所产出的是神秘梦幻类的哲学思考，主要的工作是编辑、评论和回放过去时代的荣耀。

基督徒和所有非基督徒的对立现在变得严峻，但是科学仍然奄奄一息，无法具有吸引力。基督徒不关心科学，他们无尽的兴趣在于理论争议。他们坚信，持有不正确的理论观点是死罪，所以设计出令人难以置信的酷刑，互相残酷实施，外教徒阿米阿努斯形容为即便最野蛮的野兽也受不住，而基督徒圣·格列高利则说"像地狱"。但当我们读到他们对"圣子与圣父是否是一回事"持不同意见者进行割耳、割鼻、割舌和砍右手的刑罚时，我们没有读到有人因为科学观点遭受不幸。但是，基督教出于其"不需考查，只需相信"的教条精神，一定对自由提问的科学精神进行了强大的震慑。

在亚历山大港，最少出现的是通过学习和科学对统治一切的宗教进行思索，那里的主教西奥菲勒斯，"和平和美德的永久敌人，双手交替浸污着黄金和鲜血"，对根除外教文化的所有纪念物有着特殊的激情。在390年，大图书馆的大部分被毁，据称就是出于他的命令。他的侄子，圣·赛瑞勒接替了他的主教位置，并对希帕蒂亚产生了嫉妒。她是一个女人，却被赞誉为对所有科目的科学都有着深入的知识，甚至令基督教陷入危机。所以，当一群基督徒，大多数是出家人，在415年谋杀了她时——用尖锐的牡蛎壳将肉从骨上撕下，赛瑞勒被怀疑策划了这一事件。

一些亚历山大大学的学者移居到了雅典，柏拉图学院仍然脆弱地屹立——一座外教徒的小岛，不断被升高的基督教洪水吞没。尽管大多数人关心魔法和迷信，哲学教授普罗克鲁斯(412—485)是其时代的最伟大的哲学家，他通过例证提出反对创世纪描述的讨论，并受到死亡威胁，对此，他做出了著名的回答："他们对我的身体所做的事情并不重要，我死时，带走的是我的精神。"最后，在529年，基督徒说服查士丁尼大帝在雅典禁止所有"世俗学问"，雅典的学校继而消亡。

亚历山大大学的其他人移居到了拜占庭(君士坦丁堡),一座由君士坦丁在326年定都并建为一座新城的城市,其热忱和彻底性不亚于亚历山大大帝6个世纪前在埃及所显示的,而这个新君主的希望只是将其变成一个帝国的首都,并将其完全基督化。新城"代表了文明所产生的最少量的贵族形式……浸没在感官和最无意义的愉悦之中,只有在一些理论上的微妙问题或与一些好战种族进行对抗所带来的刺激中,他们才会从懒散中露出头来,开始狂热的暴乱"。

这样的土壤中不太可能出现学问的蓬勃发展,但是这个城市成为了东方的希腊化亚中心,并保持至土耳其人在1453年攫取之。如果在这800年中,拜占庭曾经增加了世界知识库中的份额,它至少扮演了学识的静止水库,溪流偶尔从中流出,滋养着外面的思想,它几乎没有创造,但从毁灭中保留了很多。

拜占庭时期的一个神学方面的冲突,事实上被证明对知识学习有利。拜占庭的主教聂斯托里坚持认为基督的个性是两种不同属性的混合体——人和神,圣女玛利亚是人格基督的母亲,不是神格耶稣主的母亲,"神的母亲"这个头衔令他感到憎恶。当以弗所第一大公议会于431年宣布此学说为异端邪说后,聂斯托里的很多追随者发现他们的生活由于迫害而无法继续,于是迁移到了东方,首先是美索不达米亚,然后在不断迫害的驱使下,到达波斯。在这里他们可以自由地专心从事文学和科学,用现在已成为西亚通用语的他们的本族语叙利亚语写出原创作品,并翻译了劳斯丹顿、柏拉图、欧几里得、阿基米德、希尔罗、托勒密和其他很多人的著作,使得其影响日后显现。

亚历山大港学校的最终终结出现在642年,伊斯兰教徒控制了城市并摧毁了大图书馆的剩余部分。哈里发·奥马尔据说批准了这次洗劫,原因是:"如果希腊的作品是认可伊斯兰神的,那它们是无用的,没有必要保留;如果不认可,那它们是恶性的,应该毁掉。"

阿布法拉基尔斯记载说，所有的书籍使用城市里的4000个浴室燃烧了6个月——当然有所夸大，因为即便有40万册书籍留在了图书馆里，那每个浴室平均每周只烧毁4册。

第四章　黑暗时代的科学

(642—1453)

我们已经追索了科学的财富,它从东方来到欧洲,首先停流在艾欧尼亚的希腊,然后渗透至雅典,到达希腊大陆外端的不同部分,向南至意大利,最后,当它的光芒在希腊开始衰减时,便向东转,在亚历山大港,托勒密一世在尼罗河口建立的宏伟城市,找到新的居点。

在这里,知识的很多科目似乎通过自然发展找到它们的自然归宿。几何,最初取得了如此之大的进步,归于消亡;代数还没有来到;物理曾有过一个好的开端,但似乎一开始便纠结不清;天文学在有了无与伦比的起步后,在阿利斯塔克的时候转错了方向,并继续在错误的道路上前行。

最恶劣的是来自宗教的反对。我们看到基督徒在390年烧掉了大图书馆的大部分。415年,他们谋杀了希帕蒂娅。642年,伊斯兰教徒占领了城市,关闭了大学,对图书馆进行了最后的摧毁。每一次袭击都将学校的一部分驱除出国,所以学习和学者散布在各地——希腊、罗马、拜占庭,甚至波斯和东方,我们将看到这些散落的线如何在阿拉伯人的巨大中世纪王国中结在一起。

在不为人知的世纪中,阿拉伯为游牧部落所栖息,那里有远见卓识的人,也有梦想家和杀人成性的蛮族。他们的宗教一度是原始的多神教,如部落神灵和魔鬼,直至基督教和犹太教的思想在拜占庭、阿比西尼亚和波斯传播渗入。

大约570年时,这里诞生了一位遗腹子——默罕默德,并由他的富裕祖父收养。他使自己成为了沙漠之子,最终成为了先知,并和一位富孀赫蒂彻成婚。他对她和自己的其他一些朋友吐露,他曾经在冥想中得到启示,神只有一个,而他,是神的先知。当他将这个讯息向更广的圈子宣布时,遭到了嘲笑和迫害。他于622年迁徙到麦地那,并在那里得到了更多的支持。他建立了兄弟会,发展了宗教,令上亿人皈依,并在这里他布道一场圣战。

阿拉伯人,也许受到了世界范围伊斯兰教的图景的激励,现在开始了异常的军事征服的事业:巴勒斯坦和伊拉克在几年内陷落,636年他们入侵了叙利亚,639年入侵了埃及,642年占领了亚历山大港,然后是波斯、土耳其斯坦,以及印度西部的某些部分,北非、西班牙和西欧部分地区。他们以令人窒息的速度建立起世界上最大的帝国之一,但也是最不稳定的帝国,因为在其从辉煌到暗淡的4个世纪,帝国便土崩瓦解。

这种新的生活方式,让他们获得了比酷热沙漠更加广阔的文化视野。当他们在胜利的道路上前行时,不仅吸收了领土,也吸收了学识。他们征服埃及时,也将亚历山大大帝的空壳上所剩余的一切接收过来。他们征服波斯时,获得了部分从亚历山大带到拜占庭的知识,然后是更远一点的聂斯托利。的确,在一段短暂的时间,冈迪萨普的聂斯托利中心,某种程度上成为了阿拉伯伊斯兰帝国的文化首都,但是变化很快来到:冈迪萨普不得不让位于巴格达,阿拉伯语也取代叙利亚语,成为文化和科学的语言,勤奋的聂斯托利人开始了将希腊古典文化翻译成阿拉伯语的工作。

征服所带来的学识方面的增加被一股从外到内的潮流所超越,一些来自希腊,主要由希腊医生带来,他们被召来治疗帝王在沙漠生活时所患的未知疾病。一些来自印度,主要是商人们带来了算术知识。到此为止,印度文明对科学的贡献甚少,大概是因为浓重的宗教氛围对于物质事物的研究助力不大。生命只是一个人的一切的影子再现,由于他的罪,他必须看到很多表演,并且永远通过克制个性来从中获得解脱。物质世界仍然不重要,如同对早期基督徒一样,科学发展步履艰难——不是由于迫害或不宽容,因为东方宗教将宽容视为美德,而是由于一种完全的不重视氛围。这样,第五个世纪接近尾声,雅利安人的一个部落入侵了印度,继而科学开始空前绝后地繁荣起来,直至现代的印度科学觉醒。

这一时期的一位杰出的印度科学家是476年生于巴特那的阿亚·巴塔,他被认为在丢番图之外独立发展了代数。他发现了如何解决二次方程,出版了正弦表,但我们不知道这是否是其独立创作还是参阅了前人的材料。他还给出了连续整数之和(1+2+3+…)以及它们平方和立方的和。一位较晚的数学家婆罗摩笈多(598—660),也解决了二次方程,求出了算术序列的和,但我们也不知道其独立创作的比例有多少。印度在这一阶段没有产生太多的新知识,但带给世界一个伟大的礼物,即数字的“位置”表达,也就是说标示的值取决于它的位置——简言之,即我们的系统,标示可以根据位置表示个、十、百、千等。这样的系统不是新出现的,早期古巴比伦人曾经使用过,但是通过阿拉伯和印度进入西方世界,所以我们仍然将数字称为阿拉伯数字。在较晚的时代,印度数学家婆什迦罗(1114年生)写了一部天文学著作,包含了目前已知的最早的当代算术加、减、乘、除的方法(专著以诗歌的形式出现,部分内容是作者与其严加看护而不婚女儿之间的对话)。

伊斯兰教的科学

通过将古代文化和流入的知识相结合,阿拉伯人成为了科学知识的世界图书馆的拥有者。他们成为杰出的翻译者评论者、著作者,他们的目标不仅是增加知识,而且要将所有现存的知识纳入自已的帝国。在800年左右,哈里发哈伦赖世德让人将亚里士多德、医生希波克拉底和盖伦的著作翻译成阿拉伯语，而他的继任者阿尔马蒙则派出使节前往拜占庭和印度寻找适于翻译成阿拉伯语的科学著作。就他们的条件而言，伊斯兰教徒对于科学知识的储存贡献匪小，如同以前的拜占庭，从而确保已有的知识免遭不可挽回的损失。

化学 在化学和光学方面，出现了可以记录的真正的进步。化学领域有两个人的名字为历史铭记——扎比尔·伊本·赫扬和戈伯。前者似乎主要活跃于8世纪后半叶，解释了如何制备砷和锑，如何提炼金属，如何将布料和皮料染色，并在应用化学方面做出了其他贡献。在抽象方面，他不是那么喜剧性的人物，他引入了荒谬的观点，在化学历史的后半期夺人眼目：燃烧了的物质会在燃烧的过程中失去一些性质。他还在毕达哥拉斯派和恩培多克勒派的四个元素中加入了两个新的"元素"，称之为汞和硫黄，当然这与我们今天的元素有别。他的继任者在他之后又加入了第三个新元素——盐。

戈伯大概出现在一个世纪之后，但对他的时间并不确定，一些人甚至认为他与贾比尔是同一个人。无论他是谁，辛格尔将其描述为"阿拉伯炼金术之父，并将之发展成为现代化学"。阿拉伯炼金术与亚历山大港的早期炼金术类似，与现代化学的区别主要在于目标而不是方法，即将自己限定在唯一的将物质转换成金或银的目标上。这样，我们发现戈伯研究并改进了很多当时的标准方法，如蒸汽、过滤、净化、溶解、蒸馏和结晶，同时还有准备不同化学物质如汞的氧化物和硫化物的经历，他还知道如何准备硫化酸和氮化酸，以及甚至可以溶解金的王水。

光学 人们对于光学的兴趣也在增加，制造出光学仪器的可能性得到重视。有传说认为，在亚历山大港的灯塔曾经装备了一些仪器，可以看到原本看不到的海上的舰船。如果情况属实，那么直到阿拉伯时代，这方面也没有取得进步。在9世纪，我们发现巴士拉和巴格达的金迪写了关于光学的著作，尤其是光的折射。一个半世纪之后，阿尔哈桑和阿尔哈曾(965—1038)在开罗进行折射方面的研究。他发现托勒密的定律只对小角度适用，因而不是真实的定律。他还研究了球形镜和抛物面镜的作用以及透镜的放大效果，并解决了光源位置和透镜后影像之间的关系——仍被称为阿尔哈曾问题。他对视觉行为给出了正确的解答，认为我们看到是因为从被看到物有东西进入眼睛——与欧几里得和托勒密的观点相反，即我们看到是因为有某种东西从眼睛出去并摸索到了被看到物，从阿尔哈曾起，光学开始进入了现代形式。

其他的科目也没有被完全忽视，但没有值得注意的进步。例如，吉里斯密，哈里发马蒙的图书馆员，写了一部关于代数的专著，为现代数字表示系统进入西欧做出了贡献(al-gebr we'l mukabala，题目的第一个词，即派生出代数这个词的母词，意味着回复，表示将某数量从等式的一端转移到另一端，方法是在等式的两端同时加上或减去某一相同数量。代数是"科学从希腊获得名字"这个一般原则的例外，其他各科诸如算术、几何、三角学、物理、天文学等都是如此)。在天文学方面，去世于929年的阿尔巴塔尼重新确定了岁差常数，并计算了一些新的天文表列。晚些时候，余纳斯，阿拉伯天文学家中的最伟大的一位，对太阳和月亮的食况进行了观察并在三角学方面取得了的长足进步。

但这个时代成名的原因不是科学进步，而是不断出现的百科全书式的人物，他们每个人都在广泛的科目上发表著作。金迪，"阿拉伯第一位哲学家"，我们前文已经提过，在大多数问题上发表了共计265份出版物，而波斯的累塞斯(865—925，阿拉伯医生，曾鉴别天花与麻疹)是一位非常出色的医生，但不仅在天花和麻疹方面，而且在炼金、神学、哲学、数学和天文学方面发表著作。还有比鲁尼(973—1048)，一位天文学家、物理学家、地理学家、医生和历史学家，尽管他的名声主要来自最后一项，但仍然通过阿基米德的方法确定了众多金属和贵重石头的各自引力。

伊斯兰科学的繁荣呈现出一种压抑的方式，直至大约10世纪左右，然后情况开始变化。伊斯兰教的黄金时代已经过去，此时这个伟大的帝国开始瓦解，统治阶级衰败无力，边远省份开始分离独立，文化沦落，并影响了科学，至少在东方，它早已不再受欢迎，并不断受到攻击。它们被认为是对宗教的敌对，并“造成了对世界起源和造物主的信仰缺失”。东方的伊斯兰教徒如同他们之前的基督徒一样，对科学变得漠不关心。

当伊斯兰科学在东方萎缩之际，它在西方获得了新的活力，首先是在西班牙，尤其是在科多巴和托莱多。在科多巴，由于哈里发阿布杜勒—拉赫曼三世和阿拉卡姆二世的特殊鼓励，于970年这里建立了一座学院和一座图书馆。逐渐地，对于阿拉伯思想的兴趣和对阿拉伯学识的崇尚在西欧蔓延。我们发现，戈伯，即后来去世于1004年的教宗西尔维斯特二世引入了罗马算盘的阿拉伯版，而另一位基督教士，瑞士赖兴瑙岛的跛足人海曼（1013—1054）所写的关于数学和天文学的书显示了浓重的阿拉伯色彩。一位英国人，巴思的阿德拉德（英国数学家、天文学家，约1090—1150），将自己装扮成伊斯兰教徒，并参加了在科多巴的课程，编写题目为《自然问题》的阿拉伯科学汇集，而阿拉伯炼金术则由另一位在西班牙生活多年并最终于1147年定居在伦敦的英国人查斯特的罗伯特（约1110—1160）引进。在更晚一些时候，仍然是一位英国人，好莱坞的约翰编写了《天文学》，尽管多是阿拉伯作者的译著，但在一段时间内成为相关科目的标准教材。

同时，大量经典书籍被从阿拉伯文翻译成英文，使得亚里士多德、欧几里得、阿基米德、阿波罗尼奥斯等人的著作被文明世界以他们自己的语言所了解。巴思的阿德拉德在科多巴的逗留期间，保留了欧几里得《几何初步》的复制稿，并进行了翻译，成为欧洲欧几里得该著作的原型，直至原希腊文在1533年被重新发现。此后不久，西班牙托莱多的多米尼克·冈萨雷斯将亚里士多德的物理和其他著作翻译成拉丁文，而塞维利亚的约翰也对阿尔巴塔尼、吉里斯密、金迪和阿尔法拉比的著作进行了上述翻译。所有这些中足以确信的是，最勤奋的翻译者一定是克雷莫纳的杰勒德，他曾逗留在托莱多并学习阿拉伯文，据说一共将92部阿拉伯语著作翻译成拉丁语，包括托勒密的《天文学大成》、欧几里得的《几何初步》，以及阿波罗尼奥斯、阿基米德、阿尔巴塔尼、阿尔法拉比、戈伯和阿尔哈曾的著作。

在大量翻译之外，这个时期的西班牙还产生了少量的原创思想，尤其是在天文方面。科多巴人天文学家查尔卡利，大约于1080年生活在托莱多，早于开普勒提出，行星椭圆形轨道中围绕太阳在运行，并发现没有人愿意考虑这个假设，因为它太过与《天文学大成》相抵触。大约一个世纪之后，塞维利亚的阿尔比特鲁基提出，将托勒密的圆周和周转圆系统代之以同心圆系统。当他的著作被斯格特的迈克尔翻译成拉丁文时，带来了对西欧的托勒密天文学的第一次挑战。

伊斯兰科学对西方世界的最后一份礼物是数字的“阿拉伯”系统，即阿拉伯人从印度所得到的观念。巴思的阿德拉德在12世纪早期将吉里斯密的《算术》翻译成拉丁语时做出了第一次介绍，但后来出现了很多专门介绍，如旅行者意大利比萨的数学家列昂纳多，他在其最著名的著作《珠算原理》中提出该系统，该系统在欧洲很少被人知晓，但比通常使用的罗马系统更为方便。此后不久，好莱坞的约翰在一部广为阅读的关于算数的课本中使用了该系统，并使该课本如同他的天文学课本一样长期成为标准科目教材。几年以后，即1252年，卡斯迪尔金·阿方索让一些托莱多的犹太人根据阿拉伯的观测计算新的天文表，并发表为阿拉伯标记法。通过类似的和其他的活动，到13世纪末，阿拉伯标记法逐渐为人了解，并实现通用。在这个阶段内，历史走到了翻译和教科书时代的终结,其间很多人尽力重新抓住以前时代的知识,但很少做出扩展。科学回到西方,并以西方的方式自由前进。

如果我们试图总结一下科学在伊斯兰教停留时所产生的优势,首先想到的是新的数字标记系统,以及新的数字处理方法,其他方面包括几乎与我们现代初级代数等同的数学知识。几何仍然停留在希腊顶峰时的水平,但现在不太需要进步,因为代数和三角学几乎可以完成我们所需要的一切。物理从希腊窒息的猜测氛围中解放出来,并且成为实验性的而非思索性的学科——这是正确方向上的一大进步。对于现代物理学家来说,使用千年的古老方法来确定珍贵石头的吸引力显得乏味,但是走在通往现代高度的高速路上,希腊式的思维狂欢一无是处。科学开始重新珍视光学仪器的价值,尽管我们还没有听到任何将它们用于天文学的尝试。化学也在正确的道路上起步,但还没有从炼金术的纠缠中完全解脱出来。

西方科学

我们不得不这样认为,当科学在伊斯兰教内获得这些成就的同时,在其他地方却陷入完全停顿,仅仅出现了零星活力和孤立而短暂的繁荣。这种零星的活力通常开始于顶部,如某位高层人物的促进,但是不能在广大民众中引起真正的兴趣,因为后者缺乏可以对科学产生兴趣的教育。这里的任何对纯粹科学的兴趣最后都转变成对炼金术、天相学和魔术的兴趣,这些活动可以对追随者提出各种有利的承诺,而真实提供知识的科学却不能做出这种承诺。

一个显而易见的案例发生在787年,查理大帝决定在帝国之内鼓励学习,并颁布法令,每个修道院必须建有学校。他责成宫廷附属的两名僧人，比萨的彼得和约克的阿尔古因执行该法令。通过这种努力，一些学识被从东方带回了西方，但直至很多个世纪之后，对科学的大范围兴趣才形成。类似的，在10世纪时，拜占庭的两位皇帝里奥六世和君士坦丁七世对天文学产生了兴趣，但其兴趣甚至在最有教育的阶层都没有传播开。

在皇室对于中世纪科学的兴趣方面，我们不得不看一看神圣罗马帝国（1194—1250）的皇帝弗雷德里克二世，即他的朋友们所称的“世界的奇迹”。他非常具有才干和多才多艺，无论是作为学者、诗人，或是士兵、政治家，甚至是语言学家，因而不可忽视。他十分小心地不阻碍能力发展，勤勉尽力地将各种注意的目光最大限度地集中在自己身上，保持着庞大的后宫，旅行时带领着各种动物军团，如单峰驼、大象和其他的即便是在13世纪也引人注目的动物。据说他曾斥耶稣、摩西和穆罕默德为骗子三角，并与教宗本人发生了激烈争吵。后者曾两次将其开除——一次是他未能依许诺参与十字军东征，一次是他个人决定离开。他的狂热和鲜明的个性在另一方面使他可以花费时间和精力在纯粹的学识兴趣方面——哲学、数学、占星术，尤其是医学，他通过积极促成来表现出他的热忱。这是大型中世纪大学开始形成的时代，弗雷德里克个人负责了在那不勒斯和帕多瓦的大学奠基事业。他还进而让若干犹太人翻译阿拉伯著作，但尚不清楚他的主要目的是帮助科学的发展或是令教宗为难——他在两方面都取得了成功。但不管怎样，结果是积极的，正是由于他的努力，欧几里得、阿基米德、阿波罗尼奥斯、托勒密等人的著作得以保留。

有一次，他旅途中路过比萨，并在那里停留。他测试了比萨的列奥纳多的数学能力，并组织了数学测试，将“问题试纸”放在各个角落。这些活动得以记载，那些问题代表了当时数学的高水准，引起了后人的注意。其中一个问题要求找到数字 x，使 x^2+5，x^2，x^2-5 中的 x 都是平方的形式。列奥纳多给出的正确答

案是 $x=\frac{41}{12}$（数学家会发现，这绝非一个儿童游戏。如果 x 是答案，那么 x^2+5 和 x^2-5 的形式一定是 $x^2+5=(x+y)^2$，$x^2-5=(x-z)^2$。在这两个等式中将 x 消掉，我们得到 $\frac{5}{(z+y)}=\frac{yz}{(z-y)}$，每一个分数等于 $\frac{\sqrt{[5^2-(yz)^2]}}{2\sqrt{[yz]}}$。暂且认为 x，y，z 是可通约的，前提是 $[5^2-(yz)^2]$ 和 $[2\sqrt{yz}]$ 可以完全开方。一个简单的答案是 $yz=4$，这直接得出了列奥纳多的 x 答案）。另一个问题是通过几何的方法解决方程 $x^3+2x^2+10x=20$。列奥纳多证实，这个方法不可能，但给出了代数答案 $x=1.3688081075$，其准确度可达小数点后9位。

修道院修会的科学

这个时期不仅建立了中世纪大学，还有两个修道院社团——1209年的圣方济会和1215年的多米尼加修会，并且都对科学的进步产生了各自的影响。起初，这些事件仅仅具有宗教意义。圣弗朗西斯是阿西西一个富裕商人的儿子，后来经历了突然的转变，抛弃了从前的欢愉、无拘束和狂野的生活，将自己投入苦行信仰，并为忏悔而祈祷。他的行为充满热情，我们读到，他在路上跳下马来，亲吻遇到的麻风病人，并将福音的快乐讯息祈祷给鸟和鱼。他建立了一个天主教修会，其成员最初追随他的行为，用简单的语言对简单的人祈祷。但他们很快发现整个地区充满了异端言说，于是开始将精力用来获得知识，以便可以驳斥这些异论。

多米尼加修会的情况与此不同，他们的建立者圣道明（1170—1221）是一位专业的神学家，在建立该修会时已经达到了总教堂地位。他个人生活严格朴素，却极具热情地根除任何一种异端邪说，尤其是亚尔比派,他们认为时间有两个神,一个善一个恶,分别是耶稣和撒旦之父。在亲自与此异端邪说进行布道斗争20年后,他建立了自己的布道修士会,过着极为清贫和禁欲的生活,希望将他们认为的真实学说传遍世界。他们也发现,实现使命需要大量的知识,他们做出了特殊的努力在大学中站稳脚跟,并获得其中大部分的主席级席位。他们对于正统教的与众不同的狂热导致了法西斯主义和不宽容,并在宗教法庭上得到了体现:其主审官在大多数国家中都是都多米尼加修会会员。

上述两个修会的会员构成了未来两个世纪中科学家和教师的很大一部分,科学家主要来自圣方济会,而多米尼加修会则产生了思想史上的很多重要人物。

圣托马斯·阿奎那 关于后者,最重要的是圣托马斯·阿奎那,中世纪神学家中最伟大者。在他的《反异教大全》(1259—1264)中,他讨论说,知识可以通过两个不同的渠道获得,即信仰和自然推理。信仰来自于圣经的知识,自然推理来自推理过程所揭示和传达的感官资料,其中柏拉图和亚里士多德树立了最高榜样。由于两类知识都来自于上帝,不可能自相矛盾,因而必然互相吻合。所以柏拉图和亚里士多德的著作一定与基督教的教法吻合,在他的《神学大全》中,托马斯认为他已经确立了这就是事实,在此基础上,他建立了现在称为经院主义的流派。这个名字取自查理大帝在8世纪所建立的学校系统,直至13世纪的托马斯才将其发展成为系统的学术机构。这个世纪是其快速发展的时期,但下面的两个世纪则出现了同样快速的衰落和灭亡。由于出现了诡辩论、抽象细微化和繁琐浮泛的情况,它迅速失去了对思考族群的控制,最终到16世纪时消亡,沉落在文艺复兴所带来的清新微风中。随着它的浮与沉,亚里士多德的正确无误也走到了尽头。

更加人性和温和的圣弗朗西斯派对于自己的观点的准确性不很关注,他们通过对上帝的著作的直接比较来检验知识的准确性。他们的科学家中的杰出者很多在教会中也占据高位，罗伯特·格罗塞特斯特(1175—1253)，牛津大学校长和林肯主教，以及佩卡姆的约翰(1220—1292)就是两位代表，他们都就阿尔哈曾所讨论过的光学问题写过著述，而格罗塞特斯特哈亲自用镜子进行了实验。

罗吉尔·培根(1214—1294)　最重要的圣方济会科学家，是一位简单的修士，没有在教会内或外部获得高职。他生于萨默塞特郡的伊尔切斯特，在牛津读书后转至巴黎。其后的经历没有确切的史料，大概在1250年左右回到牛津，在那里讲学并获得很大成功。尽管他获有相当的财富，但很快开销殆尽，他宣誓加入圣方济会，却发现纯粹的宗教生活并不适合他，而试图返回科学活动让他在修道院的上司感到不快。大约10年中，他受到限制并被禁止写作。1266年，他有了一个难以言表的惊喜，他的老熟人傅恺任教皇，为克莱门四世，邀请他重新进行科学工作，并据说将他的案件以私人的身份向圣方济会当局上诉，最终准许得以发出。在两年内，培根向教皇送出了《大著作》，一部当时科学知识及思想的汇总。但是克莱门四世于1268年去世，培根很快又陷入了与圣方济会上级的麻烦中。1278年，他在巴黎受审，被指控持有非正统观点，并在监狱中度过了余生的大部分时光。

有传言说，培根不仅对正统科学感兴趣，还对黑巫术感兴趣，的确，正是可怕的巫师身份才使得他为世界所知。科学方面他的兴趣主要在于光学，他了解光的反射和折射原理，并解释了透镜该如何安排才可以作为镜片(该发明通常归于他)和望远镜使用，但没有记录证明他曾亲自做出实物。但这绝不是他的唯一兴趣，我们发现他的思想跨越了科学的大多数领域，充满想象和不可思议，尽管也不太现实。他描述了机械驱动的四轮马车、船和飞行器该如何构建——当代机动车、蒸汽机和飞机的虚拟始祖，讨论了火药和燃烧玻璃的可能的用法、环球航行，以及一些其他事情，尽管在当时看起来奇怪,在当代却稀松平常。他讨论反对环形运动的“自然属性”,谴责托勒密的天文系统为非科学,并认为几乎不是真实的。

但是他的一般原则方面的贡献比具体成就更重要,因为后者看起来明显不足。在《大著作》中,他讨论说,数学应该在所有通才教育中处于基础地位,因为它单独“可以净化智力并使学生适于获得所有知识”。他还坚持说,科学知识只有通过实验才能得到,只有这样才能获得确切性,而其他都属猜测。

今天这一切都看起来很明显,但在培根时代不是这样。人们还很少向自然获取证据,如实验结果,并用之作为真相的仲裁。人们不善于向自然提问,也不善于解读它的答案。他们可能会问一个被宣称的事实是否与实验一致,但也会首先问(似乎是一个简单的问题)是否与亚里士多德相符或与《圣经》吻合。那些将亚里士多德和圣经奉为至上的人,将其作为理性和揭示的代表,认为二者一致并与事实相符,大概不会走得太远去探寻实验的结果。

培根反对上述最后一种思维模式,但没有走得更远。他不是革命者,而是时代的孩子,而且与其同时代人一样坚信,科学最终会与基督教一致,并确定真相。他出现在一个时代的终点,但他的去世——不是他的出生或生命过程,标志着这个时代的终结。一个崭新的时代即将升出地平线,人们不再需要通过阅读古人的著作来获得真相,而是通过对上帝作品的第一手实验获得真相。

曙光到来的信号

很难看到这个最后的变化是如何出现的,用一个简单的“文艺复兴”来解读也显得肤浅。文学的古典主义复兴还没有获得任何力量,其影响仅仅是将人们的思想转回到古人观点的方向上。在科学方面，这场运动的方向相反，科学通过接触希腊科学著作而获益匪浅，但思想的潮流与希腊的科学方法不同。也许的解释是，科学知识不像文学想象，是积累性的，而且中世纪科学已经达到了一个阶段，可以比希腊科学给予更多，在文学领域的情况却恰恰相反。

从独立思想中首先获益的是天文学。第一个引起我们注意的是奥里斯姆（1332—1382），里雪尔主教，一个伟大且多才的人，曾担任法国国王查理五世的私人顾问，继而担任查理六世的私人教师。他不仅是一个杰出的教士和神学家，在数学和经济学中也不同凡响。他写了一部关于货币的专著，并因使用了类似今天的普通分数——$\frac{3}{4}$、$\frac{1}{8}$等而闻名。但他对我们的主要贡献在于挑战了亚里士多德关于地球不动性的学说。

大约一个世纪之后，他的挑战由库萨的尼古拉斯重复，后者是一个渔夫的儿子，在完全摒弃传统天文学之后，他表达了地球“与其他星体一样在运动”这一观点。

我们上面提到的五个名字都毫无例外地在某种程度上是教士——教育仍然是教会的专有特权。五者之一，罗吉尔·培根，几乎一直处于他的科学活动（但据传从未因为科学观点）所带来的麻烦中，而其他四位都在教会中身居高位，似乎都被允许进行科学研究，以及表达与传统教会教育所不同的观点。教授地球是球体是对《圣经》中创世纪的公然否定，但这种关于地球的新观点却在普遍教授，地球是一颗运行的星体的观点也如出一辙。从广义上来说，当时的教会对于科学的进一步发展持容忍态度，也许是受到了一种信仰的平复，即科学从长远来看是对正统教会观点的支持和肯定，因此教会可以说能够接受容忍，至少在一定时间内。

很多其他的因素和这个情况一起预示了一个光明的科学前景，人类的思想不仅重获了已失去长久的自由，而且还获得了古代思想中最伟大时代以及其后诸个时代的著作。还需要一件事，当需要时，它就来了。

最初的科学知识是通过口头表述的，之后是大图书馆时代，如同亚历山大港和拜占庭，其中的书籍只有那些有闲暇和时间旅行到那里的人才可以阅读。在此之外，书籍很罕见并且售价昂贵，因为制作一份就需要在昂贵的羊皮纸上书写或誊写——也许一个几千册的版本所需的排版等工作会等于今天10倍的工作量。

中国人在基督时代早期发明了一种纸，他们在9世纪可以进行雕版印刷，11世纪可以进行活字印刷。在14世纪时，后一种艺术在欧洲获得独立发现，从那时起，印刷书籍以不断增长的数量为人们所获得。直至今天，人们可以在距离自己火炉边几英尺的地方有自己的小图书馆。

印刷的出现令科学知识及时地，尽管不是立即地为人们所获得，并传播开来。宗教和文学著作据说是新出版事业的最早客户——首先是《圣经》(1454年)，然后是希腊和古典作家。在普林尼的《自然史》于1469年在威尼斯出版之前，没有科学著作的印刷。之后是1471年出版的一位罗马乡绅维罗(公元前116—前27)的作品，他曾写过一本科学百科全书。到目前为止，科学作者的选择还不能令人高兴，但已经有所进步。托勒密的《地理学指南》的拉丁译本在1475年出现，亚里士多德的三本生物学著作的拉丁译本也在1476年出现，欧几里得著作的拉丁译本在1482年印刷，亚里士多德作品的主要部分的希腊文版本在1495年出现，但是托勒密的《天文学大成》直到1528年才出版，阿基米德的《砂屑岩》直到1544年才出版，两本书的出版地点都在巴塞尔。

现在一切都有利于出现一个进行科学活动的时代，这个时代真的来到了——16世纪时是涓涓细流，17世纪时是洪波巨流。

第五章　现代科学的诞生

（1452—1600）

曾经有很多人尝试为通常所说的文艺复兴找到一个确切的日期——例如，土耳其人占领拜占庭的1453年，因为其后图书馆的藏书便散布到整个欧洲。但这是一项无意义的工作，因为文艺复兴不是一天来到的，而是多个世纪缓慢发展的结果。

科学精神的文艺复兴也是一样，我们将在这一章中进行讨论。这种精神只是在1000年的麻木之后才开始逐渐恢复活力，但如果我们必须要选择一年，那么1452年应该是一个好的答案，也就是刚才提到的时间的前一年。在这一年，诞生了列奥纳多·达·芬奇，人们赞之为将思想从中世纪的的混乱和错误中解放出来的第一位科学家，并且科学由此踏上了具有真实现代精神的自然研究之路。从列奥纳多开始，科学遵循了现代目标和现代方法，所以在本章开始时简单提一下这位真正的非凡的人是合适的。

列奥纳多·达·芬奇（1452—1519）　他的出生地在佛罗伦萨到比萨的路上靠近恩波利的地方，是一位佛罗伦萨律师和一位后来嫁给牧牛工的普通农村女子的儿子。他较好的外貌和孜孜不倦的态度使他非常适合法庭工作，而事实上他也与佛罗伦萨、米兰和罗马的法庭相关联。但是他自然体质上的天赋，尽管出众，与他思想上的天赋相比仍然不足一提。研究他的工作的学生们一向赞美他具有超人的智力和能力，最近发现和破译的他的笔记本证实了这些赞美并将他誉为人类的杰出智力代表之一。

他首先是一位艺术家，将主要精力投入油画和雕塑，但他的非凡成就却包括了其他领域——建筑工程、哲学和科学。笔记本的记录显示,如果他愿意在其他方面也取得类似成就,是完全可以的。他曾经计划针对其进行研究的所有不同的科目撰写教材,如果当年这些成真,那么科学可以少走很多弯路。

令人遗憾的是,他的缺点和天分一样出众。在他所选择的艺术领域之外,他似乎做得笨拙、费力而缓慢,所以已经完成的科学成果少之又少——的确,他几乎没有完成任何事情。他最著名的成就大概是对新月期间在月球背面出现的暗淡光亮的解释——"旧月亮在新月亮的手臂中",列奥纳多将这种现象归于"地球光线"——从地球反射的太阳光。他还完成了一些非常实际的实验工作,如光学、机械和水力学。在实用科学方面,他计划并设计了飞行器、直升机和降落伞,以及快速开火和后膛填装式枪支的模型,他的750份解剖图画作将他列为世界解剖学家的前沿。

但是,最能体现列奥纳多科学天才的却是那些没有经过验证的思考和没有实据的观点。在生理学方面,他先于哈维的血液循环发现,猜测人体内的血液循环就像雨水环流一样,先降雨到山上,然后流入江河海洋,回到云中,再以雨的形式降落从而完成循环。他说,血液将新物质带到身体的各处,带走废物,如同我们吹动火炉带走灰尘一样。在解剖学方面,他认为"地球与其他星体类似"(即行星和其他行星类似),并提示一个日心世界,尽管在此前其他人也曾有过提及。在机械方面,他说"任何物体在运行的方向上都有自己的重量",并宣称下落的物体在下落过程中随着不断加快而加速。这样他似乎了解,力的作用主要是加速而不仅仅是运动,从而挑战了亚里士多德的关于力是运动不可或缺的因素的学说,早于伽利略力学的基本观点。他启示说,整个宇宙符合不可变化的力学原则,这当然仅仅是早期科学家如德谟克利特和阿那克西曼德的猜测的重复,但早于牛顿,尽管他没有任何证据。在光学方面,他认为光是一种波状现象,尽管也是早前提示的重复,但仍然早于有关光的理论。

所有这些都是猜测,但却是自由思想和不受权威束缚的猜测。应该承认的是,这些猜测都显示了某种天才思维。好运可能会令一个傻瓜做出一个正确的猜测,但是如果每一次都得分,那么一定在好运之后还有某些东西在起作用。为了对列奥纳多的猜测的价值形成某种观点,让我们停下来想一想,如果他的观点在受到举世瞩目以前就代替了亚里士多德,成为任何理论的试金石,会发生什么?

也许列奥纳多对于科学的最大贡献是他对用以指导科学研究的原则的论述,在他的时代以前,人们曾经尽力通过观察和实验将知识推向前进,但是他们的思想多被先入为主的观念或一般原则所左右,如要适于圆形运动的自然性或适于某些想象中的目的。列奥纳多非常谨慎地提出一般原则,的确,他在做出杠杆机械时采用了一项原则,即永久运动是不可能的,但是这个原则并不体现一个关于事物应该是怎样的先见,而是体现了几千年的实验表明了它们实际是怎样的,而这些实验大多数是在无意识的情况下做出的。

列奥纳多同意亚里士多德的观点,坚信数学推理单独可以对科学给出完全真实的解释,但与亚里士多德不同的是,他看到这是一个理想但不可能的情况,因为在大多数情况下,科学上的完全真实是不可达到的完美状况。列奥纳多说,一门科学应该基于观察。也许应该恰当使用数学来讨论观察,但更应该用严格的实验来检验最后的结论,他的关于科学方法的一般观点很像培根一个世纪前所表达的,但是培根的视野被神学的眼罩所限制,而列奥纳多的思想则自由得多。

这个关于科学方法的新观点之后,继而出现的是对宇宙和人在宇宙中的地位的新观点。哥白尼提出证据,证明阿里斯塔克的观点是正确的,即坚信地球没有占据宇宙的中心,而是与其他行星一样只是空间的漫行者,并形成了一道围绕太阳的年运行轨迹。

天文学

哥白尼(1473—1543)　米古拉·哥白尼于1473年2月14日出生在波兰波美拉尼亚的托伦,他的父亲是镇上的杰出市民,出生在莫斯科,而他的家族早前移民自西里西亚。关于其母亲的祖籍资料不详,但据认为来自于富裕的西里西亚家庭。当哥白尼10岁时,父亲亡故,他的姑母是一位杰出的教士,对他进行教育,希望能够谋到教会的高级位置。在离开学校后,他在不同大学学习,直至30岁——首先在克拉克夫的波兰大学,然后是博洛尼亚,继而是费拉拉和帕多瓦的意大利大学。

这是时间加长的教育,但在那个时候一个受过教育的人将所有知识视为自己的所有,并不将自己的教育局限在为某一事业或获得某一特殊的技能上。在这种精神下,哥白尼获得了大量的知识,涉及经典学科——数学、天文学、医学、法律、经济学和神学方面。他没有让这些知识浪费,而是完全利用,即便是在获得教会的高级职位以后。他医治穷人和教友,在经济学方面写作,为波兰政府提供关于货币问题的知识,制作自己的科学仪器,写作诗歌,甚至创作油画,至少是自画像,他还在行政方面、资产管理、小型和平会议的外交方面取得成功。他和列奥纳多一样,具有广泛的知识,取得很多成就,但他主要的兴趣是数学和天文学。

这些科目在中世纪大学的教学中十分普遍,我们发现,哥白尼听的课包括欧几里得学说、球形几何、地理、星象、托勒密天文学。

最后一项仍然是教会和大学的官方天文学,但是很多高级思想家已经对其有了强烈的质疑,并在倡导某种更像阿里斯塔克日心天文学的学说。我们已经看到过里雪尔主教奥里斯姆、库萨尼古拉斯和列奥纳多·达·芬奇的天文学观点。另外具有一个同样思维方式的是多米尼克·诺法罗，博洛尼亚的天文学和数学教授，在哥白尼时任教并在哥白尼离开后与之成为朋友。毕达哥拉斯的著作现在可以为欧洲学者看到，其中宣称宇宙的终极真相一定包含简单、精妙和和谐的关系。诺法罗认为，托勒密天文学太过繁杂不符合这个标准。我们可以设想他的怀疑和批评影响了更加年轻的人的思想，所以当他们回到波兰的费琅堡大教堂的教士会时，把托勒密天文学的问题也带了回来。

他阅读的材料显示，古代的哲学家对地球是静止或运动抱有不同观点。在他呈献给教宗比约三世的《天体运行论》中，他回顾说："根据西塞罗的记载，希塞塔斯认为地球是运动的……根据普鲁塔克的记载，其他人持有同样的观点。"（在《哲学家的见解》中，普鲁塔克写道："阿里斯塔克将太阳置于固定的星体中，并认为地球绕着太阳运行。"这本书的最初可信的译本出现在乔治亚·法拉的《关于应当追求和应当避免的事》（1501年，一书中，哥白尼从中借用了一个图表以及一个逐字翻译的亚里士多德和阿里斯塔克的关于宇宙广阔无边的描述）。哥白尼说，这让他进入关于这个问题的长时间的冥思中，最终产生了他在书中提出的系统。

哥白尼在开篇时这样评论："可观察的每一个位置变化都是因为被观察物的运动，或是观察者的运动，或是两者的运动……如果地球有任何运动，这样的变动可以在地球以外的位置观察到，但是方向相反，就好像一切都在地球边经过。这个关系与艾尼阿斯在维吉尔中所说的类似：我们驶出港口，城市和国家都向后退去。"哥白尼然后提出，"固定星星的球面"的每天运行可以通过这些理论来解释，即地球，而不是球面每天旋转一次。这个观点，他说是毕达哥拉斯派学者赫拉克利德斯和埃克潘达斯，以及锡拉库萨人尼西塔斯所持有的观点（如西塞罗所说），他们认为地球在宇宙的中心旋转。他继续说："因此，如果人们将除地球自身每日旋转之外的另一种运动归于地球的话，将毫不奇怪。据说毕达哥拉斯派学者菲洛劳斯，一位不寻常的数学家，相信地球在旋转，在空间中以不同运动移动，属于行星，柏拉图为此立即到意大利与他见面。”

我们已经看到托勒密系统如何将地球置于宇宙的中心，并提出太阳在圆形轨道绕其运转。在太阳轨道以外有三个圆形轨道，其中没有任何物体，只有数学抽象概念即虚拟行星。真实的行星如火星、木星和土星在小的圆内绕着这些虚拟行星运行，称为“周转圆”。它们具有相同的大小，每一刻这些行星都在周转圆中的“对应”位置，例如，从虚拟行星到真实行星画的线都指向一个方向，即从地球到太阳画的线（见图3-4，“亚历山大大帝时期天文学”节）。

这显然是一个非常人为的布列，但这种人为却提供了找到真相的线索。当一个孩子坐在市集内的旋转木马上时，旁观者在孩子看来交替前进或倒退——当然是孩子自己运动的结果。如果孩子运动在半径为20英尺的圆内，那么外面的物体在孩子看来就是在20英尺的很多圆内运动，而且每一刻这些物体都似乎在这些圆的对应位置。很多物体的显现运动是真实运动——即孩子运动的一种“反映”。

哥白尼认为，行星在自己周转圆中的显现运行可以类似地解释为地球围绕太阳的真实运动的反映。如果是这样，整个太阳系的运动就是地球和行星在圆的轨道中围绕一个固定的中心太阳运行，从而地球仅仅是一个“漫游者”中的一个，而“太阳就像坐在王位上，掌管着围绕它运行的整个家族”。这不是新的观念，而与阿利斯塔克1800年前提出的一样。哥白尼所做的就是显示阿利斯塔克的老的系统可以解释所观察到的行星运动，或者更是为了确切地认定天空中的同样面貌是复杂的托勒密周转圆运动。

但这只是与托勒密系统的最简单和最原始形式一致，而且很早就已经知道，这与观测到的行星的精确运行并不相符，需要一次次地修正，首先是托勒密本人，然后是阿拉伯继任者，直至变得非常复杂。哥白尼既不能确信自己的推演，也不能指望其他人接受它，除非他可以使之与最好的观察结果吻合。正是在这里，哥白尼发现了自己最重要的任务，他为之付出了多年的艰苦劳动。

但大多数劳动都浪费了，我们现在知道，只需要一个小的修正，即将行星的圆形轨道改为轻微的椭圆形曲线——具体说，近乎于圆而不是圆的椭圆形轨道。开普勒在1609年做了证实，但是哥白尼仍然将思想浸泡在毕达哥拉斯和亚里士多德的圆形运动学说的"自然性"和"必然性"里面，因而不能想到摒弃托勒密推演的圆形这样简单的结论。他能做到的最大的改动就是加入更多的圆。所以他加入了一些与他所抛弃的周转圆类似的新圆，并增加已经推演出的圆圈的复杂性，使它们具有"偏离性"，如设想行星轨道的中心与太阳不完全吻合。简言之，他尽力与观察更加一致，但方法是1400年前的数学家所使用过的陈旧技巧。

作为实际天文学家，他的不成熟增加了他的研究难度，因为他对所有观察给予相同的注意，无论质量好或糟，古代的还是现代的，包括他自己的观察，从而一个糟糕的观察可以将整个系统陷入麻烦中。事实上，他两次引入不必要的繁琐细节为一些现象制造空间，而这些现象我们今天知道只是他错误的观察，实际上并不存在。他并不祈求高度的准确性，他曾经说，如果能做到10′弧以内的对应率，他就会和毕达哥拉斯发现自己的定理一样高兴。

终于在多年的辛勤工作之后，系统得以完成。它通过了所有观察测试，因为他加入了诸多繁琐细节来达到这个目的，这使得细节和中心观点一样复杂。托勒密需要大约80个圆圈来解释他所知道的现象，哥白尼仍然要使用34个，托勒密的复杂性仅仅得到缓解，而不是解决。

哥白尼将他的结论写成题目为《纲要》的简短总结发给他的天文学朋友，但是却未为完全出版做准备，直到10年之后，他才同意发表。但是他允许一位从威登堡数学教授位置辞职并与他一起工作的名为乔戈·卓阿西姆·雷蒂库斯的人准备了该书内容的简短总结,并在1540年以《天体运行论》为题发表。哥白尼继而将全书的文本交给乔戈,由他修改,并准备交付出版者。据说书完成时,作者刚好可以有时间处理相关事务,而他随后便瘫痪在床,人事不知,直至去世。

在给教宗的献函中,哥白尼解释了为什么他犹豫了如此长时间才向世界发表他的著作:"我考虑到了一个荒唐的童话世界的人们会如何看待它,如果我坚持说地球是运动的……我的观点的新奇荒诞将产生令人畏惧的轻蔑迫使我出于这个原因,将整部书放置一边,尽管我已经完成。"

虽然有如此清晰的陈述,但通常认为,哥白尼延后出版著作是因为担心可能招致教廷的不满,但很难为此找到证据。哥白尼没有将他的结论当作秘密,而是将他的《纲要》在教会的很多高级教员中传阅。很多人建议他发表"真相揭露",他在1540年获得许可在更广的圈子里发表《概论》。事实上,他直到1616年加入索引以前都没有听到来自教会的严重的反对声音,但之后所有天主教徒都被禁止阅读此书,很多事情聚集起来在1616年造成了不同的氛围。

路德会教友,从路德到麦来赏及以后都从一开始就憎恨此书,并且对之发动了猛烈抨击(麦来赏讨论说:"当一个圆圈旋转,它的中心不动,但地球在世界的中心,所以不动。"路德写道:"据说在圣文中,约书亚命令太阳站住不动,不是地球")。也许他们比教会官员们更具有敏锐观察力,看到了其中的宗教隐义是多么非正统化。

雷蒂库斯通过出版界已经看到了这部书,但将最后的阶段交给了哥白尼的朋友,一位名为安德烈亚斯·奥西安德的路德派部长,后者毫不隐晦自己对这本书可能会冒犯路德派教徒的担忧,并提出将结论描述为仅仅是假设。他还给哥白尼写信:"在我看来,我总是觉得它们(假设)不是信念的条款,而是计算的基础,所以即便它们是错误的，只要它们真的代表了现象，也不重要……所以如果你能在你的前言中有所提及，将是一件妙事。”

现在这本书的手稿得以重见天日，尽管已经是250年后，从中我们知道哥白尼并没有采纳这个建议。但当奥西安德从雷蒂库斯处收到手稿时，可以自行处置，我们现在知道他怎样利用了这个机会。他在题目中加入了“天体”两个字，这样将书包裹上了一层原题目不曾有的托勒密或前托勒密氛围，接下来是更糟糕的是，他压下了哥白尼原创的前言，而代之以自己的文字。如前所述，这样当读者打开书的时候，他会看到的前言是，书中所提之推测大概不是真实的推测，而仅仅是为了适用于观察而做出的数学虚构。在该书发表后一段时间里，似乎一直有疑问，不知道该书是否符合新的推演这样一个名声。

最糟糕的是，奥西安德删除了所有对阿利斯塔克名字的提及，发表后的书中甚至没有提及他的名字，其结果是哥白尼经常被梅兰克森和伊拉斯谟·赖因霍尔德等人指为剽窃，甚至是有失诚实。而真实的情况是，在原书手稿中至少有四处索引指向阿利斯塔克，将他描述为“是如同毕达哥拉斯一样的古代哲学家之一，他们将地球指为一个行星”。我们可以猜测，奥西安德认为运动的地球这个概念太讨厌，所以他不能容忍提及该主张的作者。

在显示出运动的地球这个假设与实际观察相符之后，哥白尼继续回答了托勒密派提出的反对意见。如果地球每天旋转，将会有可怕的风从西吹到东，这样如果一只鸟一旦飞入其中就不可能再飞回巢穴。哥白尼当然解释说空气与地球一道旋转，托勒密进而反驳说，这样迅速的地球旋转会将一切撕成碎片。哥白尼指出，如果地球周围的星体的显现转动是从一个“固定星体的球状物”的实际转动产生的，那这个球体更应该被撕成碎片，因为它的周长比地球大，而运动的速度也会相应的更大。最后，自从毕达哥拉斯以来，人们一直在争论，地球在空间中不能运动，因为任何这样的运动都会造成星体的显现运动——如同前面所提到的坐在旋转木马中运动的小孩子看到“反映出来的”运动；星体的形态一直没有变化，星座也没有改变形态。对于这一点，哥白尼回答说，各个星体之间的距离极为遥远，地球在轨道内的细小变化不可能产生明星的不同：“地球及其轨道与宇宙的比例类似于一点与一块，或一个有限物体与无限物体之间的关系。”哥白尼写出了这种讨论，表明他在思考并希望证明，地球实际上在旋转，在空间内运行。他的推演不是简单的仅仅作为“计算基础”，在他给教宗的献函中对这一点已做了明确的阐述，他说他的“评论包含此类运动的证明”，表明地球围绕太阳运动。

对托勒密的论证的反驳，实际上是哥白尼在证明他的案例，至少是向能正确评价他的论证的少数人证明：人类再也不能宣称他的家是宇宙的固定中心，其他一切都围绕着它转，这其实是最小的星球，如同其他行星一样，围绕更大更遥远的太阳旋转。如果，如同人们以前所认识的那样，人是所有创造物的巅峰和王冠，那么他在空间所被赋予的家园与他的重要性非常不相称，这个家园的确“与宇宙的比例如同一个点与一个块的比例”。哥白尼的确对地球、太阳和地球绕日轨道的相对大小给出了较为清醒的不太准确的估计，但是即便如此，一般原则仍然明确不可否认——我们居住在一粒尘土上。

这样的结论可能会在有思想的人中产生很大的骚动，但在一段时间内，没有任何反响，原因部分是因为哥白尼不仅证明了他的案例，而且还通过过度阐述使之不需更多讨论。真正的力量在于中心观点的巍然屹立的简单性——一个运动的地球代替一个运动的太阳。哥白尼用细节将该中心观点覆盖，使之看起来最主要的优势是将托勒密的80个圈减为34个——数量上而不是种类上的减少。可以预见一般人大概不会接受关于宇宙的如此革命性的事实，或者一个如此违逆他根深蒂固的信念并违反宗教感情的信念，因为它仅仅是将数字从80降为34。

仅仅有几个数学家和天文学家表达了他们对这个世界新结构的信心,而大多数人仍然保持敌意或无动于衷,直至伽利略的天文望远镜提供了其正确性的证明,但时间已是66年之后。即便是在那时,伽利略的一个同事仍然拒绝观看望远镜,因为他认为重开一个亚里士多德已经解决了的问题是没有意义的,他也许是特殊的一个,但是很多人基于宗教立场对此存在真切的反感。伟大的天文学家开普勒自己坚信哥白尼的学说,他写道:“必须承认,很多人非常投入于圣教,不同意哥白尼的判断,害怕如果说地球运动太阳静止会给圣经中圣灵以口实。”即便是在1669年,即当牛顿在剑桥大学成为教授时,该大学仍然通过一篇反对哥白尼天文学的论文来获得科西莫·迪·美第奇(文艺复兴时期著名的佛罗伦萨僭主,亦被称为国父)的欢心。在18世纪,巴黎大天文台台长卡西尼以一个当时有影响的天文学家的身份表明自己是一个坚定的反哥白尼者,而巴黎大学也在教授说哥白尼的学说是一种错误的假设。在相当长的一段期间里,新美洲的耶鲁大学和哈佛大学将托勒密和哥白尼的学说置于同等地位教授,以表明二者同样站得住脚。直到1822年,罗马教廷才给出正式的许可,同意将哥白尼体系作为事实而不是假设来教授。

第谷·布拉赫(1546—1601,丹麦天文学家和占星学家) 在1546年12月14日,即哥白尼去世后3年,伟大的天文学家第谷·布拉赫出生。从很多方面而言,他是哥白尼的对立者。后者是一个伟大的数学家和理论学家,但在观察方面存在欠缺。第谷作为理论家和数学家很弱势,但却是一个伟大的观察家——所有时代的最伟大者之一,或者是唯一最伟大者,当然就其当时仪器而言。

他是一名丹麦人,父亲是一位丹麦贵族,尽管他的出生地在现在属于瑞典的斯堪尼亚的克努德斯特拉普。发生在1560年8月21日的日食给他留下深刻印象,并使他对天文学产生了浓厚的兴趣。他开始了对托勒密学说的研究,并试图用粗糙的仪器进行简单的观察。在完成在莱比锡、威登堡、罗斯托克和巴斯勒的大学对数学和天文学的学习后,他在欧洲进行游历,遇到了一位热忱的天文学者黑塞伯爵。伯爵对第谷的能力印象深刻,于是说服丹麦国王弗莱德里克二世将这位年轻的天文学者列入皇家资助名单。弗莱德里克二世赐给第谷一份年金和位于哥本哈根与艾尔辛诺之间的海峡中的胡恩岛,让他在那里建立一座观察台和住宅。他在胡思岛建造了著名的他自己称为天堡的天文台,并加以豪华装饰,配以奢侈的设备,这使得他的赐金很快捉襟见肘,不得不从国王那里获得更多的资助。

在弗莱德里克二世在1588年去世后,第谷的收入开始减少,他于1597年离开了天堡。二年以后,德国皇帝鲁道夫二世邀请他到布拉格,给他一份薪金和一座城堡作为观测台,但是第谷的时间用尽了,在他还没有进行正式工作前,便突患急病于1601年10月24日去世。

第谷反对哥白尼的学说,因为他认为,固体的庞大的地球在空间运行与正常物理学和经文的明确描述相悖。他还受到托勒密老派的反对声音的影响,认为星体在空中并不改变相对位置,而如果地球在运动,则会出现这种情况。

于是他开始着手根据自己的观点改进托勒密系统,他坚持认为地球是宇宙的中心,将亚里士多德的固定星体的圆球作为其外部边界。太阳仍然围绕地球旋转,但(这里出现核心新发现)其他行星——水星、金星、火星、木星、土星,都以圆圈围绕太阳运行,其布列如图5–1所示。其中所给出的太阳、月球和其他行星的明显运行与哥白尼或托勒密所给出的最简单的形式相同,造成观察不能在其间做出区分。但是第谷的系统在科学史上没有起到重要作用,因为所有后来的天文学发现都是哥白尼宇宙学的信仰者们做出的。

第谷对于天文学的真正作用是一位观察者而非理论家,他将一个新的准确标准引入天文学,他通过两种方式来达到这个目标——使用更好的仪器和更好的方法。使用更大的仪器获得更高的准确率似乎是一件简单的事,但事实上情况不是如此简单。仪器越大,就越会因为重量而弯曲,很快这种弯曲就会达到一个程度,使仪器体积上带来的优势被抵消。第谷可以使用大的仪器,因为它们采用了新的设计,特别为避免这种抵消而设计,他还在观察方法方面做出了更大的进步。老一些的天文学者一直满足于依赖他们可以做出的最好观察,毫无疑问,这可以受到一些小错误的影响,但这在一个不完美的世界是不可避免的。第谷看到了大量观察的优势,这些观察质量相仿,结果可以进行平均处理,因而偶然的错误可以得到剔除。

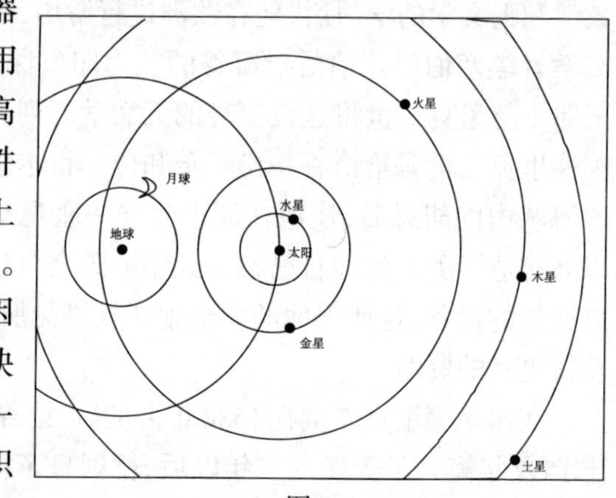

图5-1

通过这些方法,第谷以更高的准确度确定了天文学中更加重要的常数,对星座的位置做了新的定位,并在他的1602年星体目录中发表。很可能的是,他对于行星位置的观察是他最好的工作——不是在于他如何利用,而是在未来的发展中所起的作用。他将这些资料传给了约翰·开普勒,一个他在去世前才找到的助手,其结果我们将稍后介绍。但是第谷更多的是改良者而非始创者,他在天文学技术史方面发挥了巨大作用,但在思想史方面形象一般。

尽管如此,他的一些工作超出了单纯的天文学技术方面的问题。在1572年11月11日,他观察到一颗新的明亮的星体出现在仙后星座,我们现在知道这一定是一颗新星。这些星体间隔出现但比较频繁,非常突然地闪现,然后逐渐暗淡模糊。但对第谷来说,这是一个"真实的奇迹,是一个自创世以来所有自然领域所发生的最伟大的事情,或者是完全可以被圣谕所证实的事件之一,太阳停留在道路上来回应约书亚的祈祷,以及十字架受难时太阳脸孔的黯淡"。

如果这个新的星体属于太阳系,它应该在有着固定星体的背景上运动,如同行星一般,但第谷没有观察到这样的运动,他做出结论说,该星体一定属于"固定星球的球面"——简言之,这一定是一颗恒星。亚里士多德曾教导说,这些外层空间领域的一切都是完美的,因而不可改变:"所有的哲学家都同意,而且事实也证明了是这样,在天空的空虚地域,没有任何变化发生,无论是新生或是腐坏。情况是,天空和天空中的一切物体都没有增加或减少,它们没有改变。"第谷通过直接观察证实,这些区域与地球附近的区域相比,并不对变化具有免疫力,从而对亚里士多德的宇宙论进行了沉重打击。

乔达诺·布鲁诺(1547—1600)　前面几个世纪中的杰出科学家一直来源于教会,其中大多数占据重要地位。也许这并不奇怪,因为知识和学习几乎是教会所垄断的,我们现在看到的这位科学家是非常不同的一位。

乔尔丹诺·布鲁诺于1547年出生在威尼斯附近的诺拉,在15岁时成为多米尼加修会修士,他具有独立思想、进取、不容忍和躁动的品性,带有一点江湖骗子的意味,所以我们可以想象,他对于修道院的上司来说会惹出一些麻烦。当知道由于在圣餐变体和圣胎问题上可能被怀疑为异端邪说后,他逃到意大利,然后流浪到法国、英国、德国和瑞士,经过在里昂、图卢兹、蒙彼利埃和巴黎的大学授课后,他最终于1583年回到伦敦。在这里,通过伪造的威尼斯版印，他用意大利文出版了三本小书，其中一本《论无限的宇宙及其世界》具有特殊的科学意义。

在哲学方面，布鲁诺某种程度上是一名泛神主义者。他将自然视为生命和美德世界，充满着各种活动和神性的律动，而且认为，既然上帝没有任何限制，那么宇宙也没有任何限制。他写道："对我来说，神及其神力创造一个有限的世界是不值得的，因为他可以而后在旁边又创造出另外一个，然后没有休止地创造其他世界。我以前曾经说，有无数个与地球类似的特殊的世界。和毕达哥拉斯派一样，我认为那是一个恒星，类似的还有月亮、行星和其他星体，数量无尽，所有都是世界。"在另外一个地方，他声称每一个世界都有自己的太阳，并围绕之运行。

这样，布鲁诺将天文学带出了太阳系，并引入了关于星体系统的现代观点。他沿着库萨的尼古拉斯和哥白尼开启的道路，但比二人走得都远。他不仅将地球，还将太阳从宇宙中心的位置上取缔——事实上，没有中心，因为"宇宙是无限的，没有任何东西可以说是宇宙的中心或在其边缘"。在空间中人的家园并不占有优势地位，也不会有优先照顾，围绕所有太阳运行的所有行星都是平等的，所有都是上帝善意的表现，有时他认为所有都是上帝。

教会对哥白尼的革命学说没有追究，没有表现出炽烈的反对，但这个新的革命更加切近地触动了教会的利益。如果造物主与他的创造之间没有区别，宗教将毫无意义，而布鲁诺在布道说他们之间完全一样。教会必须有空间来定义天堂和地狱。到目前为止，地狱在地球内部，而天堂在"星体球"之外。哥白尼的学说没有要求对宗教的基本教义进行重新表述，而布鲁诺的学说要求对多项原则进行重新表述，除非上帝变成了地球这个地方的部落神。尽管生活在一个运行的行星上，人类可能仍然是上帝利益的中心，是创造主的主要关注对象。布鲁诺的学说暗示，还有无数的星球，同样获得上帝的关注，所有这些都与教会的已确立的教义相悖，因而教会无法视而不见。

1593年,布鲁诺十分鲁莽地回到意大利,宗教法庭在获知他的行踪后将他逮捕并关押了7年,其间曾以不同罪名对其审讯。最后,判决宣布:他将以"完全宽厚的方式得到处罚,不需流血",这意味着他将在火刑柱上被处以火刑。布鲁诺据说曾这样对其法官做出评价:"也许你们这些宣判我的人要比我这个被宣判的人处于更大的恐惧中。"一些人将这场审判和宣判视为教廷史上最大的耻辱。其他人提醒我们,我们不太知道布鲁诺是基于什么被宣判的,因为将宣判的依据公布于众不是宗教法庭的做法,他当然还有除了非正统科学观点以外的罪名,他否定了关于圣餐转化和纯洁圣胎的学说,并写了一份手册《野兽的胜利》,其中的题目部分被送至教宗。

布鲁诺死了,从此他只能通过留下的少得可怜的遗著影响人类的思想。机会尽管渺茫,但不太可能的事情还是发生了,就在他死去的同一年,另一本书出现,同样的观点被提了出来,这一次不是由无名的教徒,而是掌握权势和地位的高官——威廉·吉尔伯特(1540或者1544、1546—1603),伊丽莎白女王的私人医生。这本名为《论磁石》的书主要探讨物理问题,并成为现代电学的一座基石。书的最后一章描述了关于宇宙构造的假设,这是布鲁诺的假说,尽管名字没有出现。如果不是1651年出现了同名作者的身后著作,这可以解释为两个伟大的思想所见略同,在后一本书中,与前一本书同样的观点被提了出来,并被确定归于布鲁诺。正是通过这样和类似的方式,布鲁诺的精神得以继续,并在那个时代产生了比哥白尼假说更大的影响。

1600年,是一个世纪的结束之年,布鲁诺死去的一年,《论磁石》出版的一年,电学出现的一年。这一年可以用来结束这一章,但首先必须要回顾一下此前科学在天文学以外出现的变化。

力学:静力学

16世纪在力学方面还出现了令人瞩目的进步,而自阿基米德以来,此方面变化很少。现在有两个坚实的基础令进步确定地发生——布鲁日的弗莱明·史蒂文纳斯和意大利的伽利略·伽利莱,尽管这两个人生活在同时代,但他们各自独立工作,成果互相补充,为力学奠定了坚实的基础。史蒂文纳斯主要关注静止物体的力学状况,伽利略则关注运动物体的力学状况。

史蒂文纳斯(1548—1620)是一名工程师,并在荷兰军队中获得高位,他最重要的成就是发现了现在称为"力的平行四边形"的定律。

任何物体都很少仅仅处于一个力的作用下。通常的情况是,同时有很多力在起作用,例如,一片落叶,受到了地球引力的吸引(树叶的重量)作用,还有空气的阻力,很可能还有风力。如果它受到自身重量的影响,就会垂直地落到地上,但如果加入东风的力,它会被吹到西面,并落在原来位置更加西面的地方,问题是距离相差多远,或者用更通常的话说,我们该如何估算两个或多个力的共同作用?

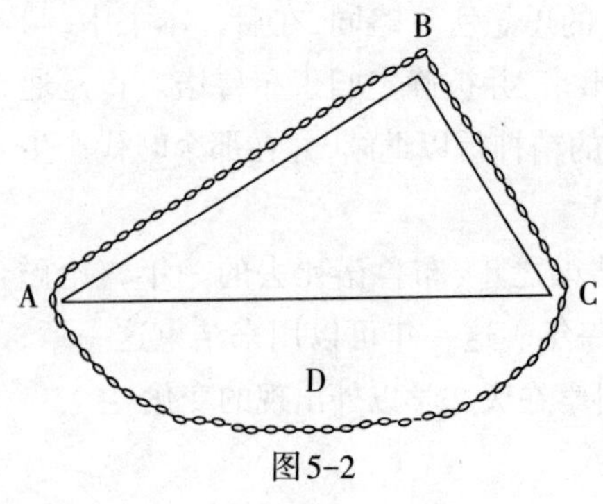

图5-2

史蒂文纳斯没有进行试验来找到答案,但是设想了一个完美实验,使结果更加容易得到。他设想了一个楔形 *ABC* ,如图5-2,其最长边AC牢牢地固定为水平方向,然后用一个没有头的链子 *ABCD* 围绕它。不需要实验,史蒂文纳斯知道链子会如图一样静止地放在那里。唯一可以想到的替代是无限运动，而从希腊时代到列奥纳多时代这种情况都不会发生。

史蒂文纳斯接着设想——这一次从直觉而不是推理或实验，链子的外旋部分 *ADC* 可以被剪下来而不影响到剩余部分的平衡。如果这样，链子的 *AB* 、*BC* 两段可以平衡地立住，因为这些片段的重量与长度成正比，史蒂文纳斯推出，任何立在 *AB* 和 *BC* 面上并被链子连接的物体都会保持平衡状态，前提是它们的重量之比与 *AB* 、*BC* 的长度之比一样。这样，简单的数学得出了一个规则，可以确定同时作用于同样物体的两个力的效果。这个规则表述如下：

假设两个力同时作用于某个物体的 *O* 点，方向为 *OA*、*OB* ，如图5-3。我们在 *OA*、*OB* 上按照力的强度比例切下 *OP*、*OQ* ，然后形成一个平行四边形 *OPQR* 。这个规则告诉我们，两个力会产生与一个力相同的效果，该力的强度按照 *OR* 的长度成正比，方向为 *OR* 。

举例而言，如果图5-4中的 *OP* 代表落叶的重量，*OQ* 等同地代表风力，则树叶会落到好像单一力 *OR* 所作用的方向上。

这个天才的讨论基于试验知识(无限运动的不可能性)，是直觉和假设的混合体，并在两个方面是重要的：它澄清了一个物体在几个力同时作用下的概念，它的结果对力学的未来进步是不可或缺的。

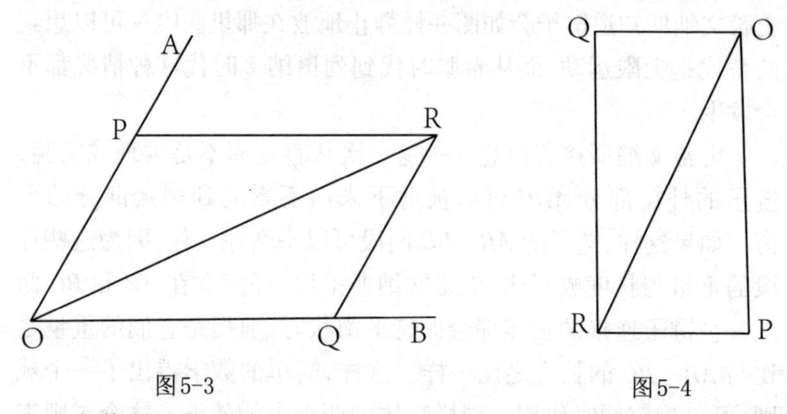

图5-3　　　　　　　　　　　　　　图5-4

史蒂文纳斯还清晰地说明了"虚拟位移"原则,即在谚语中脍炙人口的表达:"我们在运动中获得的,我们在动力中失去。"这在杠杆和滑轮中尤为适用。设想一下,将力系统的一点——如跷跷板的一端,移动一段距离 x,我们发现该系统的某个另外的点,如跷跷板的另一端,移动了距离 y。该原则会断定,力 X 和 Y 作用于这两点时可以保持平衡,但是它们的强度比例应该与 y 和 x 的比例相同。例如,如果两个重量为6英石①和7英石的孩子要平衡一个跷跷板,它们到支点的距离必须与7和6的比例相同。这个原则不是史蒂文纳斯的新发现,因为亚里士多德和阿基米德都模糊认识到这一点,而列奥纳多则使用了不同的形式。

动力学

史蒂文纳斯在1586他出版的《静力学和流体静力学》中解释了上述内容,并进而描述了他和格劳秀斯如何对引力下下落的物体进行试验,并发现,当轻重两种物体从同样的高度落下时会同时着

① 英国历史上曾经使用的质量计量单位,1英石等于6.3504公斤——译者注。

地。这与亚里士多德物理学背道而驰,即,物体的轻或重是出于内在本性,所有物质在宇宙中都有自然地位,并以不同的成功度达到这个地位,因而重物体下落而轻物体上升,速度取决于其轻重。亚里士多德曾声称不同质地的物质不会同时落地,而史蒂文纳斯和格劳秀斯的试验发现它们同时落地。

伽利略(1564—1642) 上述这些发现十分重要,但伽利略的贡献更大。伽利略于1564年2月18日出生在比萨,这也是米开朗基罗去世的日子。他的父亲是一个贫穷的贵族,主要的兴趣和投入表现在音乐和数学方面。他在瓦隆布罗萨修道院接受教育,我们相信应该是传统的亚里士多德观点。他学习了希腊文、拉丁文和逻辑,但显示出对科学的厌恶。之后他的前辈们催促他成为修会的见习生,但他的父亲不太同意,将他送到比萨大学学习医学。一次偶然的机会他听到几何讲座,该讲座令他确信数学远比医学更有趣,之后他便徘徊在数学课堂门外,尽可能地拣一些里面传出的知识碎屑,当学校了解这一情况后,便将他从医学部转到数学和科学部。在1585年,他不得不因为资金缺乏而离开学校,回到佛罗伦萨,在那里他进行讲座并获得了科学方面的名望,在25岁时便由他的母校比萨大学授予讲师资格。但是独立的思考、嘲讽的性情和尖利的言辞,使他在那些观点不同的人群中受到反感。他的讲师资格持续了二年,然后被授予帕多瓦的数学教授资格,并持续18之久。

在比萨,他开始发现数学的真实原则,因为他长久以来就感觉亚里士多德在这个科目上的学说是错误的。他从同样高度落下的不同物体开始——根据一种描述,从比萨斜塔的顶部来检验亚里士多德的学说,即不同物体下落速度不同,结果他发现炮弹球和火枪弹球同时落下,这证实了史蒂文纳斯和格劳秀斯在代夫特所得到的结论。现在有证据确信亚里士多德的力学有错误之处,伽利略开始要找到它。

落下物体的速度在整个下落过程中显然是加快的，如同列奥纳多所说，伽利略首先尽力找到是什么原理规定着这种加速。他的第一个猜测是，每一点的速度大概与该物体下落过程中的距离成正比。但他很快发现，如果这是下落的真实原则，一个物体永远不会开始，它会几乎在空中悬浮静止，不会下落。他的下一个猜测是，每一时刻的速度可能会与该物体被释放后所经历的时间成正比，并开始试验这个猜测。当然不可能直接测量速度或时间，但是伽利略看到，如果他的猜测是合理的，任何一点的速度会是到达这点的平均速度的两倍，这个平均速度可以通过距离除以时间获得。理论上讲，伽利略可以这样检验他的猜测：测量物体下落到不同高度时的下落时间——但是如何测量如此之短的时间？当时已知的测量方法是日冕、燃烧蜡烛、油灯、沙杯、水钟或某种粗糙的机械钟。

伽利略非常天才地改进了水钟，将水滴入容器，然后精确地称量总量，但是所测得时间仍然不够令人满意。伽利略相应地放慢了速度，将快速的垂直下落替换为圆筒慢慢滚过一个斜坡，相信同样的法则会同样规定这两种情况，事实的确如此。他支起一个缓坡板，大约12码，让后让一个抛光的钢球从其中的槽滚下。用这个简单的设备，他可以证实自己的猜测，下落的速度按时间匀速增加——“匀加速度”原理，这是科学史的一个伟大时刻。

现在清楚的是，力的作用不是运动的发动因素，而是运动改变的因素——造成加速度，没有力的物体会以匀速运动。

亚里士多德派学者曾教导说，所有运动都需要一个力来维持，所以如果没有力的作用，一个物体会保持静止。根据该观点，亚里士多德让人介绍说，是不动的动者，上帝本身将行星保持运动，而中世纪的神学家则制造出角的接力来证明同样问题。现在看起来，要使一个物体保持运动，只要对其放任处于自己的状态就可以，没有任何力作用的物体不会静止，而可能会以匀速做直线运动，因为没有任何因素改变它。伽利略通过让他的滚钢球在水平面上保持运动检验了这个原理，它们以不减慢的速度保持运动，直至被摩擦和空气阻力阻碍。

这个观察不是新发现，因为现象太过简单明显。其他人已经发现，一个滚动的球会继续运动一段时间，但却认为这是圆形运动的一个自然属性——一个滚动的球保持运动因为其上的每一个粒子当时都在做圆圈运动，但如果滚动的物体形状不规则，圆形运动就不可能，运动就会很快停止。

运动在没有任何力的情况下会持续，这个观点也不是新发现。我们已经看到，列奥纳多已经宣布"每个物体在运动的方向上都有重量"，而普鲁塔克则将事情说得更加明确，他写道："一切都由自身自然的运动所携带前行，如果不被其他事物所扭曲。"但伽利略是第一个通过实验建立这个原则的人，在其他人进行猜测的地方，伽利略进行了证明。

十分奇怪的是，他从来没有十分明确地宣布这些原则。也许笛卡儿是第一个这样做的人，他写道(1644年)："当一个物体静止时，它有保持静止并抵抗任何改变它的力量。类似的，当它在运动时，它有继续以同样速度和方向保持运动的力量。"30年后，惠更斯这样重新表述："如果引力不存在，或者没有大气阻碍物体的运动，一个物体会永远保持运动，让运动均匀地在直线上进行，而该运动是以前加在该物体上的。"在1687年，牛顿在一次在他的《数学原理》中重复了这个原则，并将之作为自己动力学体系的

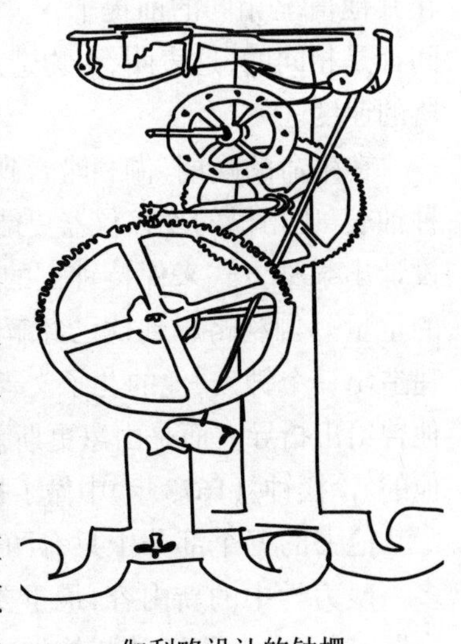

伽利略设计的钟摆

基础,但对整个力学产生革命性影响的主要功劳应该归于伽利略和他的实验。

伽利略接下来讨论了当力作用在物体上且与物体原来运动方向不同时,物体会如何运动。有引力作用在其上的弹射运动是一个很好的例子,伽利略证明了如果空气的阻力可以忽略不计,每一个弹射的轨迹都会是抛物线,即希腊人曾经费力研究的圆锥曲线中的一种。这些曲线现在重新进入科学,成为自然伟大推演的一个核心部分,而不仅仅是数学家的抽象思维。

在这个案例中,空气的阻力不可忽略,伽利略不知如何处理,但在他所研究的下一个问题中,空气阻力如此之小,不会引起任何复杂变化。在比萨的早期时间里,他曾经看到教堂内顶灯随风摆动,并注意到一个小的摆动与大的摆动时间相等。当时他没有钟表,只有心脏,所以通过脉搏计数来计算摆动。他现在通过精确的实验室实验来证实了最初的观察,不仅钟摆的时间不论大小都是相同的,而且不论钟表本身使用什么质地制造,结果都是相同的。在其他情况相同的前提下,一个铅球和一个软木球前后摆动的时间都是相同的,这表明,引力造成所有物质以同样的速率加速其下落的速度。

在生命的晚期,伽利略看到,钟摆的这种特性可以用来制造一种钟表,比粗糙的现存仪器更能准确地记载时间。主要的困难是,设计出某种方式来保持钟摆的运动,可以依靠外来动力,如,下落的重量。伽利略想到他已经解决了这个问题,但是他从没有自己建造出一个钟表,他的儿子文森佐和学生维维亚尼也都没有,尽管他曾给出指导。而是由惠更斯首先做出,在1657年注册专利,并在他的《论摆钟》(1673年)中做了描述。

他书的五个部分中只有两部分直接讨论钟表,其余的包含很多一般力学中的新内容,最重要的是,他包含了一个所谓的"向心力"的讨论——旋转的弦施加在我们握住它的弦上的力。惠更斯显示说,向心力一般与运动物体的速度平方成正比,与物体运动圆圈的直径成反比。单位体积的量可以通过著名的公式获得:$F=v^2/r$,即牛顿用来计算太阳可以抵消离心力并保持行星按圆形轨道绕其运动的投射在行星上的引力的公式。

按照这种类似的方式,固体物体的力学作用放在了稳定的理论和实验基础上,静力学主要代表是史蒂文纳斯,动力学主要代表是伽利略。

流体静力学

同样的故事在流体力学方面重复发生,当史蒂文纳斯和伽利略首先出现在历史舞台上时,这门科学还停留在阿基米德时代。

亚里士多德派教导说,物体的形状决定它沉或浮。例如一根针,或一片树叶浮在水面上,而一个方块或一个球则沉入水底。阿基米德要更加进步一些,他的皇冠实验基于密度或金属的"比重",阿基米德知道,是这些特质而非形状决定一个物体在液体中的沉浮。阿拉伯人熟知这个观点,并已经确定了很多物体的比重。

伽利略现在要郑重进行一个简单的实验,要一劳永逸地解决这个问题。他将一个蜡球沉入一箱水的底部,然后向液体中加入盐以增加密度。当密度增加到一定值的时候,就会看见蜡球浮到液面上。因此,一个物体之所以浮或沉,不是因为其形状,而是因为它与所沉没的液体的密度之比。

史蒂文纳斯现在研究了大量流体内部的情况。流体物质可以分类,笼统地说,比如分类成黏性液体,如沥青或糖浆,和非黏性液体如水或果酒。后一种流体没有黏性,因而可以看到,当液体静止时,每一点都会有固定的压力,这是液体施加在每一个单位表面面积上的力,而无论该区域的方位。这个每一点都是固定压力的观点通过阿基米德首先引入科学,后来由列奥纳多复活。史蒂文纳斯现在显示,一个完全非黏性液体上的任何一点的压力仅仅取决于该点上面的液体“压头”,所以在海面下10英尺处的两个点的情况完全相同。这个规律为所谓的“流体静力学佯谬”提供了一个简单的解释——液体对容器底表面的压力仅仅取决于表面的面积和在水面下的深度,而不取决于容器的形状。史蒂文纳斯证明这些规则的方法是,将合适的盘子贴入容器的底表面,然后测量需要什么样的拉力将它逆着水压提起。通过用不同形状的容器实验,他验证了上面的结论。通过一个如图5-5中带有一个长而窄的管道的容器,少量的水可以施加出很大的压力。史蒂文纳斯评论说,1磅①的水可以通过这种方法施加出10000磅水的压力,这个原则应用于机动车的液压油缸和液压制动系统。

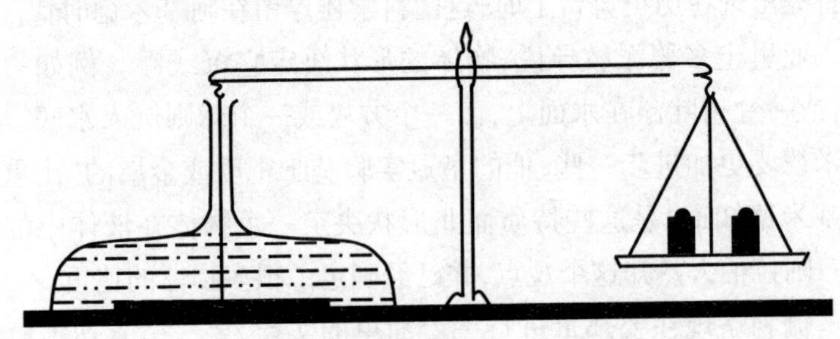

图5-5

通过这种方式,水力学有了坚实的理论和实验基础,尽管主要的发展要等到一个世纪后才出现。

物理学和化学

在其他科学方面,这一时期乏善可陈。物理学领域,最不同凡响的事件是1600年吉尔伯特的《论磁场》的发表,其全名是《论磁

① 磅,英美制重量单位,一磅合0.4536公斤。——译者著。

场、磁体和地球的大磁场》,但书中所涉及的内容远不止题目中所名列出的,而是为电科学提供了基础,诸如描述静电现象和实验,我们将在以后的章节记述,书中还首次引入了“电”这个词。除了这些,以及在光学方面的一些重大进展外,物理和化学方面仍然停留在阿拉伯人所处的水平。

我们仍不能忽视一位奇怪的瑞士化学医学家,奥雷奥路斯·菲利普·西奥弗拉斯·庞贝斯特·冯·霍恩海姆(1490—1541),其更为人知的拉丁名字为帕拉塞尔苏斯。他是一位内科医生的儿子,在巴塞尔和维尔茨堡完成医学学习后,在1526年被指定为巴塞尔的医学教授。他具有令人难容的自满、傲慢和喜好吹嘘的性格,在被任命为教授后,他的第一个行为是将前任盖伦和阿维森纳的著作公开焚毁以表明不屑。他自己的著作却行文拙劣、晦涩难懂,但是他可以称为整个科学史上第一个真正的化学家。

他的兴趣主要在于用化学拯救人的健康,即所称的“医药化学”。我们已经看到了阿拉伯人在贾比尔·伊本·哈扬的带领下,如何将毕达哥拉斯的四个元素替换为三个“原则”,即他们所描述的硫、汞和盐。硫不是我们化学元素周期表中的32号元素,而是一种物质的品质,令其可燃,或如同我们现在所说,对氧有需求。盐意味着一种品质,使物质可以抵抗火的作用,或一种残质,可以在煅烧之后存留。汞则被用来将金属的类属质量加以放大,例如,金据说包含一种非常纯净的汞。铜不含有硫,但却含有很多盐和汞等。在15世纪晚期,一位多米尼加修士巴兹尔·瓦伦丁,提出加入第四个原则——元气、力或能量原则,即可以产生世界上各种活动和变化的原则。

帕拉塞尔苏斯接受这种观点的大部分,但将瓦伦丁的元气原则取代为早期希腊的“生命精神”思想。他进而发展出自己的化学疗法,声称身体的每一个器官都有自己的独特的生命精神,这些生命精神的失调会导致各种疾病影响人体,而这些疾病可以通过带有正确化学物质的药剂来治愈。

这令他对不同化学物质的效果进行尝试,有毒的或无毒的,由于实验对象是他的病人,所以最终导致他被从巴塞尔驱逐。但在这之前,他了解到应该如何炮制各种尚不为人所知的化学物质,这启动了现代化学的开端,并将现代化学从此前一直赖以为名的炼金术中解脱出来。

例如,我们读到,帕拉塞尔苏斯让醋在铁屑上作用,从而制造出氢气,确信找到了所有化学物质中最基础的一类,更加出色的是,他似乎还可以准备乙醚,他将之称为"蓝帆萃取物",并发现其麻醉特性,但他并没有意识到已经做出了医学史上最有用的发现。他发现小鸡可以被这种物质催眠,而在"较长的时间后"毫无伤害地醒来。几年以后,另外一位医生,瓦勒里乌斯·科达斯(1515—1544)再次描述了如何从硫酸和酒精中提取乙醚,但其麻醉的实用功效被忽视。

这个时期出现了两种最有用的科学仪器——显微镜和温度计。显微镜的发明归功于札恰里亚斯·詹森,一位荷兰米德尔堡的眼镜制造商,据说他偶然发现了其中最重要的原理,但是他的仪器更像一个小的望远镜而不是我们现在所说的显微镜,即双层凸透镜作为物镜,双层凹透镜作为目镜,这种组合被置于大约18英寸长、12英寸直径的管中。

温度计是伽利略发明的,据其学徒说,时间大概是在1592年。我们应该可以说是重新发明,因为亚历山大港的希尔罗已经知道原理,并在他的一些机械玩具中使用过,而拜占庭的费罗据说在基督时代初期就制造过类似仪器。伽利略的温度计包括一个玻璃球——"大约是鸡蛋的大小",从一端引出一个细管,只有稻草的粗细,但只有几英寸长,在远远的另一端开口。使用这个温度计时,将开口的一端置于一箱水内。如果球被加热,空气会膨胀,被挤出并进入水中。当球冷却后,水被吸入管内,其水量显示出球被加热的程度。该仪器当然不能测量热球的绝对温度,仅仅是此时和开始时球的温度差异。在该仪器发明之后的几年之内,它在临床温度计方面得以应用,病人被要求将一个鸡蛋大小的球放入口内。

数　学

在很多方面比物理学有着更加重要发展的是数学的发展,这是一个有用的数学家而不是伟大数学家出现的时代,新的数学知识与新的获得知识的方法相比数量少很多。

这个时期数学家中的杰出者是尼柯洛·冯塔纳(1500—1559),其更为人知晓的名字是塔塔里亚。当他还是一个孩子时,法国军队洗劫了他的出生地,他的头骨被打坏,下巴和腭被切开,由此造成了语言上的障碍并使他得到了“口吃者”绰号。在成为威尼斯的数学教授后,他发表了一部书(《新科学》(1537年),其中探查了引力下物体运动,并讨论了抛物的射程,认为在抛射角度为45°时抛物的射程最远。如果空气阻力忽略不计,这会是准确的答案。他还发表了关于数字的专著,解释了如何从 $(1+X)^n$ 得到它的展开式 $(1+X)^{n+1}$,从而向着二项式理论迈出了第一步。

1530年,他声称可以解决限制型的三次方程,如包含有 x^3 的方程,以及丢番图已经解决了的 x^2 和 x 的一般二次方程——安东尼奥·德·菲奥里挑战他进行一次数学比赛,每个比赛者都要解决30道有关三次方的方程,算得最多者获胜。接到这个挑战后,塔塔里亚便开始着手解决,并发现了所有方程的一半解法,从而轻松地获得了胜利。

但是现在另一位数学家出现在舞台上——吉罗拉莫·卡尔达诺(也称为卡丹,1501—1576),一位具有杰出才能但情绪不稳的人。他的职业是医生,具有米兰、帕多瓦和博洛尼亚大学的医学主席会的职位,但在欧洲获得声望是因为在天文学和代数方面的著作。他的最主要的著作《世间万物》(De Varietate Derum,1557)受到人们关注,其中提出了通过触感来教授盲童读和写,通过手势语言教聋哑人交流。

当塔塔里亚和菲奥里之间的数学竞赛消息传出后,这位卡尔达诺先生恳求塔塔里亚告诉他如何解决三次方方程,并在发誓保守秘密后被告知。大约15年后,他在自己的代数专著中发表了这个方法,但没有提到塔塔里亚,所以直到今天这个方法被记载为卡丹的解法。当塔塔里亚提出反对时,卡丹辩解说他只得到了结果而没有得到方法。塔塔里亚挑战他进行决斗,武器是——数学问题。卡丹没有在约定的时间出现,整个会面以混乱告终(这个引起骚动的立方方程的解法是一个简单的事情。任何此类方程 $x^3+px^2\cdots\cdots=0$ 都可以通过用 $y-\frac{1}{3}p$ 代替 x 而被简化为 $y^3+qy=r$。将该方程与简单的公式 $(a-b)^3+3ab(a-b)=a^3-b^3$ 对比,我们看到,如果 a 和 b 被选为 $3ab=q$,并且 $a^3-b^3=r$,那么 $a-b$ 就应该是答案。将这些方程的第一个写为 $a^3b^3=\frac{1}{27}q^3$,我们可以稳妥地找到 a^3 和 b^3 的值,从而得到的值)。

四次幂方程(涉及 $x^4x^3x^2x$)首先由卡丹的学生费拉里在1540年解出,卡丹将之发表在同一本书中。更高次幂的方程不会得出确切的答案,不同的数学家在19世纪时得出这样的结论。

卡丹的书还显现了一项特殊的兴趣,书中包含了已知的关于"虚"量的第一次讨论,例如,包含I的平方根的量。数学的外行人可能会对虚量没有任何兴趣,因为它们并不存在,或者不能被理解。他会认为这种量不能被直观地表现出来,诸如2、-2可以表达的量。但是它们在现代数学中与实量扮演着同样重要的角色,而且对于物理学家来说具有特殊的意义,因为他们在波动、交流电和相对论等理论中频繁出现,将虚量引入数学是该科目大扩展的开始,其结束时间仍然不可预见。在其他问题中,卡丹还提出,一个方程可能有实根或虚根,而且任何虚根只要存在,就是成对出现的。

不久以后,一位意大利数学家邦贝利用更加详尽的方法讨论同一问题,但之后,虚量在两个世纪中没有任何发展,直至欧拉、高斯等人的竭力投入。邦贝利还做了进一步工作来改善代数记数法,尽管他的成就比我们将要谈到的韦达要相对逊色。

弗朗索瓦·韦达,更加出名的是他的拉丁化的名字韦达,是一位法国律师和公务员,将自己的闲暇时间全部投入到数学中,并最终取得了令人瞩目的成就。这部分在于他成功地解决了由鲁汶大学数学教授埃德里安·罗芒乌斯向世界所提出的挑战——一个45次方程。如同很多此类“挑战”类问题一样,问题的解决更具有显耀性而不是实质性。罗芒乌斯知道关于 $\sin(A+B)$ 的一般公式,并且从中可以简单地得知 $\sin 2A$ 、$\sin 3A$ 、$\sin 4A$ 等。事实上,雷蒂库斯已经给出了 $\sin 2A$ 和 $\sin 3A$ 的值,但是罗芒乌斯显然将计算延伸至 $\sin 45A$,用 $\sin A$ 的幂来表示,而且该方程的表达形式是简单的 $\sin 45A=0$,其形式是幂级数。

法国的亨利四世国王将这个挑战提给韦达,韦达已经幸运地找到了 $sin\ nA$ 的一半公式,并将答案在几分钟之内给国王,当然是 $\sin 4^{\circ}$。由于这个成功和对一份加密快件的解密令韦达赢得了在法国的巨大荣誉,但是我们对他的兴趣在于他解决了我们现在用的代数记数法,并将10进位引入计算。

直到邦贝利时代,一些数学家仍然使用着完全不同的标志,如,ABCD…来表示 $xx^2x^3x^4$ 所代表的数量,而其他人则用R,Rj(根),Z,C(census)或K(cubus)来代表,邦贝利引入了一些标志1、2、3、4(下画线为半圈),韦达将它们都替换为A、A quadratus、A cubus、A biquadratus等来表示,并进而改为A、Aq、Ac、Aqq等,形成了近似于现代代数形式。他引入的用来表示分数的现代10进位表示法也许更加有用。弗兰德人的数学家萨门·斯蒂文(1548—1620)已经引入了这样的表示法,但并不方便也使用笨拙,如我们所写的3.1416,他表示为3⊙1①4②1③6④,后来改为3,1′4″1‴6^{iv}。韦达引入了大大简便的方式3,1416,并至今仍在使用,尽管我们将逗号改为圆点。这个最后的改进,据知是由纳皮尔的朋友亨利·布瑞格斯(1561—1631)在1616年做出的,他本人后来成为伦敦的天文学格瑞斯哈姆教授,进而成为牛津的萨维尔几何学教授。

另外一个更加伟大的成就是已改为业余人士的苏格兰的莫瑞森的约翰·纳皮尔(1550-1617)发明的对数,他是一个富有并有地位的人,选择了宗教和政治论战作为主要职业,而数学作为兴趣。韦达使用的幂可能令人对与阿基米德一样古老的公式$A^m \times A^n = A^{m+n}$产生新的关注,而这个公式离现代对数核心概念仅一步之遥,但纳皮尔似乎没有任何此类的洞见,只是在多年的思考和劳作之后,对数的观念才进入他的脑海。他将数字及其对数与等差数列和等比数列中的项列进行了比较,并在1594年将自己的发现写成初级报告发给第谷·布拉赫,但直到1614年才发表,并在一本书《奇妙的对数表的描述》中进行了描述,其中包括经过复杂计算的表,我们称之为正弦对数和正切对数。纳皮尔的雄心曾局限在锁单三角计算,并没有注意一般算术的运算,而加速实现这些的可能性首先是由布里格斯做到的。因此,尽管我们将对数一般原则归于纳皮尔,但是它们成为数学家一般运算工具的功劳很大程度上要归于布里格斯,这两人都对世界科学奉献了厚礼。

第六章　天才的世纪

(1601—1700)

在人类历史的进程中，总有些时代中人们的思想和行为可以恰当地冠以“伟大”——基督之前的第四世纪的希腊，英格兰的伊丽莎白女王时代，科学领域中的17世纪，即我们现在将要讲到的“天才的世纪”的17世纪。

如果我们认为这样一个伟大的时代是偶然来到的，灿若星河的特殊头脑出于碰巧都出现在一个特殊的时代，那我们是非常不明智的。思维能力一般被认为是基于遗传原则传输的，其中机遇率确保代代相传的过程中不会出现突然断裂，因此一个充满伟大的时代应该归功于环境而不是偶然，如果一个时代表现出一种特殊的伟大的形式，外部条件一定促成了它的实现。例如16世纪是伟大探索的时代，因为当时的条件尤其利于探索的进行，哥伦布、达伽马、卡波特、麦哲伦等人的开拓性航程将人们的注意力吸引到尚未开发的领土所蕴藏的财富，而人们的技术已经可以造出征服海洋的船只。

也许17世纪成为伟大时代的原因也与此类似——巨大的等待探索的处女地，尤其是在自然科学领域，直接的实验和观察已经开始取代迅速衰败的对权威的信仰，而且必要的工具也可以应需要而生，因为人们日益发现他们的自然感官已经不足以探索深埋的秘密。应该感谢阿拉伯的科学家、培根等人，正是他们使光学的一般原则已经得到很好的理解。在这个世纪之初，显微镜出现，望远镜即将登台，其他仪器继而也源源不断出现。在数学方面，对数刚刚得以发现,其功能足以用几个小时取代过去一辈子的劳作。

教会几乎完全撤销了多个世纪之久的对科学研究的反对,从阿那克萨戈拉开始,宗教一直对科学冷淡处之,更多的时候是公然敌视,在中世纪时还是其进步的主要阻力。思想受到宗教的统治,其程度今天难以想象。宇宙被刻画成具有很多辐的车轮,但是都从中心即人类和地球向外散射,并且在大多数人的心中,它们都走向上帝和他的天堂或地狱。然后迎来了文艺复兴,将人们的思想从他们习以为常的槽轨中释放开来,给他们更宽的视野,包括一个基督教从来没有存在过的世界。人类看到外部世界值得研究——一些人出于其本身的目的,另一些人出于作为上帝善行的证据的目的。宗教具体而微的先见开始退去,科学开始自由地通过自己的方法找到通往真理之路。

科学取得更加优先的新地位的一个证明是科学学院的建立,其中很多是国家级,并享有皇家资助。在古典学院中,有学问的人可以互相或者与他们的学生讨论问题。中世纪的大学是这些学院的糟糕的替代品,处在教会的过分控制之下,并以此来为科学争取更多的青睐。当16世纪出现了对权威的一般抗争之后,人们感到需要某种会议的场所,使科学能够在宽容的土壤中生长,并且使其裨益得到评估。

首先将这种感觉变成行动的是意大利,1560年自然之秘学院在那不勒斯建立,另外一个类似的学会,山猫学会存在于1603年到1630年间的罗马。而第三个,实验学院在得到美第奇的费迪南大公爵和他的哥哥利奥波德的资助后于1657年在佛罗伦萨建立,但仅仅存在了10年。

在英国,需要这种组织的呼声首先由培根以及费鲁拉姆爵士由其《新工具》(1620年)发出,并且人们认为,正是部分由于这个原因,查理二世在1662年建立了"自然知识进步皇家学会",为英国的科学界人士提供了会议场所。事实上,其中很多人在1645年以来就已经非官方和非正式地进行会面——首先是在伦敦的以“看不见的学院”为名的格雷沙姆学院，其后内战期间在牛津，然后再一次在伦敦——这样查理国王不过是在已经成就的事实上戳上了皇家的许可印章而已。

在法国，科学院由路易十四在1666年建立。德国直到1700年才有类似举动，普鲁士的选帝侯弗里德里克建立了柏林科学院，尽管类似最早的私人努力可追溯到1619年的罗斯托克学会。

这些学会都有一个中心目标，即通过自由讨论来增加关于自然的知识，但是他们的行动在不同国家出现不同形式。

意大利科学院似乎深深卷入了科学和正统宗教的冲突中，林琴科学院据说曾支持伽利略对教廷权威的对抗，很多人认为此两者之间不无关联。利奥波德可能通过解散对教会麻烦不断的学会来获得职位，其中的一个成员安东尼奥·奥利威亚陷入了教廷审讯，并最终自杀以逃避酷刑。

英国和法国的科学院都主要关注实用科学的发展、工业艺术的研究以及技术加工的改进。法国科学院在其抬头中这样表达：“探索自然和技术完善。”尽管皇家科学院没有在抬头中做出明确表达，但同样体现了这个精神，甚至在最初的非正式会议中，如波义耳所写的：“我们新的哲学院不看重知识，但倾向于实用。”学会的皇室资助人和他的顾问们总是将注意力不时地指向国家的实际需要上。我们发现他介绍其官方实验人员罗伯特·虎克研究“船的知识”，国家事务大臣约瑟夫·威廉姆森爵士也告诫他对所有可以使用的知识加以注意。另一方面，我们发现了查理国王“在格雷沙姆学院(皇家学会的雏形)扬声大笑，因为他看到科学家们自坐下后就一直在称量空气的重量，而其他则无所事事”。

这都与时代的精神相符。科学在此之前受到研究是因为其智力价值，或出于科学家们对自己好奇心的满足，现在则被重新确认为具有实用价值。培根曾写过很多“科学为人性服务”的文字，而波义耳则为《实验自然哲学的有用性》(1663—1671)写出了专题，其中梳理了眼镜和钟表制造业的线索，并将之确认为惠更斯和虎克的纯科学研究的成果，甚至天文学也开始通过实用性来进行评价。在这个世纪早期，开普勒曾经评论说，如果傻傻的女儿原始天文学不去找面包的话，它将和母亲天文学一起饿死。现在(1675年)查理二世在格林尼治建立了皇家天文台，“从而可以找到一个地方的经度，令航行和天文学都得到提高”。在重点从知识本身转向知识应用的过程中，科学无疑已经丧失了很多，但由于它向广大普通民众开放，变得更加宽泛和可知，因而也必定从中获得很多。

另外一个更加确实的有益影响是日益增加的印刷，这不仅令旧知识可以使更多人受益，同时也将新知识迅速传入更多人手中，每一个人都直接地站在其前人的肩上，程度前所未有。

这就是17世纪时科学所具有的可以助之前进的环境，我们必须系统地探寻这个过程，我们同样从天文学这个发展最为辉煌的门类开始。

天文学

我们16世纪天文学的故事终止于丹麦人第谷·布拉赫，一位在17世纪仅仅生活了10个月的先生。我们看到，在去世前他指认了约翰尼斯·开普勒作为助手，我们关于17世纪天文学的故事就从这位年轻助手一生的工作开始。

开普勒(1571—1630) 1571年12月27日生于斯图加特附近的魏尔，其父是布伦瑞克公爵的新教教官。他具有活跃的头脑，但身体孱弱——孩提时天花的侵袭使他双手残疾，视力受损，因而在人们看来似乎更适合教会的工作，于是他被送到墨尔本的僧侣学校和图宾根的清教徒大学,那里的数学和天文学教授迈克尔·马丁令他确信哥白尼理论的正确。开普勒开始感到他的观点太过非正统,不适合教会生涯,所以他在施蒂里亚的格拉茨谋到了一个讲师职位,但由于那里占大多数的天主教开始迫害少数清教徒而没有到任。早在24岁时,他发表了一本书——《宇宙神秘之初论》

其中有对哥白尼学说的理性的辩护,但该书的作者却更受到关注。毕达哥拉斯派学者关于整数重要性的观点正席卷欧洲知识界,开普勒处于一种神秘的氛围,对这类观点尤其感到可以接受。如同毕达哥拉斯派学者一样,他确信,上帝一定是根据某种简单的数字结构才创造了世界,他也像其前的柏拉图一样,尽力发现行星轨道半径之间的简单的数字关系,当他没有取得成功时,便开始思考,宇宙的本质大概是几何含义而非算术含义。

他最初的设想是,行星轨道可能如图6-1一样布列,从而形成系列多边形的内接圆或外接圆。当这个观点也被证明不可行后,他试图将圆圈替代为球体,将多边形替代为5个规则的毕达哥拉斯固体。当他发现找不到观察上的比较明显的不符时,感到极为兴奋。世界似乎是建立在一个简单的几何模式上,他宣布说,即便用整个萨克森王国来交换,他也不会出让自己的发现。

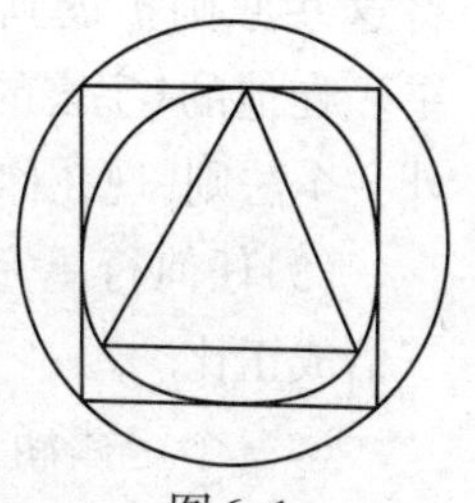
图6-1

但在其他人心中激起同样的热情却不容易,伽利略称赞了他的天才设想,但仅此而已。第谷则给出了冷冰冰的建议:“先在观察中为观点找到坚实的基础,然后在此基础上尽力找到事物的起因。”但第谷一定赞赏开普勒的学识能力,因此他邀请开普勒来布拉格首先作为客人,然后作为天文台的助手。

当开普勒接受了这个安排后,他立即开始着手研究第谷大量的行星观测信息。第谷一定希望这些可以证明他的反哥白尼观点,而开普勒无疑怀有其他希望。在问题还没有解决时,第谷去世,开普勒接替了他的位置,开始自由地对哥白尼学说设计计划,使之适于观察,并为哥白尼学说提供证据。但他能做得最好的是在火星的位置上出现8′′的误差,而这个数值在他看来也大得无法列为观察的可接受误差。

现在他采取了一个大胆且重要的一步。从亚历山大大时代开始,天文学一直执迷地认为圆形是自然本身的曲线,所以行星可以沿着圆形或构成圆形的曲线运行,这把天文学缩化为与圆形的无休止的纠结中。在大约1080年,西班牙人阿尔扎切尔曾提出,行星可能是沿着椭圆形而非圆形轨道运行,但这种猜测引起了很少的关注。现在开普勒也开始试图将思路从圆形的束缚中解放出来,并立即得到了回报:一个完美适用于所有观察的方案。他的书《新天文学》(1609年)提出了他的工作结果,阐明了两个原则:

(1)行星(火星)沿着椭圆形轨道运行,太阳是其一个圆心。

(2)将太阳和行星连接起来的线在相等的时间里画出相等的区域。

9年以后(1618年),开普勒出版了另一本书《哥白尼天文学》,将这些原则扩展到其他行星,以及月球和木星新发现的四颗卫星。在他的《宇宙的和谐》(1619年)中,他宣布关于行星运行的另外一个法则,现在称为开普勒第三定律:

(3)任何行星完成轨道运行的时间的平方与它到太阳距离的三倍成正比。

这三个定律涵盖了行星运行的所有方面:第一个明确了行星运行的路径,第二个指明了行星如何在轨道中运行,如速度变化的方式。当行星距离太阳近时,其扫臂——将行星和太阳连接起来的线变短,从而行星必须更加快速运行才能以和以前一样的频率跨过同样的区域。星体与太阳的距离越近,在轨道中运行的速度越快。第三定律告诉我们如何比较不同行星完成不同轨道所需的时间,例如,如果行星A与太阳的距离是行星B与太阳距离的4倍,

A的周期年将是B的8倍，但A的运行距离只是B的4倍，所以平均速度是B的一半。举例来说，土星的轨道是地球轨道半径的9.54倍。这些距离的立方比即868.3，一定是两个行星周期年的平方的比。取868.3的平方根，我们发现土星的周期年一定是我们年的$29\frac{1}{2}$。一般说来，行星距离太阳越近，运行越快。

开普勒的这三个定律由无数的观察证明，我们现在知道它们并不绝对正确，但是它们可以在200年内没人找到错误，因为它们形成了天文学史上的一个伟大里程碑，让我们停下来，看一看它们所走过的路。

故事的最主要的部分由托勒密猜测太阳、月球和行星都在轨道中围绕地球运行开始，托勒密认为，这些轨道都是周转圆，即一个圆形轨道以已经解释过的方式重合在另一个圆形轨道上面。随着一个接一个世纪过去，更加准确的观察可以实现，这个设想变得不再充分。继后，哥白尼通过大量的中世纪观察重新探讨这个问题，提出地球围绕太阳运转，这使得大规模的简化变得可能，他可以将新的观察适用于仅仅34个圆圈，而不是以前的80个圆圈。开普勒之后又提出了第谷所进行的前所未有的更准确地观察，并发现其结果难以与哥白尼的设想融合，从而开始修改其结论。哥白尼可能从未想象到准确率可以达到弧的10′，但开普勒拒绝了自己的最初尝试，因为其误差仅仅到了$\frac{1}{75}$。当他试图将古老的圆用椭圆代替的时候，他看到了成功，7个椭圆现在可以解释所有7个星体的运行。新的设想非常简单和具有说服力，亚里士多德的圆圈现在永远地被抛弃了。自早期希腊开始，天文学者提出，行星必须以圆的形式运行，开普勒现在证实，事实并非如此。

但是，在回答一个问题的同时，开普勒又打开了另外一个：为什么行星的运行轨道是椭圆，而不是其他无数的可以想象得到的曲线呢？在过去，这个问题可以回答说，圆是自然的曲线，但现在自然摒弃了圆，因而需要另一个答案。这个问题控制着天文学界，直至牛顿给出了答案，尽管并不是最终结果，但如同开普勒回答了“如何”这问题一样，也持续了大约200年。

开普勒自己做了一些思考来回答该问题，但没有获得成功。在毕达哥拉斯之后，他也想过，行星轨道问题的线索应该在数字、多边形和固体形中。通过毕达哥拉斯关于弦长和弦所发出的音节之间的关系，他使用一组音乐音符重现了行星在轨道内运行的情况——球的和谐。同样，记载开普勒行星运动第三定律的《宇宙的和谐》宣称，行星在绕日进行轨道运行时一定在奏出某种和弦。

但这并没有得出结论，于是开普勒转向力学，他仍然相信亚里士多德的观点，如果物体在运动中，一定有某种来自身后的推动。所以他假设，太阳具有某种动力来进行这种推动，它发射出触须状的光线力与之一起旋转，如同轮上的条幅，从而推动行星。简言之，开普勒抛弃了亚里士多德的“固定星体的球”，而代之以旋转的太阳。

这可以解释圆形轨道，但不能解释椭圆形轨道，还需要更多的事实。吉尔伯特曾经建议说，地球像磁铁一样吸引月球，开普勒现在将每一个行星描绘为磁铁，其轴总是指向一个方向，这个方向与行星绕日旋转的平面一致，这样当一个行星在轨道内运行时，会间隔受到太阳的吸引和排斥，开普勒认为这会交替引起到太阳距离的增加和减少——于是出现了椭圆轨道。

开普勒认为，类似的力可能在整个宇宙存在，他在这里提出了一个万有引力的有趣观点，即他描述为“物体之间的互相爱慕，会出现联合或连接，类似于一种磁力”。作为支持的佐证，他引用了所有物体都向地球坠落——“地球吸引石头，而不是石头寻找地球”。还有潮汐，如同吉尔伯特和其他很多人一样，他归为月球的吸引。他说，在空旷空间的石头会互相吸引，并最终会在某一点相遇，我们现在称该点为二者的引力中心。如果地球和月球没有被它们的驱动力或相当者拉住，地球会向月球升起，行程为二者距离的五十四分之一，而月球会落向地球，距离为剩下的五十三。但是开普勒从来没有认为，或从没有怀疑，这个同样的引力会将月球和其他行星保持在轨道上，而没有引入一个“动力”来推动。

开普勒第二定律显示，一个行星距离太阳越近，运行越快。他的解释是，“动力”在距离最小的时候最大。他猜测，其大小一定呈距离的逆平方下降，所以在两倍的距离时，其力仅仅有四分之一大小。但他很快放弃了这个观点，并认为，力以距离的逆方向下降，所以当距离两倍时，力只有一半大小。法国天文学家布约不同意这种改变，辩论说，开普勒的起初的逆平方更为正确，这个问题直到牛顿出现才得到解决——揭示出真实的情况是，逆平方变化，但没有“动力”，而仅仅有太阳的引力牵引。

早期的望远镜天文学

同时，基于观察的天文学并没有停滞不前，在开普勒发表《新天文学》和行星运动第一、第二定律的同一年，伽利略发明了第一台望远镜。

最初的望远镜　望远镜的最初起源仍然不得所知。培根曾模糊地提出了此类仪器得以构建的原则，但我们从没有听说他试图制造一个。一位英国数学家，牛津的伦纳德·迪格斯据称曾经进行过尝试，其儿子对此做出了记载，但之后没有任何天文发现或更进一步的活动，而且望远镜的实际发明和显微镜一样，一般归于荷兰的眼镜制造者。在17世纪早期，他们只制作观剧眼镜之类望远镜设备，但仅仅作为玩具。海牙的官方记录显示，制作此类仪器的专利首先在1608年10月2日颁给了米德堡的汉斯·利伯希，而一位詹姆斯·梅迪思的类似应用在10月17日也进入了专利考虑范围。笛卡儿将望远镜的发明归于梅迪思,但是利伯希据说更有资格,和詹森发明了显微镜一样,利伯希的发明据说很大程度上是偶然的:一天他碰巧将透镜组合望向风标,却吃惊地发现物体被相当程度地放大了。

当伽利略听到这个消息后,立即意识到了其科学价值,于是着手制造一个自己的类似光学镜。“经过诸多麻烦和花费了大量金钱”后,他很快建造了一个“优秀的仪器”,可以将物体的面积放大约1000倍,将距离缩短至三十分之一。接下来的一年,开普勒建议对透镜进行更好的组合,于是一个体现改进的仪器由耶稣会教士希奈尔制造出来。几年以后,惠更斯又做了更进一步的改进,使望远镜基本具有了今天的形式。

伽利略 直至这时,伽利略还没有在天文学上过多投入工作,但他似乎基本上同意哥白尼的观点,被曾经改变了开普勒的马斯特林说服,确信其真实性。但是,一旦他手上有了望远镜,他便以惊人的速度做出了一个接一个的新发现。将望远镜指向月球,他发现一些印记,并将之解释为表面不规则物体的投影:“我们在地球上的日出时也有类似的镜像,山谷还没有布满阳光,而周围的山脉虽然背对着太阳,却已经开始闪耀着光芒,正如同地球上的空地的阴影伴随着太阳的升高不断缩小,月球上的这些黑点也随着照明的不断增加而渐渐失色。”月球是一个和我们类似的世界,而亚里士多德派声称它是一个完美的球形,这显然是错的。

然后他将望远镜投向天空中熟知的部分,看到了大量的新星体:“在第六等星之外(根据希帕克的分类,这些是肉眼所能看到的最暗星体,因而也是望远镜产生之前可以看到的最暗星体),你会通过望远镜看到大量其他的星体,数量之多几乎超出想象。”例如,猎户座的腰带和剑区域所包含的星体数目不再是仅仅9个,而是超出了80,而昴宿星团的著名6个星体增加到了36或更多。银河的情况更加明显:“无论你将望远镜指向它的哪个部分,都会有大量的星辰出现，其中很多个头硕大且极其明亮，而小一点的数量则难以统计。”“银河不过是众多星体成组的联在一起”，正如阿那克萨戈拉和德谟克利特2000年前所说，布鲁诺也正确或几乎正确。星体的数量无法统计，甚至无限。伽利略接下来将望远镜投向木星，看到了四个卫星围绕在周围，正像哥白尼所想象的，行星围绕着更大的太阳运行一样。大概这里也可以证明哥白尼的正确，因为这正像一个他所想象的太阳系的复制体。对金星的研究显示，金星如同月球一样经历不同的相——新、半圆、满、半圆、新，并不断重复没有尽头，这证明了金星不是自己发光，而是通过反射太阳的光来发光。但还不止这些。托勒密的假说指出，金星不可能向地球展示被照亮的部分的一半，而哥白尼假说则指出这是看到的相的交替，这样，伽利略的观察通过实际看到的证据打破了托勒密的假说而确证了哥白尼的理论。在1610年1月30日，伽利略写道：“我对自己感到兴奋，对上帝感到无比感谢，因为他允许我发现如此大的奇迹。”

在同一年的晚些时候，他发现土星的圆环，但是做出了错误的解释，将其写成“有三个几乎互相触碰的球体”，他还对太阳耀斑进行了观察。1607年开普勒在没有望远镜辅助的情况下观察到一个太阳黑点，但以为是水星掠过太阳的表面。法布里修斯也在伽利略之前看到了黑点，耶稣会教士希奈尔在1611年4月同样看到一些。起初他以为是光学幻影，但后来他确信是确实存在的实体，并由此进一步认为这证明了太阳一定在旋转，并提供了计算旋转周期的方法。

1613年，伽利略发表了《关于太阳斑点的信函》，公开表明了自己的哥白尼立场，随即遭到异端指控。他尽力通过引述圣经来自我辩护，但是教廷警告他必须放弃神学争论，将自己限制在物理推理的范围内。到1616年早期，事件交给宗教法庭，并在2月19日召开神学的顾问会议中，得到对信中两项推论提出的建议：

(1)太阳是世界的中心,完全静止;

(2)地球不是世界的中心,而是进行每日运动。

会议毫无异议地宣布第一个推论"在哲学上错误荒谬并完全异端",并裁定第二个推论"哲学上类似第一个,神学上信仰错误"。在2月25日,教宗指派法庭领导成员红字主教贝拉明传唤伽利略,并告诫他放弃会议所谴责的观点。如果伽利略拒绝,他将收到正式的法令,对其进行监禁,从而"不得教授或辩护此类学说和观点,并不得进行探讨"。伽利略第二天得到传讯并会见了贝拉明——其结果我们并不知道,但一个星期之后出现了一个法令,要求撤销对哥白尼学说的流传直至获得改正。这本书四年后重新出现,奥希亚德以前做出的文字被进行了修改,即建议说地球的运动不是绝对的事实,仅仅是方便计算的假设。

经过一段时间的沉静后,伽利略在1623年出版了《分析者》,并将它奉寄给教宗乌尔班八世,后者对于天文学具有足够的认同,并写了一首诗给伽利略,恭贺他发现木星的卫星,他显然乐于对书中的诸多非正统倾向视而不见。宗教和科学之间的纷争,至少伽利略和教宗为代表的,似乎可以弥合,只要伽利略不自添烦恼。但这不是伽利略的本性,在1632年1月,他发表了《关于两个主要世界体系,托勒密和哥白尼体系的对话》,于是闪电击中了他。

在书中,三位角色见面讨论两个系统的优点。其中一个当然是坚定的哥白尼派,另一位是激烈的反哥白尼派,浸渍在亚里士多德的学说中,而第三个声称是公正的旁观者和评论者。公正的评论绝对不是伽利略的面目,至少在这里,因为他所看到的是,在哥白尼学说之外没有可以评论的对象,他将反哥白尼派刻画成极端愚蠢,他们无法看到最简单的讨论。

伽利略的这部书无疑是对教宗1616年2月25日关于放弃哥白尼观点的诫令和2月26日禁令的公开藐视,如果该禁令曾经送到他的手里(一些权威人士认为禁令没有送给伽利略,甚至整个事件都是杜撰,是后来为了1633年的诉讼的借口。伽利略个人的陈述是:“后来一些年在罗马发表了一个有益的法令,即为了避免一些对于本时代有危险的丑闻,对于毕达哥拉斯的地球运动的观点要强制一段时间的沉默……我当时在罗马,不仅在教廷的杰出高级教士中获得了听众,也获得了掌声,法令在没有事先通知的情况下没有送达给我”)。但是,伽利略成功地从教会办公室的审查人员那里获得了出版许可,但有两个前提:第一,传统的条件,地球运动不是事实,只是假设;第二,书中应包含一定的讨论,由教宗提供,为正统观点辩护。伽利略不仅没有遵从第一个条件,还因为同意第二个条件而使自己无故地被放在更多的麻烦之下:他将教宗的讨论设定在了非常愚蠢的反哥白尼派的观点中。

观测到太阳斑点的耶稣会教士希奈尔已经与伽利略在谁首先发现了太阳斑点上产生争执,因此交恶,并利用这个机会制造不公,他声称书中的那个愚蠢形象是对教宗的素描。1632年8月,伽利略的书遭到禁售,同时一个调查团受命进行调查,他们的报告做出了负面结论,伽利略被传唤接受宗教法庭质询。

他在1633年到达,并立即被拘留,尽管看上去他受到了周到和礼遇的对待。两个月后,他被质询并据说被威胁将受到酷刑,尽管有说法认为并没有将威胁付诸实施的真实动机。宣判在6月做出——伽利略须做3年苦行并用赎罪的语调声明放弃一切哥白尼的学说,而且该声明不仅要表明现在的信仰,还要保证余生的信仰:“我……就此保证,我相信并永远相信教会教授和确认的内容是真实的。”没有理由接受常说的故事,即伽利略在生命的最后嘟囔着说出了“但它还在运行”这样的字眼,这是伽利略会说的话,但那不是可以说这种话的场合。

在度过另一段时间的拘禁后,他被允许迁往佛罗伦萨之外的阿切特里,并继续进行他的科学研究,当然是无争议的项目。1637年他在这里发现了“月球的解放”——月球出现小的震动,并导致在连续的月球月中将稍微不同的表面显示出来。

他还找出方法使船只在看不到陆地的情况下辨别方向,这个问题对于古代和中世纪的航行者来说并不是问题,因为这包含一点“拥抱海岸”之外的东西,但是发现新大陆之后,新的方法成为必须的要求。一艘船可以非常容易地通过太阳能达到的高度确定出自己的纬度,但很难发现自己的经度。1598年,西班牙的菲利普三世提出100000克朗奖赏给能够在看不到海岸的情况下确定船只位置的方法,其后荷兰也提出类似的奖励。

原则上有一个非常简单的解法。当我们说,一艘船的位置是格林尼治以西60°,意味着那里的正午出现在格林尼治之后4个小时(60°是六分之一圆,4小时是一天的六分之一,该位置就是从格林尼治出发绕地球六分之一的距离)。所以,如果船上有显示格林尼治时间的钟,该船的纬度就可以通过该钟在本地正午显示的时间得出,例如,当太阳在最高点时。当代的船只一定带有精密计时器在全程显示格林尼治时间,并通过无线电接收格林尼治时间,但17世纪的航行者没有这样的条件,他们经常在估计位置的200~300英里外,因而自然会出现失踪状况。

伽利略指出,木星卫星的运动和日食、月食的时间表可以预先准备,如果航员有这样一份表,木星系统可以提供一个钟表,显示出标准时间并确定船的经度位置。这个方法几乎没有被使用过,因为人们很快发现,月球的运行提供了一个更好的钟表,航行者可以通过月亮和最近星体之间的位置来确定每一时刻的标准时间——原则上说,简单如看手表。

伽利略在1637年失明——一些人认为是由于长期观测太阳而没有适当的保护措施,他一生的工作走到了终点。他于1642年去世,即牛顿出生的那一年,后者将他的事业扩展并赋予了更大的意义。

正如伽利略早期在力学方面的工作推翻了亚里士多德的物理

学，他晚期的工作推翻了亚里士多德的宇宙学。在1610年开始时，他发现到了金星的相、木星卫星的轨道运行，以及银河上的不可计数的星体，而开普勒也明确了他的第一、第二定律。宇宙的主体框架现在已经明显确立，毫无疑问，最后的胜利将属于哥白尼、布鲁诺和伽利略。

笛卡儿涡流理论

笛卡儿（1596—1650）下一个重要的步骤——尽管退化但也重要，由哲学家笛卡儿迈出，他在前文中以解析几何的奠基人出现。他出生在靠近图尔斯的一个富裕家庭中，并在拉弗莱什的耶稣会学校就读，展现了非常的数学才能，并继而跟随巴黎著名数学家梅森学习数学两年。在奥伦治亲王莫里斯的军队服役短暂时间后，他25岁时随军团退役，将一生中剩余的时间投入数学和哲学（当他随军队驻扎在布雷达时，偶然在街上看到一个荷兰语的牌子，他让人给他翻译成法语，知道其中包含了一道数学题，作者向全世界的数学家挑战解法。这位路人名叫比克曼，是多特学院的院长。他说，如果笛卡儿愿意作答，他将提供翻译。笛卡儿在几个小时内得出答案，据说这次数学能力的显现让他获得信心重回早期曾致力的数学领域）。

在旅行了一段时间后，他在荷兰定居下来，用了5年的时间创作他的书《世界》，希望对科学给出完整的概括，并提出自然科学的完整理论。他还是一个年轻人，但却不再谦虚。当这部书在1633年接近尾声的时候，他听说了对伽利略的谴责。他解释说，尽管他在伽利略的学说中没有看到任何在他看来可以算作对宗教和国家的偏见的成分，但却感到非常需要一些自己的学说，并决定搁置出版自己的书。事实上，其他人在1644年替他发表了那本仍然没有完成的书，那时他已离世14年。他在《方法论》(1637年)中简单地介绍了自己的结论，并在《哲学原则》中对自己的观点做了全面的阐述。

这些结论是无价之宝，但笛卡儿的理论之所以受到关注，是因为它第一次试图用纯粹力学的方式解释宇宙。这是一个哲学家而非科学家的理论，基于一般原则、思考和猜测，而不是基于实验。例如，他谴责伽利略的实验说："伽利略关于空间内落体的哲学都是没有根据的，他应该首先确定重量的本质。"

他遵从了伽利略将物质分为两类的提法，称之为主要和次要。次要类包括硬或软、甜或酸等，都需要感知(笛卡儿这样认为)，第一类则自主存在，无论被感知与否。笛卡儿说，只有两种主要品质——在空间中扩展和运动，因而除了下述没有其他客观的重要的东西："给我扩展和运动，我将建造世界。"

他继续讨论说，由于扩展是物质的基本性质，没有物质的扩展是不可想象的——对于一个声称不接受任何不能确实建立的事物的哲学家来说，这是个奇怪的讨论(平行的讨论是，如同运动是一个火车头的基本性质一样，那么没有火车头的运动是不可想象的)。这样，所有空间必须被某种物质所占据，"绝对没有任何事物的真空或空间与推理是相悖的。"他因而想象说，所有空间的任何部分，如果没有被我们经验所知的固体物质所占据，那么必然被其他的某种"主要"物质所占据，并由我们所不能感知的微粒组成。

当鱼在海中游泳时，将水的粒子从前方推开，而其他的粒子会从后面拥上，补充进鱼所空出的空隙，因而水以闭流的形式不断转圈运动，"所有的自然运动都是某种程度的圆周运动。"同样，笛卡儿认为，当一般的粗糙物质在粒子海中破浪前进时，必然出现闭环流，因而可以被描绘为系列涡卷。

在这个基础上，笛卡儿建立了他的著名涡流理论。涡流就是粒子海中的漩涡，一般材料的物品就像浮软木一样，揭示出水流如何在漩涡中流动，最精细的粒子，如同粗糙物质的磨屑和锉屑一样，被拉向涡流的中心。行星就是太阳漩涡所捕捉到的软木并围绕中心旋转，而一片落叶是一个小的软木，被拉向地球涡流的中心。在后来的论述中，曾提出在大的涡流的中心有很多激荡，所以物体变得发亮，这解释了太阳和行星闪耀的原因。

这个体系激起了风靡的时尚，超出了其科学价值的效应，这当然部分是因为它所描述的容易看到并易于理解。但它没有试图解释量化的法则，如同开普勒的运动定律，并且在别人应用时没有显现出可以经受得住这种测试的能力——如牛顿的结论性的演示。但是，笛卡儿的理论却形成了自己的范围，而且也确实是科学所能给出的最好的，直至出现我们即将讨论的前所未有、更加优秀的万有引力定律。

万有引力

我们已经看到开普勒如何戏谑普遍引力这个观点，但他却毫不怀疑地承认，引力单独可能会提供行星运行的解释。的确，他认为，这些不会保持它们在轨道上的运行，除非有某种力在背后不断地推其前行。事实上，行星的运动有其自身的惯性所维持，为解释观测到的物体，我们所需的不是推动行星不断前进的外力，而是一种吸引力，它可以不断改变行星的运行方向，并由此使之避免以直线的方式脱离太阳。

其中的一般原则已经由普鲁塔克1400年前开普勒尚未出生时非常清晰地表明，尽管其中曾明确提及月球的绕地运行，他这样写道："月球通过自身的运动和旋转可以保持不落下来（到地面）——如同尽力抛出的物品不会因圆形漩涡落下。"——只需找到是什么扮演了抛出者的角色。

1666年,至少有三个人开始解决这个问题,他们的名字分别是:波雷里、虎克和牛顿。

波雷里 是伽利略曾经所在的比萨大学的数学教授,在自己所出版的书中曾说到,一个沿圆形轨道绕日运行的行星有离开太阳的倾向,并且和其前的布鲁塔克一样,他将这种运动与抛出的石块相类比。他讨论说,既然行星实际上没有离开太阳,那么一定有某种力将其向太阳的方向拉住,当外脱力和向内力相等时,形成了一种平衡,行星就可以以固定距离不断绕日旋转,这是自普鲁塔克以来第一次提出该问题的机械原理。

几乎同时,类似的观点在伦敦由罗伯特·虎克(1653—1703),一位敏锐的思想家和天才实验者提出。虎克曾在1655年至1662年间为罗伯特·波义耳(后文将谈到)担任助手,并由新建的皇家学会聘为馆长,主要职责是进行自己丰富的大脑或其他同僚所提出的各种实验。在一份日期为1666年5月23日的文章中,他讨论了天体的轨迹如何会弯曲成圆或椭圆,并认为,这可能是因为"置于(轨道)中心的物体有吸引的特性,可以不断将其他物体(天体)吸引或拉向自己"。虎克说,如果这种力存在,那么"行星的所有的现象似乎都可以通过力学运动的普通原则来解释"。

在另外一篇发表在八年之后的文章中,他试图"解释一种在很多方面都与已知世界不同的世界系统,但仅仅通过力学来回答,这基于三个设想:"第一,普遍引力;第二,所有物体都会持续以直线运动,直至被某种实际的力量影响发生偏离,并形成圆,椭圆后其他复杂曲线;第三,这些力在短距离时最强,随着距离的增加而减弱。"

这里虎克实际上清晰提出了掌控行星运动的力学原则,并提出一种普遍存在的引力,他没有说出这种力应如何与距离保持某种对应变化关系,才能使行星如所观察到的那样沿椭圆轨道运行。五年以后(1679年),他给牛顿写信说,如果该力与距离成逆平方关系，那么从地球抛出的物体的轨道应该呈椭圆，其中一个焦点是地球中心。行星运行和普遍引力的理论到此已基本完成，但需要牛顿的智慧将之融合归纳并确立，保持行星在自己轨道绕日运行的神秘的力与使苹果落在地球上的力一致。

艾萨克·牛顿（1642—1727）1642年圣诞日出生在林肯郡格兰瑟姆附近乌尔索普的一所庄园房内，他是一个早产儿，也是一位自耕农即乌尔索普庄园主的遗腹子。出生时他个头儿很小，他的母亲将他放入器皿中，因为缺少空气，以至于两个去拿补药的妇女在回来后发现他还活着都感到惊异。

后来，他被送到格兰瑟姆的学校，据他自己讲，他不是一个优秀学生，注意力不够集中，在班里个子也很矮。但他在学习中表现出某种机械才能，设想并计划出不同的方法测量风的速度，制作钟表、日冕和风车的实用模型，并设计出一个只要上面的人扭动扳手就可以驱动的四轮马车。

当13岁时，他的母亲失去了第二个丈夫，于是他被叫回在农场上帮忙。但很快，他的兴趣就旁落别处，注意力更多地集中在机械问题而非农业为题上。最后，结论终于出现，他不会是一个好的农夫，而应该尽量成为一个学者。他被送到剑桥的三一学院，这是其叔父大概在1661年进入并接受教育的地方。

还没有发现证据表明他在那时即对科学产生了特殊兴趣，或者因为其能力出众而令校方侧目。一本天文学的书会比人们更能唤醒他对科学的兴趣，在书中他发现了自己所不明白的一张图案，于是便买了《欧几里得》，开始对几何的研究。在轻易掌握了这本书后，他进而学习更难的笛卡儿“几何”，这让他对数学产生了真正的兴趣，也让他感到了科学的意味。

在1665年和1666年的夏天，英国发生了瘟疫，剑桥大学的学生被遣散回家以躲避感染。在安静的乌尔索普，牛顿找到了时间思考当时的很多科学难题，并取得了很大进展。在大约50年以后

牛顿《数学原理》中的一页

[39]

BS, & in loco *C* ſecundum lineam ipſi *dD* parallelam, hoc eſt ſecundum lineam *CS*, &c. Agit ergo ſemper ſecundum lineas tendentes ad punctum illud immobile *S*. *Q.E.D.*

Cor. 2. Et, per Legum Corollarium quintum, perinde eſt ſive quieſcat ſuperficies in qua corpus deſcribit figuram curvilineam, ſive moveatur eadem una cum corpore, figura deſcripta & puncto ſuo S uniformiter in directum.

Scholium.

Urgeri poteſt corpus a vi centripeta compoſita ex pluribus viribus. In hoc caſu ſenſus Propoſitionis eſt, quod vis illa quæ ex omnibus componitur, tendit ad punctum *S*. Porro ſi vis aliqua agat ſecundum lineam ſuperficiei deſcriptæ perpendicularem, hæc faciet corpus deflectere a plano ſui motus, ſed quantitatem ſuperficiei deſcriptæ nec augebit nec minuet, & propterea in compoſitione virium negligenda eſt.

Prop. III. Theor. III.

Corpus omne, quod, radio ad centrum corporis alterius utcunq; moti ducto, deſcribit areas circa centrum illud temporibus proportionales, urgetur vi compoſita ex vi centripeta tendente ad corpus alterum & ex vi omni acceleratrice, qua corpus alterum urgetur.

Nam (per Legum Corol. 6.) ſi vi nova, quæ æqualis & contraria ſit illi qua corpus alterum urgetur, urgeatur corpus utrumq; ſecundum lineas parallelas, perget corpus primum deſcribere circa corpus alterum areas eaſdem ac prius: vis autem qua corpus alterum urgebatur, jam deſtruetur per vim ſibi æqualem & contrariam, & propterea (per Leg. 1.) corpus illud alterum vel quieſcet vel movebitur uniformiter in directum, & corpus primum, urgente differentia virium, perget areas temporibus proportionales circa corpus alterum deſcribere. Tendit igitur (per Theor. 2.) differentia virium ad corpus illud alterum ut centrum. *Q.E.D.*

Co-

A page from Newton's *Principia*

Newton's presentation copy to John Locke, showing corrections in his own handwriting

的文章中,他说:“在1665年之初,我找到了办法来近似确定级数,还有将任何二项式的幂降为次级的规则(著名的二项式定理)。同年5月,我找到了戈里和斯卢塞乌斯正切的方法,11月,找到了流数法(微分学,牛顿最重要最著名的数学发现),在第二年五月,我进入了流数的反方法(积分),同年(1666年),我开始想到将引力延伸至月球的轨道……从行星周期的开普勒规则,我推想出,将行星保持在自己轨道的力一定与它们到自己所围绕旋转的中心的距离的平方成反比,然后将月球保持在自己轨道的力与地球表面的引力向比较,发现它们互相感应得很好。所有这些都是在发生瘟疫的1665年和1666年,因为在那些日子里,我处于发明的最好年龄,对数学和哲学的关注比以往任何时候都强烈。”这样,在他24岁时,他已经想出了未来工作的大部分计划。

回到剑桥大学后,他在1667年被选为所在学院的董事。两年以后,当时大学内的卢卡斯数学教授艾萨克·巴罗(1630—1677),是一位有负众望的数学教授,出于明确宣称的为牛顿让路的原因辞职,当牛顿进而接任后,他便自由地将所有的时间投入科学研究。

他在剑桥大学静静地工作直至1689年,并被选为大学的议会成员。但这个特殊的议会仅仅存在了13个月,所以第二年他便回到了剑桥大学。在1696年,他永久地搬到了伦敦,并被任命为造币厂监理,三年后提升为厂长。

所有的记载都一直认为,牛顿成为了极为有能力的厂长,正是他的努力,英国货币在艰难时代得以获得坚实的基础。他注意到了价格和流通货币总量之间的关系,后来被正式称为货币的“量化理论”——如果流通的货币总量加倍而其他因素保持不变,价格(货币形式)也会加倍。这个著名的原则在经济领域的实用非常简单,即不可能不付出即获得,但显然需要牛顿找到它。这和哥白尼对波兰政府所提出的货币建议形成了很好的比较,哥白尼在对政府建议过程中发现了另一个重要的货币法则，即通常所说的格雷沙姆法则："当劣币被确认为法定支付手段时，良币便被逐出了流通。"哥白尼似乎在格雷沙姆之前便发现了这个法则，但同样奥雷姆也先于哥白尼发现了这个理论，非常奇怪的是，如此之多的天文学精英卷入了肮脏的金钱问题。

牛顿在造币厂的任职打断了他的科学工作，但他在1703年被选为皇家学会的主席，直至最后。在身体恶化两三年后，他于1727年3月20日去世。

上面给出的问题表明，牛顿在1666年时已经对他的著名的引力理论形成了主要的框架。其他人如同我们所看到的，也在同样的线索上思考，但是牛顿做了一件其他人没有做的事，他进行了数字检验，并发现结果是正确的，或"几近正确"。

这个实验的原则很简单。如图6-2，当太阳的吸引力在行星处于 P 点时突然消失，行星将不再会沿着 PR 圆运行，而会沿着直线 PQ 运行，并在大约一秒之后达到线上的 Q 点。而实际上，太阳的引力将它拉到圆形轨道的 R 点，所以一秒之内它从 Q 向太阳降了 QR 的距离。现在设想，行星的轨道是地球轨道大小的4倍。开普勒第三定律告诉我们，行星会以地球8倍的距离沿轨道运行，所以该行星一秒内跨越的 QP 距离是地球的一半。但是 QT，即轨道的近似直径，只是地球的4倍，所以 QR，即 $\frac{QP^2}{QT}$，将是地球的十六分之一。这样，太阳在这个地球四倍距离远的行星上的拉力，一定只是作用在地球距离的十六分之一。同样，可以显示，作用在地球 n 倍距离的拉力，应该是到地球距离拉力的 $\frac{1}{n^2}$，这就是著名的反平方定律。

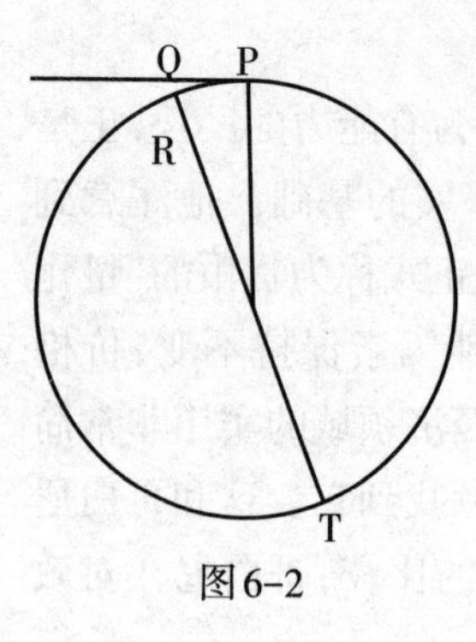

图6-2

牛顿可能已经将这个定律表达清楚,并提出了所有与开普勒定律一致的行星——如它们的实际运行情况作为确论。但是他没有这样做,因为他想继续向前一步,并表示,将行星保持在轨道上的引力原则与导致石头或苹果落在地上的类似“引力”相一致。他的侄女凯瑟琳·巴顿对伏尔泰和皇家学会主席马丁·福克斯说,正是伍尔斯索普果园中落下的苹果将这些观念引入牛顿的思想,而牛顿的朋友,斯蒂克利的记载显示,牛顿告诉他,落下的苹果将引力的想法植入他的头脑。

牛顿知道地球的引力将地上物体以每秒16英尺[1]的速度拖向地球中心,如果牛顿的猜测是真实的,那么月亮距地球中心的距离有60倍,其下落的速度为每秒16英尺的1/3600。牛顿尽力计算月亮实际下落了多远,并且发现结果与他的理论所要求的“几乎一致”。但是,这种一致性没有令他满意,他猜测,月球在自己的轨道上可能受到了引力和笛卡儿漩涡力的影响。他将自己的计算放在一边,20年没有再碰。

我们可能会很奇怪,牛顿的计算为什么只做到了“几乎正确”。他的朋友彭伯顿说:“在乌尔索普的书中没有相关资料,牛顿因而可能使用了错误的地球半径值,当然月亮60倍大的轨道值也是错误的。”据彭伯顿猜测,他可能混淆了英里和海里,或者他从自己所有的书上找到了错误的值,其中的数字仅仅是66英里。但另外一个可能是,他不确定地球对邻近物体如一个下落的苹果的引力究竟会有多大。1685年,他证明说,这类似于地球上的物质都在地球中心集结。在这点基础上,通过地球半径的正确值,他发现他的计算与观测完美一致,但在1666年,他还不能得到这种一致,因而只能让问题搁置,也许他多产的头脑正对其他什么问题感兴趣。”

① 1英尺等于0.3048米。——译者著。

在1679年年底,在他给虎克写的信中提到,他尽力“从哲学中抽身进行一些其他研究”,因为他吝惜这所花费的时间,“除了有时可以作为某种消遣的闲暇”。我们不知道当时什么吸引了他的注意力,也许是神学,随着年龄在他身上越来越留下印记(牛顿的趣味和兴趣一直属于非常严肃的类别,他一定很少看幽默并很少大笑或开玩笑。在他仅有的大笑的例子中,牛顿没有与朋友笑,而是对其嘲笑——因为对方没有看到学习欧几里得的用处。在牛顿去世后整理的书和家具清单中,似乎没有对艺术、音乐、文学或诗歌的喜爱或兴趣,他似乎对乡间生活、动物、运动、锻炼和游戏也不感兴趣,无论室内或室外。他对衣着和食物无动于衷,他从未结婚,一点男孩、女孩的事件似乎已经是他对异性兴趣的全部。也许他高强度的学术工作使他没有更多的精力注意常人的兴趣,甚至对他的科学也一样)。或者可能是化学,他在其中花费了时间,但与成就并不成比例。他的笔记员汉弗瑞·牛顿写道:“在春天和叶落时,他都会花大约6个星期的时间在他的实验室,火从未熄灭,无论白天还是黑夜。他通宵坐在那里,还有我,直到完成所有的实验,在操作中他极为追求精确、严格、确定。无论他的目标是什么,我无法洞察,但是他在这些时间中的辛劳、勤奋令我想到,他的目标超越了人类艺术和工业所能到达的领域。”“他尽管很少,但有时会翻阅一本摆在旁边的生霉的书,名称是《耕作金属》,可见,金属转换应该是他的目标。”牛顿在所有这些题目上所耗用的时间和精力都没有产生重要的结果:他没有发表任何化学方面的创新之作,据知也没有在炼金术上取得成功——如果他真的如笔记员所写一样对这些问题感兴趣。

在这封信中,他评论说,如果地球是旋转的,一个物体在下落的过程中可能被向东带出一段距离,并提出,地球的转动可以通过观察从高处落下的物体在什么地方着地来证明。在1680年早期,虎克回信说,他已经进行了实验,获得了希望看到的结果,并进而询问牛顿,一个物体,受到与其距地心的距离的平方成反比的力的吸引而下落,那么它的轨迹应该是什么样的?在一封1686年写给哈雷的信中称,他研究这些问题是为了满足好奇心,结果是轨迹应该是椭圆,引力中心是其一个焦点——与开普勒发现的绕日行星轨道完全一致,然后他"将计算抛在一边,投入其他研究",也没有给虎克回信。

四年以后(1684年1月),虎克、天文学家哈雷、天文学家和建筑师克里斯托弗爵士在伦敦见面。他们都得出结论,尽管起因不同,关于引力的正确的原理是与平方成反比的结论,即牛顿早在1666年从开普勒第三定律中推导出的结论,但仍需进一步试验。如果行星在一个这样的力的吸引下绕日旋转,它们是否会沿椭圆运行,如同开普勒首先声称的那样?哈雷为此前往剑桥向牛顿咨询这个问题。当他们见面后,牛顿立刻说,轨迹应该是椭圆,并解释了他已经在一些年前得出了结论,但计算有误。那时他第二次将这个天文学的问题的大部分答案握在手中,但仍然让其溜走,不过他对此不以为然。但这次他许诺说将恢复丢掉的计算,并在哈雷的促动下,给皇家学会写信通知他的结果。

顺理成章的,草稿得以发表,题目为《自然哲学之数学原理》,即通常所简称的《数学原理》,这毫无疑问是人类智力所创造出的最伟大的科学成果。除了达尔文的《物种起源》外,没有其他的著作对当代的思想产生如此之大的影响。该著作以力学的形式解释了无生命自然的大部分,并提出,剩余的部分可以用类似的方法解决,解释的关键当然是普遍引力原则(万有引力)。整个的探索研究过程是列奥纳多所描述的科学方法的完美范例,牛顿解释说:"令物体趋向太阳和几个行星的引力"可以通过"天体现象"得到发现。在发现这些力是什么之后,他接下来通过数学分析推论了"行星、彗星、月亮和海洋(牛顿这里指海潮)的运动"。他继续说:"我希望我们可以通过力学原理的同样的推理方法推演自然界其他现象。我在诸多原因的诱使下,怀疑它们都依赖于某种力,而物体的粒子,尽管现在原因不明,或被其互相促进并结成固定的形态,或互相排斥并退离,这种力的本质还不得而知,哲学家到现在为止对自然的研究还毫无结果。"

根据这个计划,第一本书探讨了受到某种已知力作用的物体的运动如何可以通过力学方法探查。伽利略的实验揭示了力与运动之间的关系,牛顿将伽利略的机械系统完全吸纳,并在他的三大运动定律的前两个中表达出来。

第一定律:任何物体都保持静止或匀速直线运动,直至受到外力促使它做出改变。

第二定律:运动的改变(动量改变的速度)与受到的外力成正比,并在此外力的方向上发生作用。

在明确叙述这些原则前,牛顿给出了一系列定义,用来解释定律中的术语。

这些定义和"运动定律或公理"与欧几里得几何的定律几乎站在同一高度,并经历了几乎相同的命运。欧几里得认为可以通过陈述几个公理开始——明显的不需要证据的事实,然后从这里推导出整个几何。在400年没有遇到挑战后,托勒密发现这些公理也许更像假设。现在,2000年后,我们就将它们作为欧几里得定理适用的空间的条件。同样,牛顿的定义和公理也在大约200年间没有受到挑战,直至一位维也纳教授E.玛茨指出,这些定义不是定义,而是假设,它们设定了一种特殊的力学系统——即定律所适用的系统。

牛顿首先定义了质量,即按照他的说法,质量即物体体积和密度的乘积,但密度只能定义为质量除以体积,这便使我们无所适从。牛顿定义实际上悄悄地引入了一个假设,每个物体都具有一个量与其相关,可以用来处理随后赋予质量的各种特性,其中之一是,一个移动的物体的质量在速度变化时保持不变,而我们现在知道这并不正确。

牛顿接下来定义的动量(运动的量),认为是物体的质量乘以运动速度,这进而提出一个问题,如何定义物体的速度?我们说,一辆小汽车以每小时30英里的速度行驶,并每两分钟路过一个里程碑,但我们必须记住,里程碑并不是自己保持不动,而是设定在一个快速运动和转动的地球上。小汽车沿路的运动使之以每小时30英里的速度路过里程碑,但里程碑自己还有地球自西向东转动所引起的大约每小时500英里的速度。在这个上面,我们必须加上一个每小时7万英里的速度,因为地球在绕着太阳按轨道运行,另外还有每小时60万英里的速度,因为太阳在空间中运动,等等。我们知道,没有任何物体是绝对静止的,所以可以设定一个固定的标准来测量运动。我们当然可以假设,如果我们走得足够远,最终会遇到某种东西,可以处理所需要的"绝对固定"具有的特性,这只能是一个纯粹的假设,但这就是牛顿的轨迹。他假设在宇宙的最遥远之处存在巨大的不动物质,可以用来测定其他物体的运动。他看到,这只是一个有用的假设,"可能没有任何物体真正静止,可以作为其他物体的位置和运动的参照物"。不管怎样,他看到了其中的困难,"有效发现并区分某种物体的真正运动和似乎的运动的确极端困难,因为这些运动发生的不动的空间的部分毕竟是在我们感官的观察下"。我们现在知道,"巨大的不动物质"的假设是没有依据的,因而牛顿对于静止和运动的处理也是不可证实的,他对于时间的处理也同样。他说,时间是某种"等量流淌无需任何外部因素"的东西,但这当然不是定义,充其量这只是时间一个推论特性的记录,即便这也不是真实的特质。

在牛顿明确表述这些假设后整整200年,由迈克逊和莫里的实验提出了质疑,认为在本质上并非普遍真实,但问题并没有得到最终解决,直至爱因斯坦在20世纪初提出相对论。这表明,牛顿关于绝对空间和绝对时间的假设令他关于快速移动物体,包括光线的力学理论不再有效，尽管在慢速运动的物体方面，牛顿定律依然适用。

第二条定律引入了关于力的新概念，但牛顿不能规定是什么力。我们所得到的最终结果是，力是改变动量的因素，改变的大小与力的大小成正比。我们还没有被告知如何测量力，但第二定律告诉我们：一个力如果对一个动量产生两倍的变化，那么它就是另一个力的两倍，这样，第二定律就可以作为“力的总量”的定义而被最好地认识。

牛顿引入了第三定律：任何作用都有相等的反作用。

这样两个物体互相施加的两个力大小相等，方向相反。这里我们终于得到某些新东西——一个真正的物理事实——关于力。如果一匹马以 X 力向前拉一辆车，那么该车也向马施加一个 X 的拖力。如果一支枪射出一粒子弹，并且改变了其动量，大小为 Y，那么枪也受到了同样大小 Y 的动量。第一和第二定律完全是伽利略观点的复述，但第三定律是牛顿自己的发现。

伽利略的力学曾经仅限于地球和地上物体，但牛顿希望证明，天体也可以通过类似的原则解释。他开始写作《数学原理》的第三本书，并且说“从同样的原则出发，我现在显示世界系统的框架”。接下来他为天空建筑了一个完整的力学，他证明，如果引力遵循逆平方的原则，那么行星一定完全按照开普勒的三个定律运行。他讨论了很多其他类的运动——例如，一个行星在除了太阳之外还有其他力作用其上时的运动。他还考虑了三个或以上物体在互相受到引力吸引时所呈现的运动，例如太阳、月亮和地球，这是关于这三个物体的著名问题，至今没有令人满意的答案。

早在1672年希尔就曾发现，悬摆钟在卡宴会失去时间，在赤道附近也发生了同样的情况，这表明，地球的引力在赤道附近比其他地区的强度弱，也意味着地球可能不是一个完全的球体，而是橙子形——在赤道处凸起，两极处平坦，如同木星的外形。牛顿提出，如果地球是这样的扁平形，月球对赤道凸起的拉力会将赤道变成一个平面，可以用来解释月球的绕地轨道，这直接解释了希帕克在公元前2世纪发现的昼夜平分点运行。地球不会围绕固定的轴像一个稳定的顶部穹一样做纺锤旋转运动，因为月亮总是将轴转动。

牛顿还显示了月亮和太阳的引力如何导致地球上的海潮，并为该理论提供了某些细节，从而令人信服地表明，潮水只是此类引力的结果。

开普勒曾经说过，所有的已知行星都在椭圆轨道中沿太阳运行，牛顿也显示，如果它们的运行受到太阳引力的决定，那么它们必然如此，但它们运行的轨迹很难与圆形区分。牛顿的理论允许物体以任何长度的椭圆沿太阳运行，而且他还显示，已经发现的一些彗星一定以非常长的椭圆运行。《数学原理》中的这部分内容在哈雷于1680年开始对彗星进行研究以来占据了特殊重要的位置，他发现，1682年出现的一个彗星遵循了早前1531年和1607年出现的彗星的轨迹，这意味着，所有三颗彗星可能是一个天体的重复出现，其轨道为围绕太阳运行的很长的椭圆形，隐形周期为$75\frac{1}{2}$年。哈雷预测说，彗星会在另外一个$75\frac{1}{2}$年后回归，情况的确如此。这些曾被认为是不祥和不益征兆的物体现在被视为一些惰性物质，在引力法则的驱使下不断运行。

《数学原理》另外一个重要部分讨论了流体的运动，并从与笛卡儿漩涡理论的相关中获得了特殊的地位。牛顿证明，笛卡儿定律所预示的星球运动与开普勒定律并不相符，这对漩涡理论构成了致命打击。但是，笛卡儿的理论在欧洲大陆仍然持续了一段时间，许多著名的科学家诸如法国天文学家封丹内(1657—1757)，格罗宁根的数学物理学家约翰·伯努利和巴斯勒(1667—1748)直到去世仍然是笛卡儿的信徒。在法国尤其如此，直至伏尔泰宣布对牛顿的理论捍卫，才让笛卡儿学说获得了长久以来应得的休息。

后期的望远镜天文学

关于17世纪的天文学需要提及的所剩无多,在动力天文学中,牛顿如此迅速地前进,将他的同行远远地甩在后面,他所开辟的辉煌道路上出现其他人的新成就还尚需时日。在观测天文学中,望远镜带来的新可能被观测者迅速利用。我们已经看到,伽利略在1610年如何发现了土星的两个附属星体,并将之解释为小球体在大球体直径的另一端碰触了大球体。赫维留发现这些现象的出现具有规律的周期性,但是它们的真实本质直至1655年才被人们知晓,即惠更斯看到它们是围绕在行星赤道处的一个薄环上的凸起部分,而且非常薄,当其平面穿过地球时无法被看到。在同一年,他发现了土星的主要卫星。在未来的30年中,卡西尼(巴黎天文台的灵魂人物)发现了另外四个。他还发现,惠更斯所发现的围绕土星的环被我们称为的“卡西尼”分割带分为了两部分,在此之后,描述天文学中的发现大量涌现。

望远镜在早期备受赞赏,它们揭示了天空中的奇迹,但是尚不能作为精密仪器使用,因为它们无法观测到天体的精确位置和运动。在辅助设施发明出来并可以较准确地测量天空的距离和运动后,望远镜的价值大大提升了,其中最重要的是显微镜,它具有不同形式并且被发明过不止一次。蜘蛛网的丝极为精细,但一根这样的丝如果恰当地放在望远镜下,就会变得足够粗,挡住外部某个星体的光,使观测者无法进行正常的观测;如果这样的丝放在其他位置,它就会挡住另外一个星体的光。如果一个观测者可以测量出蜘蛛丝在改变位置后两者的距离,他就可以精确地估算出两个星体之间的距离——当然不是以英里来表达,而是以角度来表达,即望远镜所必须翻转才能使第二颗星体占据第一颗星体位置的角度。基于这种原理的望远镜在1640年由英国人威廉·加斯科因设计并使用，但这个发明最后同他一起消逝。大致基于同样原理的其他测微计后来由惠更斯以及巴黎天文台的奥祖和皮卡发明出来，并能够使天文学家精确地测量小角度，由惠更斯发明的摆钟为精确测量小时间差提供了模拟方法。

通过这些和类似的仪器，天文学家可以继续对天空现象进行精确研究，对天体的位置和位置变化进行更为精确的测量和分类。1672年，卡西尼在巴黎和里歇在卡宴合作确定了火星的距离，其方法与一般观测者用来确定距离，例如测量珠穆朗玛峰的方法一致。这样，我们可以推演出与太阳的距离、地球轨道的半径，以及太阳系的一般大小。他们估计到太阳的距离为87000000英里，可以与现代的最精确结果93003000英里相媲美。对太阳系其他星体的观测也在进行，但恒星距离的观测直到1838年才进行。

我们不想在这里过多介绍各种进步，除了一个结果影响深远的重要项目。我们已经知道，伽利略天文工作的第一个成果是发现了木星的四个主要卫星，其中位置最内的卫星大约每$42\frac{1}{2}$小时围绕行星公转一圈，并且每转一次即在穿越木星的阴影时出现食况，其他卫星的周期类似但稍长。如果卫星的旋转以绝对规则的时段不断重复，它们会成为最有价值的天文钟，如同伽利略所提出的，可以用来在海上确定经度。

卡西尼曾经计算了木星卫星食况的时间表，并希望能够起到这种作用，这些时间表后来在实际中果然被用来确定地球表面尚未探索部分的经度。但是丹麦天文学家罗麦在1676年开始观察这些卫星，希望对上述时间表进行改进。他发现食况没有在绝对规则的时段进行观测，而是或稍有提前，或稍有滞后。接下来，他注意到，当木星靠近地球时提前，远离地球时滞后——他借以看到它们的光线在经过漫长旅途后到达稍晚。这表明，穿越空间需要时间,他发现该推断可以用来解释所有观测。食况被看到的时间变化值,大约22分钟,一定是光穿越地球绕日轨道的直径的距离。将这点和卡西尼对轨道大小的确定相结合,罗麦得出结论说,光一定以每秒192000英里的速度传播,而现在知道的真实速度是每秒299770公里,也就是每秒186300英里。

在罗麦之前2000年,恩培多克勒曾教导说,光穿越空间的旅途需要时间。亚里士多德基于一般认识接受了这个观点:"当一个东西运动时,他从一个地方运动到另一个地方,因而其间必然耗费一定时间。光线有时不能被看到,但仍然在通过媒质进行传播。"但大多数现代人认为,光即刻在空间穿越。开普勒相信这一点的基础是,光是非物质的,因而对任何推动其穿越空间的力量都不产生阻力。笛卡儿相信这一点的基础是,我们看到月亮出现月食是在它恰恰位于太阳背面时,而不是晚于该时刻,即光穿行空间中需要时间,尽管如同惠更斯指出的,这不能证明光是即刻传播的,但可以证明光的速度极快,不可被已有的观测食况的仪器发现。伽利略并不信服,并尽力测量光到达一个远处镜子并返回所用的时间,但未获成功。光的传播速度太快,跨越地球物体所耗费的时间是伽利略时代的方法所无法探查的。罗麦将测量放在天文物体之间,并无可辩驳地证明,光的传播并非即刻,但他的结论并未得到承认,直至布莱德利通过其他方法得到同样的结论。

物理光学

天文学后,17世纪中取得最大成就的科学是光学,牛顿再一次成为主要的贡献者。我们已经看到,早期的希腊人已经知道了光传播的法则——在空旷的空间中直线穿行,在遇到镜面时反射,与反射面形成的入射角和反射角相等。然后是托勒密,或者他同时代的某个人,研究了折射,并得到一个规则,尽管不够精确,但仍然可以为其目的服务。

在这些规则基础上,光学在后来的希腊人和阿拉伯人中——尤其是阿尔哈曾,以及后来培根之后中世纪欧洲科学家中,得到某种程度的集中研究。他们了解到如何制作透镜和普通镜,并了解如何应用这些来改变光线的聚集和分散,以及将光线聚焦,这些研究在17世纪早期望远镜发明,以及后来伽利略、开普勒和惠更斯等人的改善中达到顶峰。1621年,雷顿大学数学教授威里布里德·斯涅耳发现了正确的折射定律,但并没有发表,直至笛卡儿在1637年将之公开,但是否出于独立研究,不得而知。

在此基础上,光学仪器技术开始发展,其基本原理在17世纪末已经确立,其晚期的发展详情和技术在此处不赘述。

所有这些构成了我们所称的"几何光学",即探讨光线在没有遇到新媒质并发生折射的情况下,以直线传播时所经历的轨迹。还有光学的第二分支——"物理光学",主要探讨一些特别的问题,如什么是光,光为什么这样,而这些在17世纪初之前还没有进入研究范畴。

我们已经看到欧几里得和托勒密怎样对光和视觉的本质产生了错误的认识,他们遵从毕达哥拉斯派学者,认为光从眼中发射出,并一路探索,直至落到眼睛所搜寻的物体上。但是阿尔哈曾在一部专著中对视觉的行为做出了正确的解释,该专著仍然是17世纪光学的标准教材。

开普勒在《对维泰洛的补充》(1604年)和《折光学》(1611年)中对阿尔哈曾的学说做了进一步阐释,他将视觉描述为"视网膜的模拟感知",并说,眼睛中的晶体形成了视觉中物体的影像并作用在视网膜上。他认为,视网膜包含一个精密的"视觉神经",当光线通过晶体落在其上时会分解,如同可燃物质在光线通过聚焦镜落在其上所发生的化学反应——"视紫红质"令人吃惊的前身,现在已知，其中的反应会产生视觉。他指出，在“视觉神经”中所发生的化学变化必定非常持久，因为一道亮光后视网膜的影像会持续片刻。他非常准确地解释说，近视眼和远视眼是眼中晶体将光线带到焦点，而该焦点没有位于视网膜上。他还同样非常准确地解释说，我们可以判断一个物体的远近，是因为我们通过两眼看到该物体时的方向有差异——我们无意识中解决了该物体为顶点，两眼连线为底边的三角形的问题。

这些都代表着长足的进步，但还不能令所有人信服。尤其是，笛卡儿回到了以前的观点，认为光线是从眼中发射出来后。他说，我们看到周围的物体，如同盲人用木棍感知周围的物体。他对这些观点做出具体说明，认为媒介中粒子与粒子之间压力的传输造成了光的即时放散，而这些媒介充满所有空间。在这个错误的基础上，笛卡儿构建了错误得令人难以置信的关于光学基本定律的证据，但这些证据获得了某种声誉，并无意中延迟了人们对罗麦发现的光速理论的接受。他对光的本质进行了一些思考，并猜测，颜色的差异来源于以不同速度旋转的粒子，旋转速度最快的粒子在眼中形成红色，而较慢的旋转依次形成黄色、绿色、蓝色。

但是至此还没有给出令人信服的答案来回答“什么是光”，或者对颜色的来源和含义做出令人满意的解释。很多猜测在流传，但没有足够的实验来验证。随着世纪下半叶的到来，需要对此类知识的认识。

格里马尔迪（1618—1663）1665年在博洛尼亚出版了一本书，题为《光、颜色和虹膜的物理数学概念》，他是一位大学数学教授，耶稣会会士弗兰西斯科·格里马尔迪的遗腹子。该书含有对“衍射”现象的描述——即光的漫反射特性的最明确最令人信服的显现，并给出一系列关于此题目的实验，但我们只对其中一个实验进行描述即可以看到全貌。

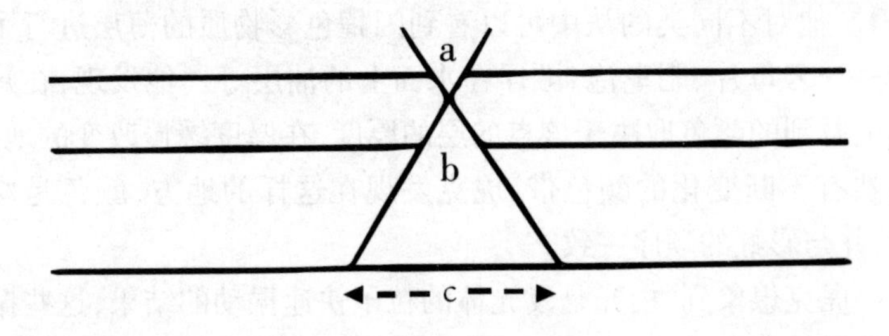

图6-3

在图6-3中，两个带有小孔a、b的屏幕置于横截面上，在它们下面是第三个屏幕，与二者平行，没有任何改变。如果一束强光从顶部屏幕的开口处直接射入，底部屏幕的部分会被照亮，而部分仍然保持黑暗。如果光线沿直线传播，可以明显地看到c的每一部分都会显示某种程度的光亮，无论强弱，但在c外面的部分则保持黑暗，因为光线只有在弯曲某个角度后才可以到达这些区域。但是格里马尔迪发现，事实上，光亮的部分延伸出c外很大一部分，这表明，光线并不限于直线传播。格里马尔迪和接下类的实验都是这个实验的变型，并都得出了同样的结果。格里马尔迪进而发现，在阴影边缘没有光亮和黑暗的突然转换，而是一个彩虹状的色带，他认为这一定和彩虹同理。阴影的边缘不仅出现颜色，而且还显现出光亮和黑暗的有节奏的交替，他由此想起当石头投入池塘所造成的涟漪圈，并提出，如同列奥纳多之前所提出的，光与波动有某种程度的联系。他通过将太阳光在事先刮有不同平行线的铁片上进行反射得到了类似的色带，这个草草制成的工具就是衍射光栅的最初雏形，并构成现在每个光学实验室的设备的核心部分。

这里有很多关于光的本质和颜色的含义的实验证据，但是格里马尔迪没有提出有用的建议，只是坚持说颜色是光的修正现象，某种程度上是物质精细结构的结果。

虎克　在相同的1665年，罗伯特·虎克在英国发表了《显微图谱》。他对不同类的从中可以看到闪耀色彩物质的薄层进行了实验——云母片、肥皂泡、漂浮在水面上的油层等。他发现，在每一点上看到的颜色取决于该点的层的厚度，在厚度缓慢改变的地方，当然有不断变化的颜色带，虎克发现在这样的地方，颜色是彩虹状，并与彩虹的顺序一致。

虎克想象到，白光是发光体的粒子快速振动的结果，这些振动从发光体中以球状振动的方式散开，当这些匀称的外流的振动被打扰时，颜色便产生了。"基本的颜色"，蓝和红，来源于以不同方式变得"倾斜和混乱"的振动——当振动较弱的部分首先穿过时出现蓝色，而最后穿过时出现红光。

牛顿　在所有这些混乱的思路中，出现了牛顿，对他而言，用爱因斯坦的话说："自然是一部开放的书，可以毫不费力地读取。他将经验中的材料提炼为秩序所用的那些概念似乎是从经验本身自发流出，从他像玩具一样按顺序安排，并继而用充满爱心的细节进行描述的美丽实验中自发流出。在他身上集中了实验者、理论家、机械师和至少是进行展示的艺术家，他在我们之前，强大、确定，独自一人。"

还在剑桥大学做学生时，牛顿已经读了开普勒的《折光学》，并亲自投入打磨镜片和思考望远镜的性能。1666年，他在剑桥大学附近的斯陶尔布里奇市场买了一个棱镜，并希望"用之尝试颜色的令人兴奋的现象"，他使用这个词是因为当时棱镜色彩已经广为人知。的确，钻石商业总是尽力将钻石进行切割以最好地显示出颜色。在本地市场上出售的棱镜可能只是一个玩具，但正是通过这个透镜，牛顿发现了颜色的秘密。

开始似乎没有任何发现。在买回去不久，他就开始帮助剑桥大学的前辈数学主席巴罗教授改进光学讲义并将之发表。1669年这些讲义最终出版时，牛顿继任了巴罗的教授席位，而后者在书中对颜色的含义表达了非常奇异的观点——白光是充足光，红光是被阴影一样的细缝所打断的浓缩光，蓝光是稀薄光，如同在蓝色和白色粒子交替出现的物体中，在洁净的介质中，在白盐与黑水混合的海中，等等。我们很难想象，如果牛顿当时有更好的知识，他会将这些都予以发表。

他关于棱镜实验的说明出版于1672年，这是他第一个科学报告，也是他为数不多的没有任何压力和朋友催促的报告。这份报告受到激烈抨击，将他陷入众多争议，使他对所有的科学讨论感到厌烦，并出于对批评和争议的恐惧，对出版任何材料都产生抗拒，他对批评感到手足无措。

他的第一个实验解释了颜色的真实含义，他在自己房间的页窗上开了一个小洞，一束光线射进屋内并穿过他的棱镜，（图6-4）他发现光线射出时散成一束彩色光——光谱——彩虹的所有颜色，从红色到紫色，都以彩虹中同样的次序被看到：光束的长是宽的5倍。任何人都可以做同样的实验，很多人也的确做了这个实验，不同的是，牛顿做这个实验是想找到光谱怎样会以这种方式散开。棱镜的存在当然使原来位置的紫光和红光出现了位移，但是被拉出的光显示，紫光被拉出的距离比红光更远。秘密的第一部分现在显现出来——不同的颜色意味着不同的折射度，在遇到折射面时，紫光折射角度比红光大。为了检验这个结论，牛顿令不同

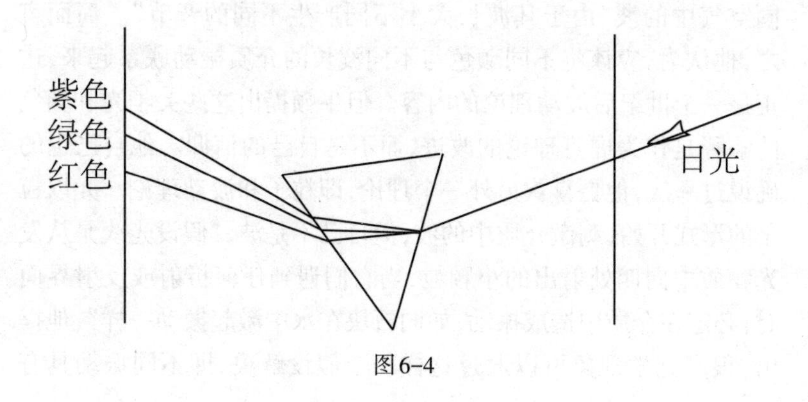

图6-4

颜色的光再一次通过折射面，并将该直射面的角度设为与前折射面成90°。他这样做只是想看看它们是否再一次产生同样角度的位差，或者会产生新的其他变化，比如，继续分解成为其他颜色。他发现，光的不同颜色在通过第二折射面时保持了各自的独立性，红色仍为红色，紫色仍为紫色，每一种都与前一次经历了同样程度的折射。他通过一系列设计完美的实验继续扩展和检验他的发现，最终宣布他的结论，太阳光是彩虹光的混合体，而且各种颜色是稳定的——或者，如同牛顿所说的“原生原态”，即不同成分的质量，它们都经历不同程度的散射。

这至少可以部分回答了“什么是颜色”这个问题，但是更加基本的问题，“什么是光”仍然未得到解答。

现在，尽管牛顿的颜色理论得到了所有可以想象到的方式的检验，但还没有令所有人信服。虎克等人批评了这些发现，继而产生了持久的讨论，其中光的本质不断被提出来。牛顿曾经对这项研究报迟疑态度，但是现在为自己的颜色理论进行辩护时，不得不提到其他人的理论。例如，他在1675年建议说，上面提到的虎克的假设可以这样得到最佳解释：试想，物体可以活跃起来，从而在“不同深度或亮度”的介质（以太）上产生振动，其中最大的部分产生红色的感觉，最小或最短者产生深紫色，适中者产生适中的颜色，如同空气中的波“由于其波长大小不同产生不同的音节”。简而言之，他认为，应该将不同颜色与不同波长的介质振动联系起来，这正是一个世纪后波动理论的内容。但牛顿提出这些关于光和颜色的解释是作为虎克理论的改进，而不是自己的信仰。他自己也的确说过一次，他更喜欢另外一个理论，即粒子和波动理论。光以粒子的形式开始，刺激介质中的波，但自己不是波，“假设光线是从发光物质中向四处射出的小颗粒，当它们遇到任何折射或反射界面时，必定在介质中造成振动，如同石块在水中激起振动一样”，他提出，很多光学现象可以通过这样一个假设解决，即不同振动具有

"不同深度或厚度,因为它们受到了所说的不同大小和速度的微粒子线的激荡"。他说,如果他要做出一个假设,那就应该是前面这个,但"会解释得笼统一些而不会确定光是什么,同时又要比仅仅说'某种在介质中产生振动的东西'更深入一些"。不管怎样,他为那些需要假设的人做出了假设。

他继而提出,有一种以太媒介,大约和空气的组成一样,但是更加稀薄、精细,有弹性且坚韧。它并非固定不变,但是含有"以太主要的黏性物质",与不同的以太精体混合。牛顿认为,电和磁现象和引力都似乎是这种混合物的有力证明。关于电现象,他认为,当一块带电玻璃吸引小的纸屑,纸的运动一定是"在玻璃上凝结的某种细小,但经过摩擦变得稀薄的物质"所引起的。这种稀薄了的以太可以在周围的空间中流通,将纸带走,最终回到玻璃并重新凝结……关于引力,他认为地球的引力吸引的产生可能是由于"其他某类以太精体,不是黏质类以太,而是某种通过它散布的非常稀薄精细的东西,也许是具有油膏性质或黏而持久并有弹性的物质的不断浓缩而造成的"。但是光"不是以太,也不是以太的振动活动,而是从流体中传播的某种不同类的东西"。这可以被想象成"不同流散质的综合体"或"不可想象的小的快速运动的不同大小的粒体",它们从发光体中弹出,不断增加速度,直至以太介质阻止它们——如同落入水中的物体不断加速,直至水的阻力与引力相等。

这都非常模糊,但却是牛顿做出对之表示修正过的认可的唯一关于光的假说,这是关于光的粒子理论和波动理论的奇怪的混合体,显然是为了确保两种优势,但其目的只是有助于想象,而不是绝对事实的陈述。

关于这一点,和许多其他的牛顿没有自己明确观点的问题一样,他以"问询"形式提出了建议,这些都发表在他的《光学》一书的末尾。在问询18中,在提出辐射热的传导媒介是否是"比空气更精细的某种介质"后,他继续说:"这种介质难道不是与使光发生折射和反射，并且光通过其振动传播热到达物体的介质一样的吗？”但在问询29中，他问道：“难道光线不是从发光体发出的非常小的粒体吗？这样的粒体以很好的线形穿过统一的介质，而不会弯曲进入另外的阴影处，这正是光线的本质。”最后，在问询30中：“粗大和轻小物体不会互相转换吗？物体不会从进入它们组织的光的粒子中收到它们大部分的活动吗？”

这似乎是牛顿关于光的本质的最后思考，但它们的提出显示出很大的猜测性。在《光学》的大部分章节中，他都非常谨慎地坚持说，他的结果不依赖于任何其他关于光的本质的特殊见解，而且明显地避免使用看来似乎在暗示某种特殊观点的字眼。这个浅显的事实似乎是，他从未能确定光是粒子还是波动。他通常的写法是，从粒子开始，而终结于粒子在以太中激起的振动。但鉴于粒子比振动更易于理解，并对光的线性传播做出了更为明显的解释，因而关于牛顿宣布光为粒子的说法才散布开来。

250年后的科学再一次经历了这个阶段：无法确定光是否包含波或粒子。某一段时间内，人们甚至认为它包含两种，但我们现在知道，两者都不包含。在当时，常见的说法是，牛顿赞同粒子理论而抛弃波动理论表现出巨大的学识和卓越的远见，但是牛顿从没有这样做，即便他做了，赞誉之词也不是他希望的。牛顿的目标是，在有生之年找到一个理论来解释关于光的所有知识。在这些关于光的事实中，我们现在知道，不止一个要求使用粒子理论；每一个都毫无例外地可以基于波动理论进行解释，并在后来也的确得到了这样的解释。那些显示出单纯的波动理论不足以进行解释的现象直到19世纪末才发现，这样，牛顿对波动理论的抛弃和对粒子理论的推崇一定非常严重地阻碍了光学的进步。

惠更斯（1629—1695） 当牛顿仍然为光的本质进行苦思时，在他发表《光学》之前，另外一个理论正在荷兰由克里斯汀·惠更斯，一个外交官兼诗人的儿子进行构建。惠更斯在光中没有看到任何粒子，并满足于将之完全认定为波动。他的理论首先发表在1678年他发表巴黎科学院的一篇文章中，然后其完整和最终版本出现在1690年的《光学论述》。与笛卡儿、牛顿及其他的同时代人一样，他认为所有空间都充满了某种介质——“一种精密和有弹性的介质”，并提出一个发光的物体以完美规则的时间间隔在这些介质中造成搅动。这些规则的律动在介质中产生规则的波动，并以球形波的形式向各个方向传播。惠更斯提出，波上的每一点都受到搅动的影响，而搅动本身又形成球形波的一个新源点，这样波形成自己传播。

根据这个推测，他可以解释很多光的特性，光的反射定律得到解释，而光在较稠密介质中的传播速度较慢的理论立刻引导产生了斯涅尔的折射理论。惠更斯还给出证据证明光沿直线传播，但这遇到了某些反对，在该理论完全失败前出现了一些其他现象。

光的偏振。如果一片玻璃板放在印刷纸的上面，我们可以清晰看到字母，尽管可能由于散射会出现某些位移，但是，如果一片方解石放在印刷纸上，我们会看到双层字母，因为方解石有一个特性，可以将穿越其中的光线分解成向不同方向分散的两种光束——“双倍折射”特性，由丹麦物理学家伊拉斯莫斯·巴尔托林在1670年发现。惠更斯的理论非常成功地解释了方解石的某些特性，但是完全不能解释其他现象。牛顿的理论失败了，尽管他比惠更斯更接近真相，因为牛顿提出这种现象需要光线有“边”。他提出我们现在所说的“光的偏振”，这只需要一个非常简单的解释，但牛顿错过了。

在平稳的波中，空气的任何一个粒子都以“纵向”进行运动，它在波传播的方向上来回运动。例如，在钟的声波中，空气的每一个粒子都交替做向着钟和背离钟的两种运动，这与池塘的波不同。波在池塘中沿着池塘表面传动，但水的单个粒子不是这样，它们的运动是上下方向的，也就是与表面呈直角，它“横截”过波运行的方向。

惠更斯的波是纵向运动，但是虎克现在说光可能包括横截波，这样介质的每个粒子都与光传播的方向成直角运动,这意味着,在牛顿看来,光线有“边”——在粒子运动的方向上有两个边,在与此成直角和与波的方向成直角的方向上和有另外两个边。

如果将虎克和牛顿的这些设想与惠更斯的观察结果结合,光的理论可能会建立在一个比较令人满意的波动基础上,因为当时发现的现象还没有这个理论所不能解释的。但情况是,粒子理论大行其道,可能是因为得到了牛顿这样的权威学者的支持,并一直占据重要地位直到下一个世纪末,即杨(1773—1829)和菲涅尔(1788—1827)提出,已知的所有现象都可以用一种纯粹的波动理论来中和的时候。

物质的结构

在光学之后,物理方面最大的进步,是通过对火和热的解释,而出现的物质一般结构方面的知识。原子被再次强调为物质组成的基本单位,化学元素被发现。

我们都已经看到留基伯、德谟克利特和伊壁鸠鲁在公元前5世纪如何对物质的原子结构进行思考。他们的学说在当时由于反宗教的倾向受到抵制,以至于中世纪时人们完全对之视而不见。现在它们通过在汉堡生活并教学的德国植物学家J·庸格(1597—1657)、法国哲学家皮埃尔·伽桑狄(1592-1655)的书《哲学综述》,以及其爱尔兰墓志铭写着“化学之父和科克伯爵的叔叔”的罗伯特·波义耳(1627—1691)得到重生。

伽桑狄 庸格只是对原子的植物学方面感兴趣,所以他的思考无须多言,但是伽桑狄对物理学思想做出了重要贡献。他想象说,所有物质都是由绝对僵硬和不可毁坏的原子构成;它们在物质上类似,但是在大小和形状上不同,在空旷的空间里向各个方向运动。他认为，很多观察到的物质的属性都可以通过这样的原子运动获得解释，我们现在知道可以这样。他还对物质的三种状态——固体、液体和气体，以及相互转换给出了较为准确的解释，但他非常错误地猜测，物体内的热是来源于某种特殊的“热原子”。

罗伯特·波义耳　10年以后，波义耳对这些问题产生了兴趣，并得到不同结论，帮助化学从一堆模糊的猜测变为结构严谨的科学。

中世纪的学术仍然坚持着希腊的学说，所有物质都是四个元素的混合体：水、土、空气和火，而其他人则相信每种物质的基础可以在阿拉伯的三种“要素”中找到：盐、硫和汞。一般认为，任何物质都可以通过火“分解”为他的基本元素或要素。波义耳不相信这一点和其他很多类似的观点，并提出简单的事实进行反驳。

他指出，一些物质，如金和银可以完全经受火的烧冶。当金放在火中时，它不会产出土、水或空气，也不会产出盐、硫或汞，仍然还是金。即便金发生变化，如，受到王水(氢氯硝酸)袭击时，仍然继续存在并最终恢复为金。当金与其他金属混合构成合金时也是一样，其物质没有减少或转换，合金仍然可以逆向分解出与投入同样多的金。波义耳说，这意味着金有恒久的不可改变的存在方式。

其他物质，当然，可以被火所改变。在1630年，比利时医生让·瑞证明，锡和铅当煅烧时增加重量。波义耳现在重复并确证了这个实验，这样显示出，煅烧达到的效果比还原始成分更加复杂。

在这些简单的思考下，波义耳对四种元素土、空气、火和水，以及阿拉伯的要素的存在进行了挑战。1661年他发表了一本书，其中现代化学元素代替了曾经阻碍化学进步如此长时间的“元素”和“要素”。波义耳解释说，他所说的元素是指“某些原始的简单的体，不是由其他体产生，也不是与其他体互相生成，而是一些元素，可以一步组合成其他所有所谓的完美混合体，而且可以由这些混合体最终分解得到”。几年以后，他陈述说，所有物质都由固体颗粒组成,每一个都有自己确定的形状——现代化学的“原子”。波义耳说,它们可以互相组合,形成有特点的集体,即现在所称的分子。这样的观点可能将化学研究带上正确的轨道,但得到普遍接受尚需时日,直至法国化学家拉瓦锡在整整一个世纪之后提出类似观点。

同时,波义耳还进行了一系列测量气体物理属性的实验,其合作者是罗伯特·虎克,一位非常有能力和天才的由波义耳指定为助手的实验员,他们的实验如果没有马格德堡市长奥托·冯·格里克几年前发明的气泵将无法实现。波义耳和虎克在1656年改进了这个仪器,并着手研究了空气的重量、压缩性和伸缩性,以及一些其他特性。波义耳用这个新的“气动发动机”做的第一个实验立即出现了他所称的“空气弹簧”,当空气受到压缩时,会产生力保持其以前的体积,如同钢丝弹簧一样。不同压力下的精确测量得出了定律,也就是这个国家所称的“波义耳定律”(1661年),即如果你对气体加两倍的压力,你将得到一半的体积,等等,体积与压力成反比。该定理所表现的内容并非源自波义耳,他只是告诉我们理查德·汤立和一位“特定的人”(大概是虎克)曾经向他提出的建议。另外,皇家学会主席布朗克尔爵士也曾做过很多实验证实了这个定律。在1676年,法国物理学家马略特重复了波义耳的一些实验,并宣布了与波义耳15年前的发现基本一致的定律,在欧洲大陆被称为马略特定律。

1662年,波义耳和虎克仍然在进行气泵实验的同时,发现当一个容器内的大部分空气被抽走以后,动物无法在其中生存,物质也难以燃烧,这表明,空气对呼吸和燃烧至关重要。但波义耳发现,这些过程仅仅消耗了部分空气,当大部分气体仍然在容器内时,小的动物会死掉,或者火焰会熄灭。他得出结论说,空气不是简单的物质,而是一个混合体,其中的一个要素可以支持呼吸和燃烧,而其他的一个或多个不可以。他将可以支持的描述为空气的“活跃要素”——显然这是我们所称的氧气，但是他没有办法将它们分开，因而也无法研究其性质。

1668年，康沃尔医生约翰·梅奥（1640—1679）坚持说，一个物体在燃烧时增加重量是因为它与某些“空气中活跃而微妙的成分”进行了结合，即活跃要素，当然这又是氧气，但同样仍然无法研究其特性。波驰在1678年将同样的气体从硝石中分解出来，但不能更了解其本性，直到普里斯特利在1774年重新发现时，其重要性才得到认识。

数　学

我们已经看到在中世纪数学怎样几乎陷于完全停顿，几何在亚历山大学者沿着艾欧尼亚希腊人开创的辉煌之路前行之后便似乎销声匿迹。如果需要重新取得进步就需要新的方法，这些在我们将要涉及的解析方法中得到满足。三角学仍然被认为仅仅是天文学的方法，但暮气沉沉。代数和算术主要在16世纪做出了某种前行，尽管成就仅围绕在标记法和算术方法，同时代中对数的发明也成为了杰出的范例。

在17世纪，在所有前沿都出现了进步，同时过去所研究的数学的类型也发生了变化，简言之，应用数学产生，纯粹数学落入第二位。希腊主要将数学作为一种脑力练习来学习——如同我们做的猜字游戏。他们希望更多的知识，因为他们发现这门科学本身是如此有趣，获得它和将它系统化更是如此，但是他们很少想到将这个科目进行实用发展，在整个中世纪都是这样。17世纪，当人们发现实验或观察的结果可能需要某种技术熟练的数学来进行充足的讨论时，情况便发生了大的变化。

对圆锥曲线的研究是一个明显的例子，米奈克穆斯和阿波罗尼奥斯曾经仅仅为学术兴趣进行研究,并没有想到将其付诸实际应用。当开普勒发现行星以椭圆轨道运行时,情况便发生了重大转变,对这些曲线的研究出现了新的重要意义,牛顿的《数学原理》将之带到一个更高的层次。就在此时,解析几何的方法出现在普遍应用中,现在泛泛的学者就可以用日常方法解决过去需要最伟大的数学头脑才能解决的问题(牛顿一定对这些新方法熟识,他曾经读过笛卡儿的《几何》,但是他在《数学原理》中没有使用,而是通过古代的几何方法证明他的定理,从而可以获得一般理解。他提出其中的一些并将之表现为似乎是通过新方法获得的发现,然后翻译回旧的语言)。纯粹的数学仍然在按照其本身的意义进行研究,这是在寻找没有实际应用的定理,除了对找到它们和思考它们的人以外不会对任何人产生满意的感觉。一个典型的例子是费玛定理,即没有任何整数 x 、y 、z 可以满足 $x^3+y^3=z^3$,在比立方更高的幂中也是一样——费玛对这个定理并没有证据,而至今仍没有证明或反证明。另外一个晚期的定理是,任何偶数都可以通过两个质数的和表现出来,尽管进行了大量的工作来证明,但仍然未能得到正或反的结论。

但这些抽象数学的胜利绝大多数是类似于幻灯片的效果,数学家们现在将他们的注意力主要投向实际应用所需要的研究,或者做出具有实际应用价值的承诺,正是在这里,17世纪的数学与其前任何时代的数学都分道扬镳,其主要目标是将数学应用到自然现象的研究中,而主要的成就是解析几何的发展,以及微积分的出现,即通过其两种形式——微分和积分使数学更加适用于自然现象的研究。

解析几何

解析几何的发现一般归功于笛卡儿(1596—1650)和费玛(1601—1665),但在他们之前即已经被了解和使用,其时间甚至可以推溯到阿波罗尼奥斯时代。

在笛卡儿辞职将精力更多投入数学和哲学之后,他首先写了《世界》,但并没有发表,之后最著名的著作《方法论》在1637年发表。该著作主要是哲学性质,但笛卡儿在后来的一年加入了三个科学附稿,其中第三个是《几何学》,解释了解析几何的原则。这本书牛顿在剑桥大学时曾经读过,并帮助他形成了对数学的兴趣。书晦涩难读,风格也模糊不清,笛卡儿说他故意使然,以免某些自作聪明者会说他们早已知其然。幸运的是,约翰·瓦里斯(1616—1703),一位早年在牛津大学做过教授的剑桥数学家在1665年发表了圆锥曲线的专著,并非常清楚地解释了整个课题。

另外一个伟大的法国数学家皮埃尔·德·费玛也对这个课题饶有兴趣,并似乎独立于笛卡儿发现了解析几何的一般方法,但是因为他大部分著作都没有在生前发表,因而荣誉主要归于笛卡儿。

方法的一般原则迅速得到理解。圆的不同特性,如同欧几里得所清晰表述过的一样,似乎首先成为被分离且独立的特性——如同人的鞋和外衣的颜色,但是它们实际上并非如此。这些特性的大部分都是圆而不是曲线的特性,所以其中任何一个都是圆的一个定义,或是一个完整描述,因而包含了圆的所有特性。

我们可以将圆定义为一个曲线,其上所有点都到我们所称的中心的距离相等,这是欧几里得的定义。圆的所有特点都以此为基础,欧几里得也做了表述。但是我们也可以将圆定义为一个曲线,一个固定的直线 AB 到其上每个点都形成相等的弧角——当我们围绕着圆行走时，AB 在我们看来都是一样的，图6-6的 ACB 角总是保持一致（当我们走过 A 或 B 时，可能会有一点复杂，但这里不需过多论述）。

这最初似乎与欧几里得的定义不相关，但是可以显示出，两个定义都暗示了同样的性质，它们在逻辑上等同。现在解析几何的方法将对定义进行另一番描述，我们可以将之描述为代数定义，并且由它可以仅仅通过代数过程将我们需要的曲线的很多特性推演出来。

我们可以设想一个通过小方格标出的平面（图6-5），如同地图可以通过经度和纬度进行标示。我们可以对区域内的 C 进行确定，即位于 O 点右侧 x 单位长度，在通过 O 的水平直线的上方 y 单位长度。或者，如果 OX、OY 二者通过 O 并垂直，我们可以说，C 点沿 OX 的距离为x，沿 OY 的距离为 y 、x和 y 的值就叫作 C 点的"坐标"。

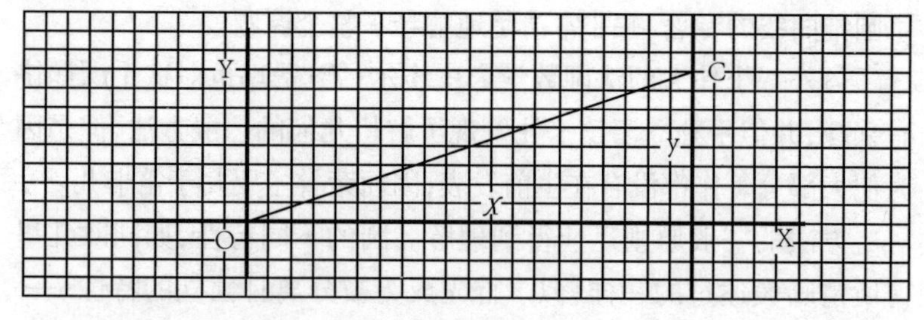

图6-5

毕达哥拉斯的定理告诉我们 $OC^2=x^2+y^2$ ，这样，如果一个半径为 a 的圆以 O 为圆心画出，并且提条件满足是 $x^2+y^2=a^2$ ，那么 C 就位于圆上。这种关系对所有圆上的点的坐标都适用，而非其他点；这形成了圆的代数界定，圆的所有特性都在其中，我们称之为圆的方程式。

如果我们对圆进行其他定义，就会得到完全一致的关系——

例如,一条曲线,某固定直线 AB 到其上任何一点形成的角都是直角(图6-6)。令 AB 的长度等于 $2a$,令 O 成为中心点,令圆上任何一点 C 到 AB 的垂线与 AB 交于 D,即 $OD=x$,$DC=y$。这样 ACB 将成为直角,而毕达哥拉斯定理告诉我们:$AB^2=AC^2+CB^2=(AD^2+DC^2)+(DC^2+DB^2)=(a+x)^2+2y^2+(a-x)^2=2(a^2+x^2+y^2)$。

由于 AB^2 等于 $4a^2$,方程成为 $x^2+y^2=a^2$,与我们前面获得的结果一样。

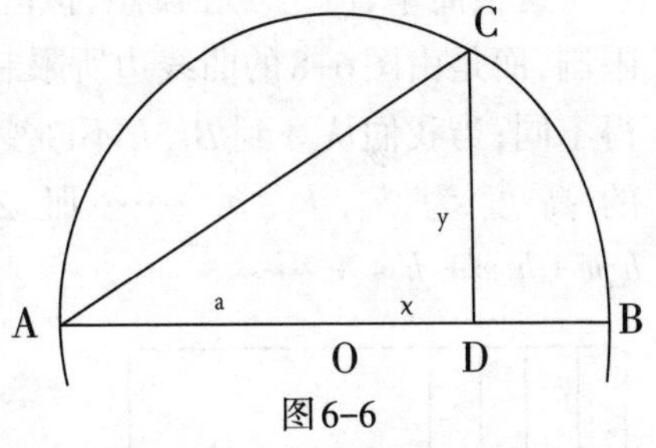

图6-6

无论我们对圆采用何种定义,都会得到同样的代数描述。的确这是必然的,否则同样的曲线会有两种不统一的特性。将这个程序逆转,如同这个描述可通过圆的任何一个特性得出,反过来,一个圆的任何特性都可以从简单的代数过程得出。

同样,其他任何曲线都可以用一个类似的方程来总结所有特性,这个等式成为了曲线特性的某种集合,数量可能达到数百,从这个等式我们可以尽量多地推导出曲线的所有特性。

这就是解析几何的方法,它们无与伦比地更加强大,更加简洁,更加具有洞察力,这些都是老式希腊几何的探索方法所不能比拟的,它们现在成了老古董。

微积分学

17世纪数学的另外一个主要创造是我们所称的微积分,这门科学可以描述为将数学应用于表现自然界中实际发生的不断变化的方法,而不是应用于数学家们通常设想的简单化的不现实的情况中的方法。微积分有很多形式，但其内在本质可以用一个非常简单的问题来描述——找到一个曲线所封闭的区域的面积。

一个长方形如果高位h，长为l，则面积当然可以描述为hl，即长与高的乘积。但是我们可以将这个面积表现为不同长条 a、b、c、d……的和，如同图6-7。如果任何一个长条的宽为 w，那么面积为 hw，所有 hw 的和即为所需的面积的总和。

这很简单，但是现在设想，该区域不是由图6-7中的直线边所限制，而是由图6-8的曲线边所限制，则 hw 则完全不同，因为 h 变得不同；当我们从 A 到 B、h 不断变化。令新的长条 a、b、c……的高度为 h_a、h_b、h_c …… 那么我们所找的总面积为 $h_aw + h_bw + h_cw +$ ……

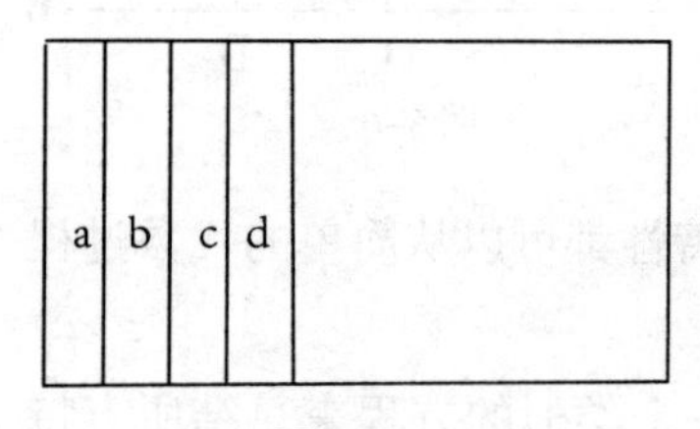

图6-7

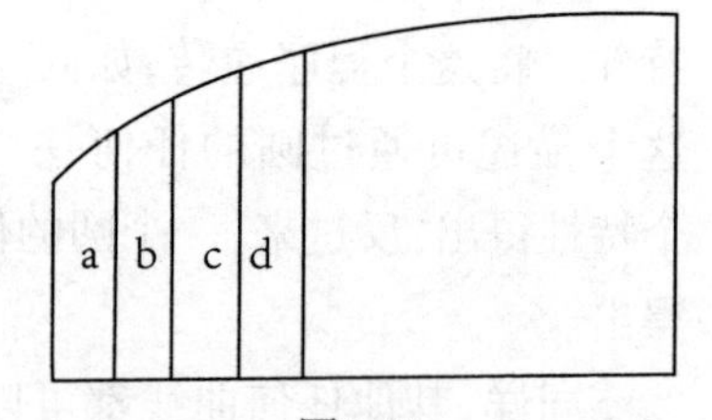

图6-8

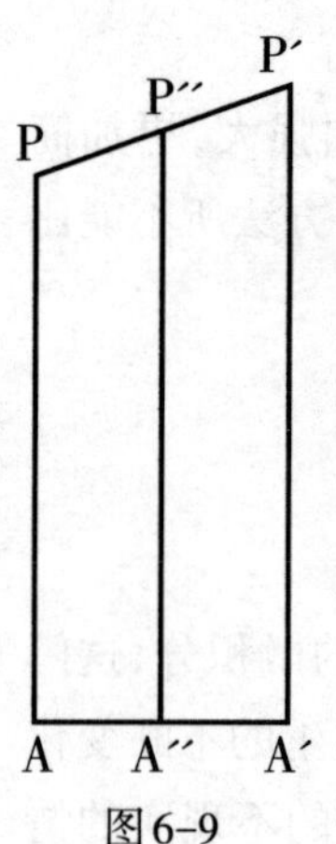

图6-9

但是这里对长条的高度的测量存在一个含糊，我们将图6-9中长条的高度取不同值，如图9中的 AP、$A'P'$、$A''P''$，则结果也会不同。显然，获得连续且确切值的唯一方法是将高 AP、$A'P'$、$A''P''$ 排列成一样，我们只有通过将长条的宽度变成无限小才可以达到。这样我们所得到的面积是无限数量的长条的和，而每一个面积都是0，这个简单的例子包含了无限小微积分的精髓。

这个方法首先出现在17世纪，当时被称为“看不见的方法”，术语“看不见”意味着“太小不能分割”。开普勒早在1604年即使用过这个方法的原始形式,但明确的表述首先是由意大利数学家卡瓦列里(1598–1647)做出的。卡瓦列里认为,一个面积是由大量很小的长方形或"点"组成,都是无穷小且面积相等,这些点的立柱形成了我们已经考虑过的上面的长条。如果我们希望找到如图(图6–10)的三角形的面积,那么需要将它视为分别包括1、2、3…个点的长条的和,那么有 n 个这样长条的三角形的总面积是 $1+2+3+\cdots+n$ 个点。卡瓦列里知道这个数字系列的和为 $\frac{1}{2}n^2+\frac{1}{2}n$,这个和中的第一项 $\frac{1}{2}n^2$ 是第二项的 n 倍,既然 n 是一个非常大的数字,那么它完全压倒了第二项,因此和可以没有错误地被认定为 $\frac{1}{2}n^2$ 。这样三角形的面积是 $\frac{1}{2}n^2$ 个点,即与一般的公式 $\frac{1}{2}$ 底×高一致。

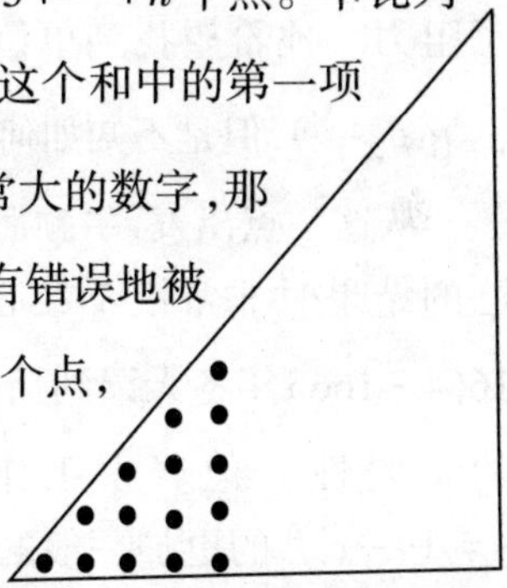

图6–10

在这个特殊的例子中,方法没有得到新的结论,但在其他的例子中却出现了新结论。设想,该面积不是一个直线限制的三角形,而是有抛物线限制的曲线区域,抛物线的方程为 $y=x^2$,那么不同的条 a、b、c ……一定应该包含 1^2、2^2、3^2 ……个点,整个面积为 $1^2+2^2+3^2\cdots+n^2$ 个点。现在这个系列的和为 $\frac{1}{3}n^3+\frac{1}{2}n^2+\frac{1}{6}n$,其中第一项远远大于后面各项,这样整个的面积可以看作 $\frac{1}{3}n^3$ 个点,即可以看为底×高。

约翰·瓦里斯在《无穷算术》(1665年)中给出了上面最后一个例子,并进一步显示,被曲线围起来的面积可以用方程 $y=x^m$ 表示,其中 m 是整数,是底和高的乘积的 $\frac{1}{m}+1$ 倍。瓦里斯讨论了这种情况的一些特例,并将该方法延伸到方程 $y=(1-x^2)^m$,其中 m 是整数,并且 $y=a+bx+cx^2+ex^3+\cdots\cdots$ 在后面一种情况中,面积为

$x(a+bx+cx^2+ex^4+\cdots\cdots)$（数学家可以看到，积分学的萌芽已经出现，瓦里斯发现了我们现在表现为 $\int x^m dx \int(1-x^2)^m dx$ 和 $\int(a+bx+cx^2+\cdots)dx$ 的量的值。此后不久，帕斯卡对我们现在表现为 $\int\sin\varphi d\varphi, \int\sin^2\varphi d\varphi$ 和 $\int\varphi\sin\varphi d\varphi$ 的量给出了正确的值）。

当瓦里斯尽量将他的结果延伸到更加复杂的问题时，他遇到了阻力。他希望找到单位半径圆的面积，方程为 $y=\sqrt{(1-x^2)}$（或 $y=(1-x^2)^{\frac{1}{2}}$），但是不知如何展开成标准系列 $y=a+bx+\cdots\cdots$

从这一点出发，牛顿后来做出了最多的贡献，尽管他在发表自己的结果时非常漫不经心，功劳终于记在其他人名下。当他在1664—1665年冬天读到瓦里斯的书时，看到了将 $y=(1-x^2)^{\frac{1}{2}}$ 展开的重要性。他着手工作，不仅发现了这个，而且还发现了 $y=(I-x^2)^m$ 的更加一般的展开式，其中 m 可以是任何量，分数或整数、正数或负数——其展开式一般被称为“二项式定理”。我们已经看到，牛顿告诉我们，他在发生瘟疫的两年——1665年和1666年得到该结果。“正当做出发明的鼎盛时期”，而且“比以往任何时候都更加注意数学和哲学”。但是他直到1704年才发表，首先出现在《光学》的附属文章中，题目为《求积术》，这样二项式定理首次公诸于众——比刚发现时整整迟了40年。

他的附属文章的另外一部分比第一部分更加重要，因为文章解释了牛顿所有的数学发现——微分学，即他自己所称的“流数法”，他最初是在一份日期为1665年的手稿中开始研究的。

牛顿想象，一个量 X，他称之为“流量”（变量），不断地随着时间变化。他将其变化的速度描述为“流数”，并用 X 表示，他希望将“流量”和“流数”之间的关系用精确的数学语言表示出来。

试想，流量x的变化是，在经过t秒时间后，其值总是at2，无论t的值是多少——即伽利略所发现的球滚下斜坡的定律。牛顿首先将时间t分割,即变化发生在无数的时刻,每一次都具有无限短的时长o,并想象,在经过时间t之后,另外一个时长o过去。在二者期间,x增加了$ox\cdot$的量,因而变为$at^2+ox\cdot$。但是,因为总量时间$t+o$现在已经过去,x的新值一定是$a(t+o)^2$或$t^2+2ato+ao^2$。因为这一定与at^2+ox一样,所以x的值一定是$2at+ao$。最后的项ao为无限小量,因而可以"划去",这样我们剩下了$2at$作为at^2的流数。如果一个物体在时间t中降落了at^2的距离,,那么它的降落速度一定是$2at$。

在另外一种问题中,流数为已知,需要找到的是流量。例如,根据观察,空间一个自由落体的速度每秒增加速度为32英尺/秒。在t秒之后,下落的速度是$32t$。这样,如果落体下落了y英尺,那么$32t$的必然是y的流数。我们刚刚看到,$2at$是at^2流数,所以$32t$一定是$16t^2$的流数,即在下落t秒后,他已经下落了$16t^2$英尺的距离。

试想,一个物体被水平射出,初始下落速度为v,如果我们忽视空气阻力,该水平速度会在整个下落过程中保持不变,这样在下落t秒之后,抛射物穿越的距离x为x等于vt。我们可以将t用$\frac{x}{v}$代替,并看到y的值是$y=16\frac{x^2}{v^2}$。x和y的关系为抛出物路线的方程,代表为抛物线。这里我们看到微积分怎样可以用来探索物体的运动,而几何则被用来解释结果。

这些简单的描述可以让我们多少看到了这两个数学分支如何将自然现象完全转化为研究。毫无疑问,不同的问题可以通过不同的方式解答——实际上,上述的问题已由伽利略通过其他方式解决。但是其他的解决依赖于天才的工作,甚至依赖于诸如方式也恰好正确之类的运气,而流数方法将每一个问题降解为例行工作。并不是所有的问题都可以通过这种方法解决,但这通常可以容易地看出一个问题是否可以解决,而且如果可以,找到解决方法。

如果牛顿在发现定律之初即马上公布于众,那对科学的价值将是巨大的。事实上,他在1669年写了一份提纲,并传给巴罗,当然还有一些朋友和学生,但算不上一般意义所说的发表。在1676年6月和10月——在发明该方法后10年,我们发现他给同事莱布尼茨写了两封信,解释了他所做的。他还无法向他提及任何已经发表的作品,并且将自己的成就用外人无法辨识的密码隐藏起来:6a cc d œ I 3e ff 7i 3l 9n 4o rr 4s 9t I 2v x,之后直至1704年相关的基本内容发表在《光学》的附属文章中,关于该方法的完整的描述首先出现在1711年。

此时,科学的进步已经产生了与牛顿的发现类似的成果,卡瓦列里、瓦里斯和许多其他人的工作正沿着这个方向走来。这样,牛顿就经历着其他人重复他的发现并首先发表的风险。事实上情况的确如此,这个人就是莱布尼茨。

莱布尼茨(1646—1716) 戈特弗里德·威廉·莱布尼茨出生在莱比锡并在那里接受教育,20岁前学习了数学、哲学、神学和法律等科目。在为美因茨选帝侯服务了一段时间后,他进入外交领域。他接下来为布伦瑞克家庭服务,1676年成为汉诺威公爵的图书馆馆员,这使得他有足够的闲暇时间进行哲学和数学的研究。1682年,与奥图·门克一道,他建立了一本杂志《博学文摘》,当时欧洲唯一一本私人拥有的科学杂志。

从这本杂志1684年10月号起,他发表了一系列论文阐述无穷小微积分,其内容与牛顿的发现基本一致,但是简单,形式大为方便。他的指示方法我们今天仍然使用,比牛顿的方法具有长足的进步。牛顿用ox·代表 x 的增长,而莱布尼茨写为($\frac{dx}{dt}$) dt ,或者更为简单的 dx 。当莱布尼茨开始在1684年发表对该课题的进展时,牛顿直到1704年才起步,所以莱布尼茨获得了世界的更多目光,即便牛顿不做出发现,微积分也仍然会为世界做出贡献。情况也许对牛顿非常严重,并导致了长期的痛苦的争议,首先在牛顿和莱布尼茨之间,然后——直至他们去世,或在其去世之后,在二人的支持者之间。双方都不否认两人的观点基本一致,双方都不否认是牛顿首先做出发现而莱布尼茨首先公诸于众。双方的分歧在于,莱布尼茨是否曾经或多或少地看过牛顿的手稿,尽管他本人曾不断否定。他看过这个说法也许更应该具有说服力,因为当他在伦敦时,牛顿的手稿仍然躺在皇家学会里,可能向莱布尼茨显示过。幸运的是,这样的口角并没有对科学的发展产生大的影响,对当代的书籍也没有形成阻碍。

莱布尼茨写了很多其他的数学论文,大多数都在《博学文摘》上,但是除了他的无穷小微积分之外,没有任何一篇具有一流的重要价值,其中很多充满了显要的大错,最终还是无穷小微积分方法令整个欧洲熟知。同样的事情发生在伯努利兄弟身上——詹姆斯·伯努利(1654—1705),生于巴塞尔,并终身生活在那里,成为当地大学的数学教授,以及他的兄弟约翰(1667—1748),在伯努利去世时继任了他的职位。

第七章　牛顿之后的两个世纪

(1701——1897)

我们现在来到一个新的时代,尽管没有可以与其伟大前代媲美的巅峰人物,但科学仍然稳步前行。这个时代没有第二个牛顿,但却产生了大量一流的研究者。勤奋而天才的业余爱好者仍然取得了最高价值的科学进展,单一的头脑可以将科学的大部分知识进行良好的运用,仅仅涉及研究项目某个角落的厚厚的草稿和专业团队的时代还没有来到。但这种方式正走在路上,不同科学门类已经出现了整合为一的趋势,它们失去了自己的分离而独立的特性,与其他学科融而为一,其规模之广大任何人单独都无法理解全貌或其中的某个大部分。我们注意到,在这个过程中出现了热动力学、天体物理学和电化学之类的复合词汇。

力　学

力学在18世纪的进步中隐隐成为庞然大物,伽利略和牛顿已经开辟了道路,但是扩展他们的收获并填补空白仍然还需要做很多事。牛顿的运动定律只适用于粒子,例如小到足以被当作点的物质的碎片,它们可以有固定的位置,速度和无误施加于其上的加速度。每一个物体当然都是由粒子组成的,所以原则上可以从牛顿的定律中推测出其运动,但从一般原则到解决具体问题仍然的道路仍然漫长而艰难,显然需要找到走通这条道路的一般方法,这些问题吸引了当时的一些最伟大的科学家。

当所涉及的物体为“坚硬”体，如其中的任何两个粒子之间的距离都固定不变，因而其形状也不可改变时，问题即呈现最简单的形式。我们已经看到坐标的两个值如何将一个点固定在平面上，同样，坐标的三个点可以将一个点固定在空间，因而可以确定一个“坚硬”物体上的任何点（如中心点，如果有）。一个物体在空间的取向还需要另外三个量，一般来说为角，或角的一般性质。具有了这六个量的值，我们可以推测出一个坚硬物体上的任何一点的位置，如果这六个量的值的变化可以追踪，我们可以跟随整个物体的运动。这六个量可以被描述为一个物体的“广义的坐标”，追寻其变化的原则由欧拉确定下来。

莱昂纳德·欧拉（1707—1783）是这个时代最伟大的数学家，他是巴塞尔路德会牧师的儿子，曾经在巴塞尔、圣彼得堡和柏林居住过。在应弗里德里克大帝邀请到达柏林居住一段时间后，他返回圣彼得堡，在那里双目失明，并于1783年病逝。从牛顿的例子运动定律中，他推演出坚硬固体的运动定律，这些定律对陀螺、纺锤顶、飞行中旋转的高尔夫球、地球的岁差和章动以及类似运动做出了令人满意的解释。

更加伟大的进步由弗里德里克大帝的另一个门徒约瑟夫·路易斯·拉格朗日做出，他也许是同时代中所有伟大数学家中的翘楚。他是土生土长的都灵人，并在30岁时移居到柏林。弗里德里克曾表达过他的一个愿望：“欧洲最伟大的数学家应该生活在欧洲最伟大国王的宫廷中。”当弗里德里克1787年去世时，拉格朗日接到来自西班牙、那不勒斯和法国的信件，邀请他到那里的首都居住。在接受了最后一个邀请后，他在卢浮宫的“伟大风格”中居住下来，尽管健康不断恶化，并遭受深度抑郁的间歇发作之苦。然后大革命爆发，并很大程度上改变了他的地位。但是，他仍然在巴黎居住并担任巴黎师范学校和巴黎综合理工大学的教授之职，直至去世。他是法国政府1799年成立的改革重量和测量标准委员会的的主席,正是在他的努力下,以克和米为基本单位的10进制系统在法国得到确立,并由此迅速传遍整个世界。

欧拉曾显示如何将牛顿定律进行变形,使它们适用于任何坚硬物体的运动。拉格朗日现在实现了这种变形,使之可以应用在想象中的物体的最一般的体系中。当然,六个一般坐标的变化不足以告诉我们体系的整个故事,但是,无论这个体系如何复杂,其形态总是可以通过广义坐标所提供的充足数值来描述,而坐标的变化也可以告诉我们它们的运动,拉格朗日显示了如何通过单纯的日常方法来获得这个知识。

这是很大的进步,但是他前进的方向更远,我们应该更详细地介绍。

最小作用量 亚历山大的希尔罗已经显示,一束光总是沿着最短的路程前进,即便是遇到一个或多个镜子的反射也是一样,由于光在空气中的传播速度保持不变,最短路程也就意味着最少时间的传播。

斯涅耳发现了折射的真实规律,费玛显示了折射的光仍然遵循这个最少时间定律,只要速度取决于光所穿行的物质,并且其方式是我们现在所知道的正确方式。在这一点下可以看到,任何行程的总时间是最少时间。如果我们想到,光线在路途长短方面牺牲了一些东西来确保自己可以在允许快速运行的空气中完成大部分行程,我们就可以理解光在折射时出现的弯曲。例如,穿过棱镜的光线从顶点弯曲,这样可以保证其行程的大部分会穿行在空气中,而穿过凸透镜的光线如同图7-1一样弯曲,从而避免透镜的较厚的部分,可以在空气中穿行。当它穿行在一个凹透镜时,它会折向较薄的部分,因为这会比较厚的部分耗时较少,而且速度也会放慢,因此凸透镜令光线汇合,凹透镜令光线分散。

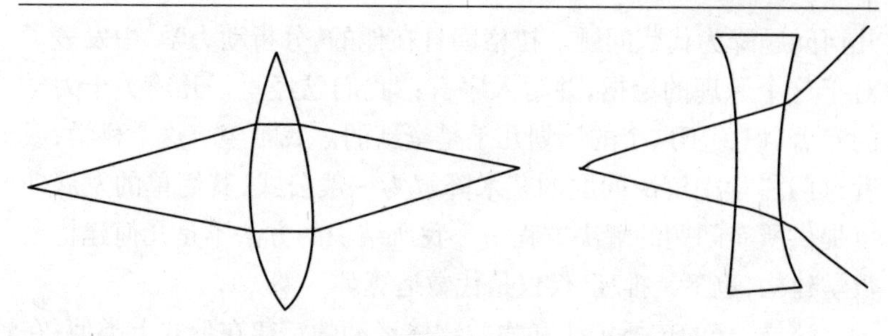

图7-1

在费玛之后一个世纪，莫培督（1698-1759）猜测说，所有的自然运动必然与某种类似的原则吻合。他的原因是神学和形而上学的，不是科学的，他认为，宇宙的完美需要某种自然界的经济学，即反对任何无谓的行动上的耗费，从而自然运动必定是将量变得最小。这是对希腊人思想产生最大影响的一般原则——它的确成功了。

主要的困难是找到问题所涉及的量，这不应该是时间，因为为了将时间值变为最小，所有物体都会以自己最高速度穿越空间——这显然不是自然界的特性。莫培督引入了一个量，他称之为运动的“行动”，这是运动的时间乘以该时间内的活劲（是我们现在所称的动能的2倍，例如，将运动中物体的质量乘以速度的平方的$\frac{1}{2}$，然后将所有的贡献加起来。用数学语言表示，就是$\sum$ mv2），他认为当物体在自然状态下运行时，该量应该取最低值，他称之为最小作用量原理。欧拉受到了这个观点的影响，并提出证据来支持。拉格朗日提出有利的证据证明，如果物体的按照牛顿力学的方式运动，那么作用应该为最小值。换言之，最小作用量的原则仅仅是牛顿运动原理的一个变形。值得注意的是，新的原则表面上没有提及任何一般坐标，虽然一般坐标对于确立这个定理是一个有用的框架，但在最后定型前被删除了。

这个原则将任何动力问题降解为代数问题，如同解析几何将几何问题降为代数问题。拉格朗日在他的《分析动力学》中发表了对于这个原理的论据,并写入序言:“我们已经写了几篇关于力学的专著,但关于这个的计划几乎是全新的。我希望将这个科学,或者这门科学中解决问题的艺术降解为一般公式,其简单的发展即可提供所有问题的解决方程……我所结识的方法不是几何建构或数学建构,也不是推理,仅仅是代数运算。”

这样,光的传播定律和物质物体运动的定律在形式上类似,在每种情况中,量都呈现最小值。形式上的这种类似性解释了为什么一些机械过程提醒我们其他的光学过程——例如,网球的反弹提醒我们想起了光线的反射,地球引力下抛出物的曲线路径看起来像地球大气中光线的曲折路径。类比对于科学而言不是完全有帮助的,因为这可以最终令19世纪的物理学家想象出光的传播可以通过牛顿定律解释,而我们现在知道情况并非如此。

汉密尔顿 1834年,拉格朗日的公式由威廉·罗文·汉密尔顿爵士(1805—1865)进一步变形。汉密尔顿爵士是都柏林的一对苏格兰夫妇的儿子,22岁还是大学生时被选为三一学院的天文学教授。他将拉格朗日的公式转换成“典型方程式”,在形式上接近牛顿的原始方程式,但最重要的区别是,它们的作用不是处理无限小的粒子的运动,而是处理广义坐标的变化。牛顿定律曾经说过,(粒子)动量的变化速度等于力;汉密尔顿定律说,被称为广义动量的量的改变速度等于另外一个被称为总合成力的量。在力作用于粒子的最简单例子中,汉密尔顿定律精确地降解为牛顿定律;一般来说,汉密尔顿定律足以用来处理可以想象的物体的最复杂的系统。

动力天文学

从上述成就中获益的科学首先是天文学，做出贡献的是拉格朗日同时代的伟大人物，被称为法国牛顿的拉普拉斯。

拉普拉斯(1749—1827)　皮埃尔·西蒙·拉普拉斯1749年3月23日生于诺曼底，是一名农舍主的儿子。一些好心的邻居为他支付了学费，使他能够在一所学校学习，并担任该学校的助理教员。稍晚时候，他前往巴黎，向达朗贝尔写了一封关于力学原理的信。达朗贝尔被这封信所深深打动，并在拉普拉斯20岁那年为他在军事学院谋到了一个职位，16年以后(1785年)检查候补军官拿破仑·波拿巴的数学知识的任务落在了拉普拉斯的身上。

在军事学校的任命，令拉普拉斯可以自由地从事原始的科学研究。接下来的几年中，他在数学、物理和动力学等科目写出了大量的重要论文，但他并不满足于在科学领域闪光，他还希望在社会和政治领域留下自己的名字。法国大革命为他提供了渴望已久的机会，他首先成为暴动的民众的随从，然后是拿破仑的随从，他积极的政治生涯开始于他说服他以前的考生任命他做内务部部长，但这份职务在6个星期后即告结束。劳斯·鲍尔转述了拿破仑对他的解任状的细节的记录："一位一流的几何学者，拉普拉斯无时无刻不显示出在行政方面他是一名碌碌之辈，他的第一份工作表明我们错信了他。无法从现实的角度考虑问题，在哪里他都寻求细节，观点有问题，将无限小的精神带入行政。"但是，拿破仑将他升入参议院，也许是为了与科学界保持良好的关系。当拿破仑的帝国在1814年面临陷落的边缘时，拉普拉斯抛弃了他的皇帝，转而对波旁王朝效忠，并被授予侯爵爵位。

尽管牛顿的天文学工作影响深远，但仍然充其量仅仅碰到了天体运动问题的一些旁支细节。牛顿将行星视为完美的球体,甚至视为点,并且通常猜测说,他们仅仅在太阳的吸引下运行,月亮仅仅在地球的吸引下运行,等等。尽管他有时也考虑其他可能性,但他主要的结论都是对前面所述的猜测进行简化的结果,即将每个问题都降解为最简单最粗糙的形式。天空的问题十分精细,需要精确和微妙的分析,拉普拉斯在22岁时将自己投入到相关问题的解决中。

在接下来的17年中(1771—1787),他解决了动力学和天文学中的很多问题,并希望写一本书,"用以提出太阳系中重大力学问题的完整解决方案,并提出理论,使之与观察相匹配,从而使经验主义的方程无法在天文学中找到一席之地。"最终的结论不是一卷书,而是六卷。《论世界体系》出现在1796年,对所得结论进行了一般性的描述。更大规模的《天体力学》随后出版了五卷,其中四卷的时间在1799年到1805年间,第五卷主要是历史类,出现在1825年。这些包含了对太阳系系统问题的全面讨论,尽管仍然没有大多数读者所期待的那样详尽——因为尽管拉普拉斯说确信书中的内容,但他没能让他的读者可以跟上他做出同样的理解。

这里不可能将拉普拉斯处理过的问题完全提及,但其中著名的是有关大洋潮汐、地球和其他行星的平坦形状,行星相互间引力吸引所造成的不同现象等问题。两种特殊的问题应该得到注意,因为它们不仅本身有趣,而且是所讨论的课题中比较典型的。

其中第一个是拉普拉斯最早的科学论文,他在1773年将之献给科学院。如果仅有太阳对行星产生作用力,那么行星不会以完美椭圆的形式绕日旋转。其他的行星也对这些行星产生作用,将之拉出自己的轨道的原有形态。我们可以想象这些轨道变化得很大,以至于地球可能最终变得无法居住。拉普拉斯试图显示,这种恐惧没有根由。这与牛顿的观点直接对立,因为牛顿认为行星和彗星之间的相互引力会导致不规则,"并且这种不规则会增加,直至导致系统希望在造物主的手中进行重新定型”。

第二个例子来于《世界体系》,拉普拉斯评论说,所有行星都围绕太阳进行同向运转,它们的卫星也在同样的方向上沿着行星运行(拉普拉斯这样认为,但在他的时代以后,所有的四颗主要行星——木星、土星、天王星、海王星都被发现拥有与此规律不同的卫星)。在我们前面提过的问询中,牛顿对这种规则性进行了评论,并建议说“盲目的宿命永远不会令所有行星按同样的单一方式沿着同心轨道运行”,并将规律性归于一种造物主所引进的秩序,并且如同我们所看的,偶尔在造物主手中需要重建,“应该由创造者来恢复秩序。如果的确如此,追寻世界的另外起源,或假装认为它会通过自然法则从混乱中崛起,都是非明智的,这种行星系统中的美妙的一致性一定会容下某种选择的结果”。

拉普拉斯同意牛顿的说法,即规律性不太可能仅仅是机遇的结果,但是他的不同观点在于其起源。牛顿曾经宣称一个造物主作为规律性的源头,拉普拉斯从没有需要过这种假设,他在将自己书的副本送给牛顿时这样说。他认为创造行星的自然起因也制造了规律性性,但他提出了著名的关于行星起源的“星云假说”。

他想象说,太阳的起源是旋转状态下的星云状热气体,气体逐渐冷却,并同时收缩。牛顿力学要求它在收缩的同时不断加速旋转,拉普拉斯显示说,地球和行星橙子状的扁平是它们旋转的结果——行星旋转得越快,它就会越加扁平,所以他提出,当太阳旋转得越快,其形状便越扁平,直至成为盘子状形态,然后它不再变扁平,而是从突出的赤道一个接一个甩出圆环状物质,并碎裂成片。他提出,这些物质圈会冷凝并形成现在的行星。这些物质的开始形态也是旋转的热气块,并可以如同之前的它们的母体太阳一样经历同样的系列变化。它们也会冷却、收缩,变成扁平形状,并最终甩出物质环并随时间冷凝,这样成为行星的卫星。现在可以看到为什么行星和卫星都在沿同样的方向自转和公转,这个方向就是主星太阳的转动的方向。

这一系列观点并不完全是新的，因为德国哲学家伊曼努尔·康德曾经作为科学人员从事过科学研究，并阐述了某些非常近似的观点。拉普拉斯也许没有意识到这一点，因为他说他认识的人中除了蒲丰没有其他人对该事项进行过探索，而蒲丰的观点曾将他引入一个非常不同的理论，即一些天体在太阳上坠毁并甩出行星。无论哪种情况，他都猜测，例如，太阳是通过收缩获得旋转——这在数学上无解。

自其出现之日起，并在以后很多年的时间内，拉普拉斯的理论被广泛地接受为对行星及其卫星的起源的可信而有趣的猜测，但是细节的讨论现在显示，其理论至少在两点上站不住脚。

第一，简言之，如果行星是太阳收缩时不断旋转所造成的，那么现在的收缩了的太阳应该旋转得非常迅速，而事实上太阳几乎没有旋转(更确切地表达这种批评是，牛顿力学要求某种数学量，总角动量，应该在系统内的所有变化中保持不变。理论告诉我们，如果太阳通过过分旋转碎裂，这个量应该是多少，而观察告诉我们现在这个值的量。这两个并不相等，甚至不可比，因而拉普拉斯想象的太阳碎裂的方式并不存在)。

第二个批评基于拉普拉斯时代所不知道的物质的特性。如果气体在空间被释放，它会在内部压力的作用下不断膨胀，并会终结于在空间内的碎裂。但是如果气体的量很大，其粒子之间的引力会将它们拉在一起，对于较大体积的气体来说，这会中和掉扩张的力。拉普拉斯的热气体体积会冷却并收缩得非常慢，所以只会以少量的形式甩出物质。计算显示，这样甩出的物质仅仅会在空间内散布，不会凝结成行星，出于这种和其他不同原因，拉普拉斯的星云假说便失去了普遍意义。

实测天文学

当动力天文学出现上述进展时,观测天文学也取得了一系列成功,我们所见到的名字包括:布莱德利(1693—1762)、威廉·赫歇尔爵士(1738—1822)和他的儿子约翰·赫歇尔爵士(1792—1871)、贝塞尔(1784—1846)、斯特鲁夫(1793—1864)、勒维烈(1811—1877)、阿达姆斯(1819—1892)。

布莱德利(1693—1762)　1725年布莱德利发现"光行差"时是格林尼治的天文员,当我们在没有风的天气里乘坐在前行的船中时,船的行进似乎创造出一种顶头风。如果风从西面吹来,它会令人觉得并不是从西面的方向吹来,而是某个其他方向,具体取决于船的速度和前进的方向——在顶头风和西风之间会有某种程度的折中。如果我们改变船行进的方向,风也会似乎同时改变方向。布拉德利发现了天文学上的比拟效果:当地球改变自己绕日运行的方向时,从某个遥远星体发出的光似乎也在改变发出的方向。布拉德利发现他的所有观察都可以用一个假设来解释:光在空间的穿行的速度是固定和稳定的,这基本证明了罗麦对木星卫星的观察中获得的推论。从总体上来说,是布莱德利而不是罗麦令科学界信服地认为光是以固定速度传播的。

布莱德利还发现了一种章动现象。我们曾经看到希帕克如何发现了"昼夜平分点的运行"——地球转动的轴并不总是指向空间的一个固定的点,但是每26000年完成一次圆周运行。布拉德利发现,真正的路径不是完全的圆,而是卷缩的圆,轴的方向令它每19年左右稍微晃动一次。

后来,他准确测量到很多星体的位置,并于1755年发表了星体目录,该目录在以后当星体运行得到讨论时发挥了重要作用。

赫歇尔　弗朗西斯·威廉·赫歇尔(1738—1822)于1738年出生在当时属于英国版图的汉诺威,他作为一名专业音乐学家来到英国,但很快放弃音乐转而学习天文学。他的第一个兴趣是制造望远镜和测算透镜,并从中获得了很高的技术成就。

他最为著名的事件应该是1781年发现了天王星。这在当时引起了很大的震动,因为长期以来只有5颗行星为人们所知晓,人们的头脑中已经根深蒂固地认为只有5颗行星。6年以后,他发现了一颗新的伴有两个卫星的行星,1789年他又在土星的5个卫星上加入了两个卫星——土卫一和土卫二。

赫歇尔发现了太阳系的这些新成员非常重要,但是他对"固定星体"的调查和研究更具有基本和深远的价值。他用自己构建的仪器对北半球的星体进行了四次完整的观察,他的儿子约翰·赫歇尔爵士(1792—1871)继而将这些观察延伸到南方的天空。

现在人们普遍认为,太阳是恒星,在结构上与其他星体类似,是一个大星系的一员,在天空中孤立并被银河中其他星星束缚,杜伦的仪器制造商托马斯·怀特(1711—1786)对这个观点给出了精确的描述。赫歇尔对这些星体的星系的研究显示,这个系统的形状像一个车轮或一个里程碑,太阳在其中心。其中的第一个结论经受住了时间的检验,但是第二个没有。我们现在知道,太阳距离大的星体轮中心很远。

赫歇尔还对这个星体系统的形状进行探索,但是不能发现其大小,因为测量星际间距离的时代尚没有到来。如果星体都是与太阳类似的结构,所有都可能与太阳具有相同的内在光明;它们可能看上去暗淡或明亮,仅仅可以揭示出它们距离的远近。例如,根据猜测,牵牛星与太阳具有同样的内在光亮,牛顿估计其距离大概是5光年,1光年即光穿行1年的距离——大约588×10^{10}英里(我们现在知道其内在光明度为太阳的9倍,距离为15光年)。但是一个星星的真实距离直到1838年才得以测量出来,而距测量银河的大小还有很长的路要走。近来的研究显示，银河的直径大约是2×10^5光年，太阳距离中心的位置大约4×10^4光年。

赫歇尔还对星团和星云进行了长期的系列研究，后者为暗淡的模糊物体，如果没有望远镜的帮助，只有几个可以看到，莫培督将它们描述为“小的发光片，仅仅比黑暗的背景稍微明亮；它们有共同之处，即形状或多或少为椭圆形，它们的光亮度比天空中可以看到的其他物体更加微弱”。莫培督猜测说，它们可能是巨大的太阳，由于旋转而变得扁平。哲学家康德不同意这种说法：“更合理和更自然的猜测是，星云不是独特和单独的太阳，而是一个众多太阳的系统，因为距离过远，看起来拥挤在一个有限的空间内，并且它们的光尽管在分离独立的情况下会不可看到，现在也可以因为其数量众多而显现为苍白和一致的可见形式。它们与我们行星系统的类比，它们的形式，根据我们的理论完全准确呈现；它们暗淡的光，显示了遥远的距离；所有都惊人的一致，这让我们考虑到，这些椭圆的点是与我们系统一致的情况——简言之，即银河系。”这个对星云的解释很快成为被认可的天文学猜测，并被称为“岛宇宙”理论，该理论已经经历了时间的考验，与我们现在的知识类似。

1784年，梅西耶发表了103个更加明显的星云和类似物体的表。赫歇尔现在开始将这个表扩展，他的儿子将其扩展到南部的天空，他们最终的列表包括大约5080颗物体，其中4630颗是自己观测的结果。在通用了大约100年以后，他们的目录被德雷尔(1890年)更加完整的《新总目录》和其他的星云目录所取代。

赫歇尔还研究了所谓“固定星体”的运动。从亚里士多德和托勒密时代起，人们能一直以为这些星体除了绕轴运动之外不发生位置变化，然后哈雷在1718年注意到，大角星和天狼星已经改变了托勒密所赋予它们的位置，因而它们必定已经相对于其他星体发生了变化。赫歇尔发现，在半边天空中的所有星体都看起来四散分开，而在另外一半天空中的则看起来彼此接近。他得出结论，如同我们所知，太阳向空间中的以前的位置移动，与后来的位置分离。对于这些运动的更详尽的研究(1805年)显示，太阳向着武仙座的一个点运行，速度是每秒13英里。如果太阳这样运动，可以自然地猜测，所有星体都有可比的运动，它们已经失去了被称为“固定星体”的权利。

赫歇尔还花费很多精力考虑了双星和双子星——在宇宙中看起来很近的两颗星。有一些这样的星对是绑在一起的，从地球上看来，其中一颗几乎在另一颗后面，但从概率角度说，这样的组合可以计数，赫歇尔发现实际数量要小得多。其中的一些星对，一定包含在宇宙中位置很近的星体，大概是因为它们彼此相近。只有时间可以证明某个星对属于哪个种类，相连的星体会保持彼此接近，而仅仅是碰巧看起来在一条线上的星体可能随着时间而运行得彼此分离。1782—1784年间，赫歇尔对星体的位置进行了列表，找到700个近似对。到1803年，他发现其中很多包括彼此绕转的星体，而其轨道是由牛顿引力定律所揭示的。这样的星体一般被认为是由于互相的引力吸引而连在一起的，如同地球和月亮，从而显示引力不是仅仅的本地效应，而是扩展到空间。对这样星对的研究产生了有价值和有趣的结论，直到几年以前，这还是确定星体质量(规模)的唯一办法。天文学家计算了将这样星对保持在轨道上运行所需的引力，从这一点出发，在比较有利的案例中，他可以计算出两个星体的质量。如果星体运行的平面碰巧与地球非常接近，在星体扫过时可能会看起来发生食况，而食况的时长可以揭示星体的体积。

在这个时期剩下的时间中发生的观测方面的知识可以忽略，但还有四个里程碑不可忽视。

小行星带　19世纪的第一个晚上，即1801年1月1日，卡西尼发现了一个小星星谷神星，这是火星和木星之间轨道上众多小行星家族中的一员。现在这个小行星系中已经发现的数量远远多于

1000颗,它们据认为是以前沿着轨道运行的完整行星碎片。

星体之间的距离　1838年成为了另外一个里程碑,在这一年的12月,弗里德里克·威廉在格尼斯堡宣布了对一颗恒星距离的可靠测量。这颗恒星是CYGNI 61,贝塞尔宣布它的距离是日地距离的64×10^4倍,现代的测量将这个数字增加到68×10^4倍。在圣彼得堡附近的多尔帕特,斯特鲁夫早前测量了织女星a的距离,但是他的测量并没有引起多大的认可,而结果证明与真实距离相差两倍多。在1839年1月,托马斯·安德森,女王陛下在卡普的天文学家,宣布了对另外一颗恒星半人马座α星的距离的测量,但后来证明误差超过了三分之一。

无论哪个案例,方法都是测量员测量一个无法到达的山的顶峰或另外一个地标的距离时所采用的方法。他测量出基线,从一端到另一端,并注意到在这过程中地标方向的变化。天文学家将地球的直径作为基线,地球的运动将它在6个月内从一端带到另一端。在知道一个恒星在两端方向的角度后,很容易计算出用地球轨道大小表示的恒星的距离。自1838年以来,大量的星际距离已经被越来越准确地测量出来,更大范围的新方法也得以开发,其成果是宇宙的大小可以较为准确地测量出来。

海王星的发现　1846年,在行星名单上加入了另外一个名字——海王星。

这些行星没有表现出完美的椭圆,而是由于其他行星的引力造成了一些不规则。天王星的运动已经表现出某种不规则,并且不可以被归于任何已知行星的吸引,因而一定有其他的未被发现的行星存在。至少在两个人看来是这样的:一个是年轻的英国人约翰·库慈·亚当斯(1819—1892),他后来成为剑桥大学的天文学教授,另位一位是天文学家勒维烈(1811—1877),这两位学者着手工作以测算出这颗对天王星造成现实引力的隐藏的行星的运行轨迹。亚当斯首先完成了计算,并要求剑桥大学的观测者们根据他计算出的行星位置进了观测；勒维烈随后在柏林完成了同样的运算，但由于柏林的星图比剑桥的星图更加先进，最终该行星在柏林被确认。1930年3月，另外一颗行星冥王星在亚利桑那州的旗杆市天文台由汤博用类似的方式发现。

天体光谱学 最后一个里程碑，也许是最重要的发现，是将光谱学运用到天文学中。到那时为止，天体不过是闪着光的小点，而之后，它们成了巨大的坩埚，自然在这个坩埚内进行着实验并为人们可以观测，而光谱学可以揭示其化学组成，其温度和物理状态，同时提供大量其他的知识。

光谱仪是一种仪器，用以将光分解成组成颜色，并将之展示为一束不断的有颜色的光，即通常所称的“光谱”，这实际上是牛顿为同样目的所用的三棱镜的延伸。光谱分析科学大体在1752年建立起来，然后梅尔维尔注意到一团燃烧的盐或金属的火焰放射出一种光谱，其中只包含明亮的光线，光的形态根据所燃烧的物质而不同。1823年，约翰·赫歇尔爵士提出，从对光谱的实验中可能会找到化学物质，这为现代光谱研究的方法打开了大门。1855年，美国人戴维·奥尔特描述了氢的光谱，在接下来的几年中，大量物质的光谱得以确认，为此做出贡献的科学家包括本生（1811—1899）、基尔霍夫（1824—1887）、罗斯库（1833—1915），以及其他很多人。1861年，本生和基尔霍夫通过光谱方法发现两个新的元素铯和铷。

将这些方法应用于天文学也在缓慢进展。1802年，在梅尔维尔观察后50年，沃拉斯顿（1766—1828）将太阳光射过一个三棱镜，如同牛顿之前所做的，得到了一束彩色光，但不是连续不断，而是被某些黑线在不同的位置打断。同样的黑线在1814年由巴伐利亚仪器制造者约瑟夫·夫琅禾费（1787—1826）发现，通过用望远镜收集到的更多的光线，他可以对不同恒星的光进行同样的实验，并获得了类似但不是完全等同的结果。黑线出现在光谱中，但与太阳中发现的不在同一位置，并且不同恒星之间存在不同。

到目前为止,在地球光谱和星系光谱之间没有明显的联系,前者包含带有黑区域的明亮的光线,而后者包括带有黑线,但其中有明亮部分,而且二者之间有不间断的色彩。现象之间的关系在1829年得以确认,当时傅科注意到,位于太阳光谱中有一条黑线,并将之命名为D,该条黑线可以通过电弧使之变得明亮或黑暗。如果通过光谱仪的太阳光线在此之前通过一个电弧,D线显得比普通太阳光线更暗,这表明在电弧中存在某种物质可以吸收D线的光。但是,还有某些东西可以发散光,如果太阳光被突然断掉,即从电弧中发射的光在没有太阳光的情况下被独立分析,D线同样出现,但更加明亮。

基尔霍夫和本生接下来发现,明亮和黑暗的D线都因为钠而存在,他们将钠放入火焰,D线明亮地放射出来。他们将光线从白热的石灰穿过,这一般会产生不断的光谱,然后通过放入过少量钠的燃烧的酒精,结果一条黑线恰恰位于D线位置。他们得出结论,在电弧中释放出D线并在太阳中吸收它的物质一定是钠,因而,太阳中一定有钠。

明显地,下一步要检验太阳的光谱以找到其他化学元素,他们试着用锂代替钠,结果得到了一组光谱线,但不能用夫琅禾费发现的任何一种线进行确认,所以他们得出结论说,在太阳中存在很少或根本没有锂,这开启了恒星化学物质组成的研究手段。

现在有大量的研究者开始对星系光谱进行研究,其先锋人物中最著名的是,威廉·哈金斯爵士(1824—1910)、詹森爵士(1824—1907)、诺曼·洛克尔爵士(1836—1920),他们在光谱中所发现的大多数光线都可以归为已知的地球物质,因而人们认为这些同样的物质进入了恒星的组成,但是这并不适用于所有光谱线。1878年,洛克尔在太阳光谱中发现了一条光线,他无法将之归于任何已知的来源,因而认为应该是新的元素,并且在地球上还没有被发现。这种新元素被称为氦,并在1895年被确认为地球大气的普通组成部分。

这就是现在非常重要的光谱科学的初始，在下一章还将介绍。

光 学

在牛顿和惠更斯的理论都没能解释冰洲石所产生的双重折射后，光学便在整个18世纪处于停顿状态，但在19世纪时又突然获得生机。1801年，杨发现到目前为止尚未发现的一种光动想象，他称之为“光的干涉”，并在后来被普遍认为可以通过一种光的完全波动的概念，来解决光学理论的所有突出难题。

托马斯·杨(1773—1829)是一位著名的儿童天才，并在成年以后保留了非凡而多样的才能，他成为了杰出的物理学家、医生、数学家、语言学家、哲学家、考古学家和学者。据说他在2岁时即可流利阅读，在6岁时可以背诵戈德史密斯的《荒村》。在19岁时，他彻底掌握了拉丁语和希腊语，并非常了解希伯来语、占星术、阿拉伯语、叙利亚语、波斯语、法语、意大利语和西班牙语——这些语言学的大杂烩在后来他对埃及学感兴趣时显示出了价值，并为1815年破解罗塞塔石碑发挥了重大作用。他还决定在医学领域学习，1796年成为正式医生，并在后来生活中的很多时间里出诊内科，但是他首先建立了生理光学科学。他曾经看过开普勒将近视和远视解释为眼睛晶体焦点缺少一致，1793年，杨结论性地证明了眼睛对不同距离的视野缺少一致的原因是在焦点的弯曲出现了变化。他在1793年5月相皇家协会读了一份有关这个课题的论文，并在一年后被选为学会董事——那时他刚刚过完21岁生日。

1798年，他对光和声音进行了一些实验，并在1801年向皇家学会进行了阐述。为了解释自己的结果，他想象出湖上滚动的涟漪圈并沿着窄窄的通道滚出湖面。假设在一定距离后，这个通道和同一个湖的另外一个具有涟漪圈的通道相连，那么在这个连接点后，两个波浪组会混合并继续一起前行。

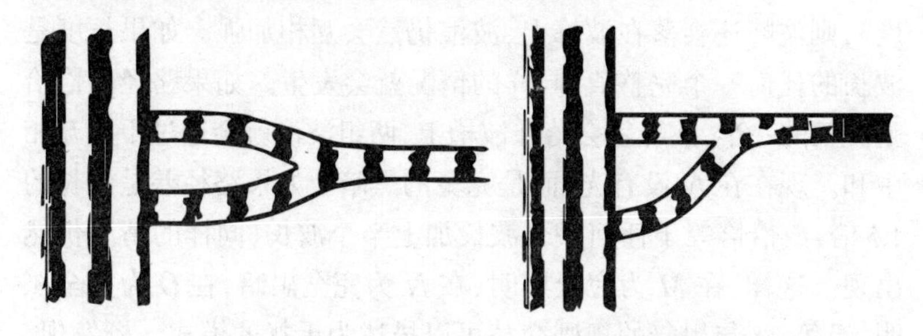

图7-2　　　　图7-3

如果两个通道完全类似，两组波浪在汇合时也完全类似，并简单地叠加为双层高度的波浪(图7-2)。但是如果通道的长度不同，其中一个的高峰就可能会与另一个的槽部汇合，然后产生填充升起的效果，这种情况下的水面会保持平滑。杨将两组波浪的互相抵消描绘为“干扰”，并说“我坚持认为，当两部分光汇合后会产生类似的效果，这就是我所说的光的干涉”。

这个理论在杨的一个实验中得到描述和验证。他将光从光源L(图7-4)射出并落在一个刺有两个接近的孔的卡片上。在穿过这些孔后，光落在另外一个MN的屏幕上。两个针孔代表杨的解释中的两个通道，光可以通过LAM、LBM两者中的任何一者到到达底层屏幕的M点。如果M点直接在L下，两条路径彼此相等，这样穿过A的波浪的峰会与穿过B的波浪的峰完全吻合，通过A和B的照明将互相加强。

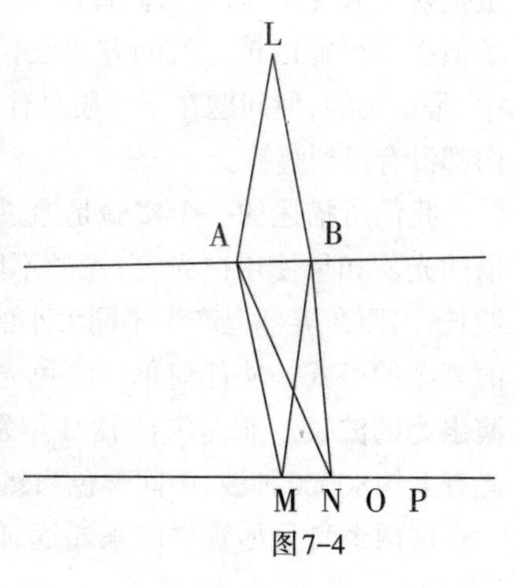

图7-4

在另外一点如 N ,情况不完全如此,因为路径 LAN 和 LBN 不相等。如果它们的长度恰恰相差一个完整的光波(一个波的长度),则波峰还会落在波峰上,波浪仍然会互相加强。如果长度是波长的任何一个完整值,同样的情况就会发生。如果路径差恰恰是波长的一半,波峰就会落在波槽上,两组波浪就会通过干扰互相中和。现在在 N 没有光,而是完全的黑暗。如果路径差是波长的1.5倍,或恰恰等于任何一个波长加上半个波长,同样的情况仍然出现。这样,在 M 为完全照明,在 N 为完全黑暗,在 O 为完全照明,等等,光与黑暗的规则交替可以描述为干扰的模式。杨发现,理论的这些预示都在实验中得到证实,其他人也有同样结论。

今天这些都似乎非常简单和具有说服力,但在当时其重要性尚未得到理解,杨的工作首先遭到谴责,然后被忽略,一位有地位的批评家责备皇家学会印刷这些“琐碎而无关紧要的文章”,并认为它们是“缺乏基本的名誉”。

大约14年以后,菲涅尔重拾这个题目,用有力的数学技巧进行演绎,并表明,波的运动的理论可以解释当时所有已知的光学现象,包括对早期牛顿和惠更斯的理论造成巨大障碍的冰洲石的双重折射。从现在开始,人们普遍认为光一定包含波动,因为两束粒子似乎不可能以被观察的方式互相中和。认为波动发生在“介质中”是正常的,但问题在于介质是什么,如何波动,这些在很长时间内都没有得到解答。

我们所描述的一个实验是通过单色光进行的,即只有一种光谱的光。如果使用白光,白光的不同颜色的组合光就具有不同的波长,因而在屏幕上产生不同大小的模式,结果是生动的多种颜色的复杂的模式。从任何单一颜色光所构成的模式的大小,可以推演出光的波长。菲涅尔在1821年发现红光有大约40000种波,紫光有大约80000种波,中间颜色当然也具有中等波长。

这两个科目尽管看起来遥远,但波动理论的成功与费玛的光线的传播时间在实际传播路径上的传播为最低值的原则紧密联系在了一起。如同惠更斯的猜测，在这条路径上任何一点，我们都可以想象有无数的小波纹通过不同路径到达。既然在实际路径的传播的时间已经最小，在任何比邻的路径上的传播时间应该也是基本类似(因为一般原则是，当不断变化的量以自己的最小值穿过，其变化速度瞬间可变成零——从下降到增加的路径一定是通过一个既没有上升也没有下降的静止点。开普勒对这个一般原则很熟悉，但是从没明确说出。微分数学给出了非常精确的答案，即当一个变量达到最大或最小值时，其微分系数值为零)，结果是当不同波浪组混合在一起时，波峰和波峰互相重合，从而波浪得到互相加强。这样在最小时间的路径上会有光的聚集，但不会在其他路径，费马原则被视为光的波动理论上的不可避免的直接的结果。

1849年，菲佐测量了光在空气中的传播速度，并发现了每秒315300公里的值。第二年，其同时代的傅科开始了用不同方法进行的系列实验，得到了更加精确的值，每秒298600公里(186300英里)。傅科还证明了光在较浓密的媒介中传播较慢，其速度的减小恰好可以通过费玛定理和光的波动理论得出，这对光的粒子理论起了盖棺定论的效果，即只有通过假设光在浓密媒介中传播较快才能解释光的折射。

物质的结构

在《光学》中，牛顿发表他对于与光学无直接关系的许多问题的深思熟虑，尤其是他进行了大量思考的物质的结构问题。在对光学的最后发问(问询31)中，他写道："在考虑了所有这些事项后，我更认为上帝在造物时将物质造成固体、庞大、坚硬、不可渗透、可移动的粒子，正是这样的大小和形态，这样的一些其他特征，这样的与空间的比例才更有利于最终完工。这些原始的粒子如此坚硬，比其他它们所构成的有孔物体更加不可比拟的坚硬，没有任何普通力量可以分解上帝自己最初创造为一体的物体。”这是直截了当地回归德谟克利特和伽森狄的原子论，也很可能是19世纪初所存在的典型观点。

在同一个发问中，牛顿写道：“现在物质的最小的粒子可能由最强的吸引力所黏结，组成长处欠缺的更大粒子，这些粒子进而组成更大的长处更加欠缺的粒子，如此继续……如果物体紧密，弯曲或在压力下可以向内变形，而没有产生任何部分的滑动，它就是坚硬且有弹性，可以从自身各部分产生的互相引力中恢复到以前的形态。如果各部分滑行到彼此之上，物体就可以锻造或柔软……因为在酸中融化的铁仅仅吸引很小量的酸，它们的吸引力只能到达距自己很短的距离……”

上面最后一句话向我们展示了当时所普遍持有的另外一个观点——物质的特性，尤其是化学特性，可以通过在物质最终粒子之间作用的短程力来进行解释。对于这些，1664年波义耳曾经做过假设，后来是虎克在1665年，然后牛顿在他的《数学原理》(1687年)序言中也做过假设。惠更斯于1690年时也说过类似的话：“在真实的哲学中，所有自然现象的起因都以数学方式进行思考。在我看来，我们必须这样做，否则将失去理解任何物理原理的希望。”

这里又出现了一个思想流派，将整个宇宙描述为机械性，认为所有自然现象都是力对物体产生作用的证据。但另外一个思想流派想象说物质不是仅仅只包括“固体的、庞大的粒子”，而是包括不同“无法估量者”，也许仍然是以微小粒子的形式存在，它们对物质能受到影响的很多特性起主导作用。

例如，人们认为一个物体之所以可以燃烧是因为它具有“燃素”，这是一个由后来成为普鲁士国王医生的乔治·欧内斯特·斯塔尔(1660—1734)在1702年引入科学的术语。一个物体含有的燃素越多,它就越可能燃烧,但是当它燃烧后,它的燃素就会消失,这解释了为什么一个物体在燃烧时会质量减少,以及为什么一个物体会可以燃烧两次。燃素实际上是“硫”的一种派生物,阿拉伯炼金术士认为其是火的原理。的确,现在认为包含有纯粹的燃素,因为在燃烧之后它不留下任何残余。但如果情况是这样,一个物体的质量就会随着燃烧而减少,而雷伊和波义耳都证实,其实质量增加了。

另外一个无法估量的是“热质”,它会渗透进物质,并根据量的多少使物体变热或变冷。这被用来解释热的很多现象——例如,一个受到捶打的物体变热,因为捶打将热质挤到表面。还有牛顿用来试图解释光、电流或体液的粒子,或吉尔伯特用来试图解释电吸引和电排斥的“精微无声放电”。最后,还有充满整个空间的介质或其他媒介,将光进行传播并且为其他无数目的服务。开普勒用它来解释太阳如何将行星保持在运动状态,笛卡儿用它为他的漩涡理论提供基本物质,吉尔伯特用它来解释磁现象,总而言之,它为那些没有它就难以解释的现象提供了方便的解答。

实验的事实逐渐将除介质(以太)之外的“无法估量者”淘汰出局。介质由于其传播光波的特性,在20世纪早期仍然为科学界所津津乐道,将其他“无法估量者”淘汰出局构成了18世纪科学历史的大部分内容。

但是,18世纪最重要的成果是,如空气和水等最普通的物质得以研究,并且其化学组成得到确认,而较为普通的元素和较为普通的气体得以分离出来,并且其成分被记录下来。我们今天都习以为常地知道水是一种由两种元素“氢”和“氧”组成的“化学组合”,空气是两种气体“氮”和“氧”的分子的“机械混合物”。不仅我们200年前的科学前辈们对此不见记载,而且引号中的词语也没有得到确定的定义。“气体”这个词现在已司空见惯,在古希腊语中是“混乱”这个词,其最初引入可以追溯到1644年的弗兰德化学家海尔蒙特(1577—1644)。他确认,一定存在很多种气体,但由于无法将它们分离出来而未能进行进一步研究。

布莱克 这条路上的第一步是苏格兰化学家爱丁堡的约瑟夫·布莱克(1728—1799)迈出的。1756年,他证实了一种气体的存在,与空气不同,可以与不同物质混合,也可以在非混合状态下存在。这种物质就是二氧化碳,但他称之为“固定的空气”,因为它可以通过与其他物质混合而固定下来。

卡文迪什 下一个重大进步是10年之后的一个尽管有很多怪癖,但仍不失为当时一名最伟大科学家的奇怪的天才亨利·卡文迪什(1731—1810)做出的。他是复杂和压抑特质的混合体,非常羞涩,不愿意与其他人尤其是异性说话,因而无法表达科学以外的事情。这样他在生活中形成了荒谬而令人同情的形象,这一形象甚至延伸到他去世。在床上病了2天后,他对仆人宣布自己将要死去,并命令远离他几个小时。当仆人第一次进屋时,卡文迪什对他吼叫,命令他离开,当仆人第二次进屋时,发现他的主人已经死去。

1766年卡文迪什宣布发现了另外一种新气体,他描述为“易燃气体”。他通过酸对金属作用将其制造出来,并研究了其很多特性,这当然是氢气。如同布莱克的“固定气体”一样,名字的选择显现出所有气体在当时被仅仅认定为大气的变体。

普利斯特里 在接下来的几年中,多种气体由除了科学能力、外在很多方面都与卡文迪什相反的约克郡人约瑟夫·普利斯特里(1733—1804)发现。卡文迪什生于贵族家庭,其祖上是公爵,普利斯特里是制衣定型工和农民的孩子。卡文迪什去世时还有100万英镑不知道怎样花掉,而普利斯特里却很贫穷,甚至到了衣食不足的程度,但仍然可以让生活变得开心和幸福,这与卡文迪什的无限孤独和不快的生活形成了鲜明的对照。卡文迪什在科学外没有任何兴趣,而普利斯特里则兴趣爱好广泛,科学只是其中之一,因为其职业是宗教牧师——首先是长老派成员,然后是唯一神教派。

他在化学方面的第一个发现是我们现在称为苏打水的“极为令人愉快的闪闪发光的水”，当然也就是布莱克的“固定的空气”在压力下放入水中的产物。他认为这可能是坏血病的治疗剂，并说服舰队司令进行尝试，结果他们在两艘军舰上安装了苏打水生成机。在他更加严肃的成就中，1774年对氧气的在发现应该位居首位（瑞典药剂师威尔海姆·舍勒曾在1777年发表了《关于火和空气》一文，其中他证明了空气由我们现在称为氧和氮的两种气体组成，由于他在1773年前进行了大多数实验，他可能在普利斯特里1774年同样发现之前就知道了氧的存在，但普利斯特里无疑是第一个发表这个发现的人）。他是在将不同物质漂浮在密闭容器内汞的上面，然后通过透镜聚集光线进行加热并观察这些物质的反应时找到了氧气。他发现当汞的氧化物这样处理时，会产生一种气体，令燃烧更加明亮，呼吸更加活跃。早在1771年，他注意到，当不再能支持燃烧和呼吸的空气在放入绿色植物时会恢复能力，即便是一个薄荷的嫩枝或光感植物即可有效。现在可以很容易理解——新的气体一定对燃烧和呼吸至关重要，并由绿色植物析出。这些特性确证了虎克和波义耳1662年和梅奥1668年假定的结果，也是鲍奇1678年用硝石希望得出的产物。普里斯特利将之称为“脱燃素气体”，因为它似乎对燃素十分贪婪并在接触时迅速抓住。

普里斯特利还发现了氮氧化合物——一氧化二氮、盐酸气体、二氧化硫和四氟化硅。与别人使用水收集气体不同，他使用汞收集气体，这样发现了其他人用水过程中忽略的产物。

普里斯特利非常间接地发现了水是一种复合物，而非单一的化学元素。在一次“取悦哲学朋友”的场合中，他通过将电火花射入普通空气和氧气混合物使其爆炸，并发现反应之后，容器壁出现了潮湿。卡文迪什随后进行了实验，检验了潮湿物质的性质，发现仅仅是水。根据这个线索，他认定水包含了普利斯特里的“脱燃素气体”和他自己的“易燃气体”，其比率根据体积为195:370，或者更粗略一点说，2∶1。在1781年，他通过从两种气体中合成出水的方法证明了自己的论点。

普利斯特里发现氧并没有像预计的那样对燃素理论造成致命打击，科学仍然在这些“无法估量者”中蹒跚踯躅，障碍还来自更早的时代，包括恩培多克勒的四个“元素”，以及它们可能赖以组成的四种特质。例如，恩培多克勒派学者曾说过，泥土是冷物质和干物质的混合，水是冷物质和湿物质的混合，如果湿可以变成干，那么水可以变成泥土。直至18世纪，人们仍然相信水可以通过简单的煮沸方法变成泥土。牛顿通过告诉我们“水可以通过不断蒸馏变成固定的泥土”描述了他的观点：“自然似乎对互相变换十分开心。”

拉瓦锡派学者的新陈代谢实验

拉瓦锡　过去世纪诸上种种及类似的遗产在法国化学家安托万·洛朗德·拉瓦锡(1743—1794)的实验面前终于土崩瓦解。拉瓦锡比其他任何人更有权利被称为现代化学之父，正是在他的手中，化学采用了现代方法和思想。他出生于巴黎的上层家庭，并被送去学习法律，而他学得最好的是科学系。在21岁时，他的一篇街道照明的论文为他赢得科学院奖，并在两年以后入选科学院，并在下一年成为完全资格的普通委员。但是,和他的伟大的同时代人拉普拉斯一样,他并不满足于单纯的科学生涯。

在入选科学院的几个星期内,他成为"普通佃农组织"的一员,这是一个政府向外承包的代为收取税款的极为令人反感的组织,拉瓦锡的生活由此被分割成科学和多少有些声名狼藉的商业两部分。在28岁时,他和"普通佃农组织"的另一个成员的女儿结婚,他的妻子给他带来了青春、美丽、财富和聪明,同时也对他的科学生涯给予了同情和积极的支持,这似乎是完全美好的婚姻。

当大革命爆发时,人们对"普通佃农组织"产生了强烈的不满。由于其成员利用公共开销令自己致富,他们都被逮捕、审讯并被判以断头刑。由于拉瓦锡杰出的科学成就和他的科学工作,曾有人尝试对他进行营救,但是"普通佃农组织"太过恶劣的品性使审判的天平倒向另一方,"共和国不需要学者"的论调占了上风,以至于最终的裁决成为"法律必须得到实施",终于,这位当时最伟大的化学家结束了他的生命,时年51岁。

1770年,拉瓦锡抨击了关于水可以转换成泥土的古老的传说。他显示,无论纯净水如何被煮沸和蒸馏,其最终结果也只能是纯净水,在质量上与开始时的纯净水一样。普里斯特利成功的秘密是一个简单的方法:通过汞而不是可以溶解气的水来收集气体。拉瓦锡的成功看起来更加简单,我们必须认为他是第一个用绝对干净的容器进行试验的人。

接下来(1774—1778),他抨击了当时盛行的认为质量可以通过化学作用发生改变的观点。当时认为金属经过煅烧会增加质量,但是拉瓦锡表示,这只是因为它们从空气中吸收了某些东西。当这种情况被完全考虑到时,则可以忽略,因而总体质量没有变化。他表示,呼吸也是同样道理,他认为那是一种缓慢燃烧,由此他引入了一种观点:质量是某种永久的不可会坏的东西,通过所有变化而得以守恒。牛顿曾经引入的观点是,质量在所有的动性变化(所有运动变化)中保持不变。拉瓦锡现在显示,化学变化也是一样。

拉瓦锡在普利斯特里宣布他对氧气的发现之前即研究氧气,但似乎1774年10月两人在巴黎见面时,是普利斯特里告诉拉瓦锡如何通过红铅获得氧。普利斯特里对自己发现的宣布是在注明1775年3月15日他写给皇家学会的信中,该信一周之后被读到;而拉瓦锡将氧作为自己的发现宣布出来是在同一年的4月26日的法国科学院的会议上,其间并没有提到普利斯特里的名字。也许顺理成章,拉瓦锡被控剽窃,但1782年他将氧气说成"普利斯特里先生的发现几乎与我同时,甚至如我所相信的,在我之前"。

拉瓦锡现在开始研究物质的化学组成,他从最简单的开始——空气和水,并在1777年发现,"大气空气不是一个简单的物质,一个元素,尽管古代人这样看,而且与直至我们时代以前的看法都不一样",他将其两种组成部分的比例确定为3:1,而真实的氮氧比例为78:21。7年之后,他重复了普利斯特里和卡文迪什的关于水的组成的实验,确认了他们的结论,并对水的组成气体进行了沿用至今的命名——氢气(制造水)和氧气(制造酸)。

他接下来开始将更加复杂的物质分析成其成分,并采用了波义耳的定义,将一种元素作为不可继续分割的简单物质。他将得到的元素分为四类:第一类包括氢、氧、氮和不可称量的光和热质,第二类包括当氧化时形成酸的物质,第三类包括不同金属,第四类包括不同的泥土,如石灰和苦土,拉瓦锡将这些误认为是元素,因为他自己无法再进行分解。

拉姆福德 拉瓦锡显示的物质表中没有燃素,因为他证实质量可以在没有燃素的情况下得以守恒,热质是下一个在美国人本杰明·汤普森(1753—1814)的研究中被抛弃的。本杰明更加知名的称谓是巴伐利亚伯爵拉姆福德,即他在巴伐利亚的麦西米兰王子王国担任行政官多年之后的头衔。他某种程度上是一个旅行者甚至冒险家，但最后定居下来并和拉瓦锡的遗孀结婚，但婚姻仅持续了很短的时间，因为女方在和前段幸福的婚姻相比后无法对现在的生活感到满意。

拉姆福德对科学的兴趣大多数集中在非常实用的方面，他被认为发明了蒸汽加热和比前代出烟量少很多的当代烟囱。1776年，他发表了《关于摩擦生热之源的询问》，其中提出，在打钻炮筒时，金属会变得非常热，似乎所产生的热没有限度。一般的加热，比如在火上的茶炉，通常会被解释为热量的转移，但这种解释在上面的情况下却行不通，因为可以转移的热量似乎没有限制。拉姆福德讨论说，更可能的是事实是，热是“一种运动”。

他试图通过实验检验这个猜测。将冰溶解为水需要很多热，所以如果热量理论是正确的，冰只有通过获得大量的热量才可以转换成水，而这会增加质量，但拉姆福德在1799年发现通过溶解冰获得的水与原来的冰具有同样的重量。他做出结论说，热一定是没有重量的，因而不可能是物质，必然是“被加热物体的各个部分的内部运动或振动运动”。同一年（1799年），汉弗莱·戴维爵士在经过几年的错误实验后宣布了同样的结论，他说，热是“物体粒子的振动运动”。

19世纪的化学

到19世纪初时，大多数严肃的科学家已经放弃了热素和热量的概念，转而承认燃烧只是与氧结合的过程，热不过是物质最终粒子的运动。更加普通的物质得到分离和研究，布莱克、卡文迪什、普利斯特里、拉瓦锡和其他很多人的大量的化学测量已经精确地进行，细致研究合成的道路已经呈现——物质如何以及为什么可以形成其他新的物质？

普洛斯特 在这条道路上第一个迈出重大一步的是法国化学家约瑟夫·路易斯·普罗斯特(1755—1826),他检测了不同水样中氢和氧的比例,并发现水怎样或何时检查结果都是一样的——1克氢对8克氧。接下来他发现其他合成物中也存在类似的一致性,这令他最终得出了自己的“固定比例原则”:在所有化学组成物中,不同的组成物总是出现不变的比例。这一结论被里克特(1762—1807)、费舍尔(1754—1831)以及很多人对其他复合物的实验所证实,由此比例表得以制作出来。

道尔顿另外一个重大进步是由约翰·道尔顿(1766—1844)做出的,道尔顿是威斯特摩兰郡一个纺织工的儿子,曾在曼彻斯特学校教书并在业余时间学习科学。道尔顿感到奇怪,为什么大气中的轻物质和重物质没有互相分开,就像水和油一样,并得出结论说,气体组成物一定以小粒子或原子的方式存在,即德谟克利特和留基伯所想象的那样,并且在大气中完全混合。

这对普罗斯特的固定比例原则射出了一道光芒,只需要试想,微小的原子可以结合成单一结构的小群体,然后形成更加复杂的物质,从而彻底解决了该原则的未解之谜。道尔顿提出,例如,一氧化碳由碳原子和氧原子一对一组合,而二氧化碳由单一碳原子与两个氧原子组合。

如果情况是这样的,普罗斯特的固定比例原则一定也解释了不同原子的相对质量。例如,碳氧化合物是由3克碳对16克氧,如果其中氧原子的数量是碳原子数量的两倍,那么碳原子和氧原子的比例一定是3:8(道尔顿给出了诸如此类的很多他的理论中的例子,尽管数字经常不对,但原则总是完全站得住脚)。

普罗特的假设 当很多原子的相对质量可以这样得出时,就会得出一个显而易见的事实,大多数原子的质量是氢原子质量的整数倍,或者为极近似的值。英国医生威廉·普劳特(1785—1850)在1815年对此产生了兴趣,并提出,所有物质可能都仅仅包含氢原子。例如，氧原子的质量是氢原子的16倍（实际上道尔顿提出的是7倍，这个错误可能是他认为水分子是一个氢原子和一个氧原子的结合），可能包含有16个氢原子，并且它们都以某种形式组合在一起。关于泰勒斯的问题“宇宙的基本物质是什么”，普罗特提出了一个答案：氢。

如果一个复合物的组成部分都是气体，它们的比例可以通过体积来测量，例如，一个单位体积的氧与两个单位体积的氢结合可以形成水。1808年法国化学家约瑟夫·路易·盖-吕萨克（1778—1850）宣布这种类型总是有一个简单的数学关系，这种关系可以用一种更加简单的形式表达。从上面的例子我们可以推测，在类似的条件下，一定数量的氧原子与同样数量氢原子占据的体积相等。

这个案例，体现了一个更加简单和更加笼统的原则，即通常所说的阿伏伽德罗定律：“当压力和温度一定时，某一体积的气体总是含有相等数量的原子，无论该气体的种类是什么。”1813年，意大利化学家阿伏伽德罗看到，与该一般类别相关的某种定律一定在盖-吕萨克和道尔顿的定律中有所暗示，但是长久以来，一直有人质疑其中的确切关系，直至最终由意大利化学家康尼查罗（1826—1910）在1858年做出彻底澄清。阿伏伽德罗已经引入了“分子”这个概念来意指原子组成的一个小群体，康尼查罗此时显示了其关系的真实形式即为上面所述的内容。现在重要的是发现任一给定温度和压力下原子的数量，在标准压力和温度下，每立方厘米的气体的数量是大约2.685×10^{19}，即后来所说的罗什米特数（量）。

人们长久以来就清楚，元素的物理特性不是仅仅的随意拼合，相反，各种元素都形成不同的组，所有成员都拥有类似的，尽管不是完全一致的特性，例如，金属组。还有原子不活泼，因而不与其他物质的原子形成复合物，甚至相互之间也不反应的单原子气体组。化学家现在开始要知道不同元素的物理特性与它们的原子质量之间是怎样的关系，这个问题由洛塔尔·迈耶尔（1830—1895）和德米特里·门捷列夫(1834—1907)进行了特别研究,而后者提出了彪炳化学历史的"周期表"。

也许可以认定,原子质量高的元素会显示出某种自己的群体特性,而原子质量低的显示出另外一种,等等,但是周期表显示了非常不同的某些东西。如果元素的排列是按照原子质量上升的顺序,并被表示为1、2、3等,那么2、10、18、36、54就被发现具有类似特质;同样,3、11、19等也会显示出类似特性,尽管与前面不同,这些特性会周期性地重复。这一切都有背后的具体原因,我们将在后面讨论,但结果仍需时间寻找。

能量和热动力学

关于物质结构的问题现在被放在一个确定的基础上,因而可以转向另一个问题——物质的行为。

卡诺(1796—1831)　1824年,法国工程师卡诺发表了他科学生涯的唯一一部出版物《关于热的动力能量的思考》。从理论的角度,这是一篇杰出的文章,因为它不仅建立了现代热动力学,而且赋予该门科学的现代形式。但是卡诺对问题的理论方面不太关心,他关心的是作为工程师所要碰到的工业经济的实际问题。蒸汽机已经普遍使用,但必须有燃料才能工作。卡诺希望知道对于某一特定开销的燃料,会得到多少回报,而且如何将回报最大化。他想到通过提高高度来提高重量的办法,他关于热的概念的讨论也因而与工作联系在一起。

焦耳(1818—1889)　卡诺的观点对于科学的进步影响不大,但道尔顿的学生,曼彻斯特的詹姆斯·普雷斯科特·焦耳重新对之进行发展时,情况发生了很大变化。焦耳在功与热的关系方面做了一系列非常熟练的实验,测量了如在容器中搅动水做功产生的热的量。他将自己的单位功定义为“尺磅”，即将1磅重量提升1英尺所做的功；将热单位定义为“卡”，即将1磅水在华氏刻度表上提升一格所需要的热量，然后他提出，两个单位之间存在一种固定的关系，一格单位的热总是提供同样的确定单位的功——该数量我们现在描述为“热功当量”。热和功之间可以互相转换一定已经成为普遍现象，焦耳通过实验显示，这种转换是在固定比率的情况下进行的，并对比率进行了确定。还有运动的动能、势能通常通过活劲来表示，即焦耳所称的“活的力”。另外一种是潜在能，如钟锤提升的能量，焦耳发现，这些也可以通过固定比率进行转换，每一个都有用热或功表达的确定对称项。1847年，他宣布“当活的力被明显毁坏后，无论是通过碰撞、摩擦或是任何类似的方式，都会有确定的热得到回复。相反的情况也是这样……热、活的力和空间吸引（如果与当前课题一致，我也愿意为之发送一道光）是可以互相转换的。而在这些转换中，没有任何损失”（这一点首先通过在教堂阅读室的一个演说向世界宣布，然后在曼彻斯特周报上向世界首次发表）。

法拉第的圣诞演讲

不仅没有任何损失,实际上也没有获得任何物质,因为转换是以固定的比率进行的,这表明,明显的,为什么永久运动是不可能的。任何一个自然系统都含有一个确定但有限的做功能力,而永久运动要求一个无限和不确定的能力。

讨论还可以完全转过来。如果经验表明永久运动是不可能的,这一定意味着通过转换无法获得做功的能量,因而所有转换一定具有固定的转换率。1847年,也就是焦耳宣布自己发现的同一年,德国物理学家赫尔曼·冯·亥姆霍兹(1821—1894)发表了一本小册子《力的守恒》,其中他进行了类似的思考并得到了与焦耳一样的结论:热和功可以以固定比率进行互换。焦耳是通过直接实验得到了答案,而亥姆霍兹则是通过基于永久运动不可能这样的抽象思维得出了答案。

开尔文男爵(1824—1907)　大约在同时期,威廉·汤姆森爵士,即后来的开尔文男爵,开始通过数学方法研究这些学说,并在其上建立了连贯的知识体系。现在已经知道,每个物质体系都包含有一个热量场、"活的力"等等,这代表着做功的能力,可以通过固定比率互相转换,而总量在所有转换中保持不变,除非出现了从外界获得或失去的情况。开尔文将这种现象称为"能量",即将引入物理的术语。

焦耳的原则现在可以表达为能量得到保存,他对该原则的第一次明确表述主要与机械力和热有关,但是后来他证实该原则同样适用于电力。1853年,化学家尤利乌斯·汤姆森发现能量也在化学转换中得以保存,通过这种方式,能量守恒广泛的一般原则得以在自然科学中确立,与质量守恒形成了匹配的对称。能量,和质量一样,被认为是具有恒常的总量,宇宙中能量和质量重新分配,所发生的一切变化都不会改变其总量。

开尔文勋爵现在为能量或热的测量提出了一个准确的刻度表。在承认热是基于物体粒子的自由运动,他提出温度测量的起点是从0点,即没有此类运动发生开始——温度的“绝对零度”。由卡诺提出的理论思考显示,这对所有物质有效,实验将其确定为-273℃。在此之前的温度计依赖汞或其他物质的热膨胀,但开尔文新的“绝对刻度”与特殊物质的特性无关。

气体动力学

现在可以问一问物质分子和原子必须如何作用才能使物质具有所观察到的特质。

这个问题对气体来说最简单。波义耳曾经尽力解释过他的“空气弹簧”,即将空气比作“一对小物体,彼此上下相叠,就像一堆羊毛。因为这样的羊毛包含很多易弯曲的小毛,就像弹簧一样,可以卷起,但总是会尽力恢复原状”,这暗示着空气的粒子一定彼此接触。伽森狄另一方面思考说,它们一定距离很远,并因为运动保持很远,他认为,这样的一幅画面可以解释气体的所有物理特性。

20年之后,虎克提出了类似的观点,认为空气的压力来源于坚硬而快速移动的粒子在其容器壁上的撞击。他尽力得出波义耳定律——“随着气体体积的变化,压力与密度成正比变化”,但是未能成功。60年后,巴塞尔大学教授丹尼尔·伯努利(1700—1782)显示说,如果粒子在体积上是无限小的,那么定律就是正确的,同时探索了如果粒子的体积较大,该定律应如何修改。

这个课题已经搁置了将近1个世纪,然后又重获生机,得到诸多探索,其代表人物是赫勒帕斯(1821年)、焦耳(1848年)、克龙尼格(1856年)、克劳(1857年)、麦克斯韦(1859年)。英国物理学家瓦特斯顿在1845年向皇家学会提交了一份重要的论文,其中包括了从粒子的速度和质量角度表示的压力和温度的计算,但是由于文中错误较多,也出于某种不公平的裁定,文章直至1892年才得以发表,但仅作为历史掌故。

焦耳计算了气体分子应该运行多快才能通过自己的影响制造出所被观察到的气体压力,并发现它们在普通空气的速度大概应该达到每秒500米——与来福枪子弹的速度类似。在较为温暖的空气中,分子的运动速度当然应该更快,而在较凉爽的空气中则更慢。总体来说,每个分子的运动的能量与温度成正比,测量的极点是绝对零度,即运动能量为零时。

另外一个处理此类问题的更加僵化的方法由波恩的物理学教授克劳修斯在1857年提出,他以三个简化的假设为开端:第一,气体的分子都以相同的速度运动;第二,除非真正发生摩擦,它们不会施加任何力;第三,它们在体积上无限小。他接下来证实,一种气体的压力等于单位体积内所有分子运动的能量的三分之二。波义耳定律立刻得到了解释,如果该气体可以在其原来占有空间的两倍的体积内散播,分子运动的所有能量保持不变,而每单位体积的能量将减半。但是设想一下,气体加热时其所占空间的体积并没有增加,那么分子运动的能量会随着绝对温度成比例增加,结果是压力也随着绝对温度成比例增加。这就是著名的查理和盖·吕萨克定律,最初由盖·吕萨克(1778—1850)在1802年发表,尽管气球驾驶人查理(1746—1823)在1787年首先通过实验得到结果。

克劳修斯还证明,不同种类的分子的运动速度不同,热和气体的速度都与分子重量的平方根成反比——该规律由托马斯·格拉哈姆在1846年的通过孔状物质的气体散发的实验中发现。克劳修斯还证实,阿伏伽德罗定律是顺理成章的结论。

克劳修斯的三个简化的假设是站不住脚的,一种气体的分子以同样的速度运动是不可能的,因为气体的分子一定不断地互相撞击,每次摩擦都会改变其速度。因而,如果在某一时刻所有速度都互相相等,那么这种情况马上就会改变,1859年,当时在阿伯丁后来在剑桥任教的物理学教授詹姆斯·克拉克·麦克斯韦开始了对这个题目的研究，并发现当碰撞等干扰因素存在时，分子的平均速度应该怎样，以及每个单独分子的速度会怎样围绕这个平均速度变化，他所得到的结果即通常所说的麦克斯韦定律。该定律是卓越的数学洞见的结果，而不是严格数学分析的结果。今天没有人为他的证据辩护，但是每个人都同意其证据可以得到正确结果。在较晚的时间(1887年)，荷兰物理学家亨德里克·洛伦兹提出了一个严谨的证据，基于维也纳教授路德维希·玻尔兹曼1868年引入的方法。

麦克斯韦定律显示，速度的分布与多名射手都瞄准靶心时发生的错误分布类似。当然一定有某些差异，因为一个靶心是两维的，而分子的运动是三维的，但这是仅有的差异。我们可以想象，所有分子都以静止为目标，并且它们的运动——即它们的失败的分布符合著名的"实验和错误(试错)"定律。麦克斯韦定律所包含的确切知识是获得更多进步所必需的前提，当然如果这是确切的知识。

如果设想分子只是在实际发生碰撞的时刻彼此施加力，也会令问题简单。麦克斯韦抛弃了这种简化方法，并假设说，分子即便在没有真正发生接触时也会彼此施加反作用力。这些力应该在任何距离都存在，但除非距离非常短，否则可以忽略不计。麦克斯韦提出，它们的强度与距离的5次方成反比，因为已经有一些实验令他相信这是分子力的真实定律。基于这种猜测，他研究了不同气体的不同特性，尤其是热的传导、散播、内部摩擦或黏质。他的工作近来由其他数学家扩展到不同方向和其他力学定律，这些人包括查普曼、爱思柯克、兰纳·琼斯和柯林。

设想气体分子的大小为无限小是不可能的，上述气体的三种特质都是固定体积大小的分子的结果，而且它们的数量取决于该体积。小的分子在没有碰撞的时候运行得更远，因而可以在比邻的气体层中渗透得更深，这些现象为确定分子大小提供了一种途径。平均的分子的直径一般认为是1英寸的1亿分之一,在普通空气中,分子在连续碰撞之间的运行为40万分之一英寸,而完成每一次这样的自由路径所需的时间是80亿分之一秒,麦克斯韦关于分子在任何距离都互相排斥的假定与毛细引力以及流体的表面拉力现象不符。

1873年,荷兰物理学家范德瓦尔斯抛弃了这个假说,并提出,非常接近的分子彼此施加引力。他研究了一种物质在这种条件下如何反应,并发现通常会出现三种存在方式,他立即将之确认为液体蒸汽和气体状态。他的研究还对安德鲁斯在1869年和1876年所获得的某些结果提供了令人信服的解释,直至那时,人们还认为气体可以通过足够的压缩变成液体。但是安德鲁斯发现情况并非如此,每一种气体都有自己的"临界温度",只要气体在这个温度以上,没有任何压力,也可以将气体液化,这些实验以及范德瓦耳斯的解释理论产生了气体液化的复杂技术和工业上对冷冻的大量应用,在19世纪末以前,除氦以外的每一种普通气体都已实现了液化。雷顿物理学家卡末林·昂内斯在1908年对此进行了液化,临界温度为-268℃,或在绝对零度以上5°。

电学

这些进步都很重要,接下来我们将看到,在两个世纪中所取得的更重要的成就是电和磁科学的快速和广阔的发展,这里开始了电气时代,电被引入了日常生活。

现代科学的基础在1600年得以确立,其标志是吉尔伯特发表的《关于磁》,该书主要探讨磁,仅有一章关于电。这种不平衡的分布在当时十分自然,原因有二:首先,磁在航海领域有非常实际的价值,海员使用的指南针——小型的磁针,是由中国人在11世纪时发明，并由阿拉伯水手传入欧洲，并在其后普遍运用，电没有这样的实用价值。第二，磁现象广为人知，并且可以简单展示，任何人都可以在口袋里放一块小的天然磁石，而电效应则很难简单展示。

吉尔伯特发现磁的话题陷入了迷信的境地，磁石被冠以治病的魔力，但如果受到蒜的污染就会丧失魔力，等等。吉尔伯特对所有此类观点嗤之以鼻，并开始了关于磁石引力的研究，其结果是他将地球描述为一个大的磁场。

电的情况有点与此相异。从古以来人们就知道，当一块琥珀受到适当的摩擦，就会产生吸引力吸引轻小物体，吉尔伯特解释说，电存在于受到摩擦的物体。吉尔伯特为自己制造了一个粗糙的验电器，一个简单的可以在轴上转动的轻金属针——某种电动海用指南针，这个设备可以简单指示出电的存在和电量的大小。吉尔伯特对不同物质进行了摩擦，并检查了针的晃动效果。他发现物质可以分为两种不同的类别。一些——如玻璃，硫和树脂，在摩擦后出现的吸引效果类似琥珀，而其他的——如铜和银，并没有这种能力。他将第一类物质描述为"电体"，第二类为"非电体"。吉尔伯特的非电体我们现在称为导体，电可以自由穿过它们，所以它们保留所带电荷的时间不会超过一秒的一个小零头。吉尔伯特的电体当然就是现在所称的绝缘体，电不会自由地穿过它们，因而可以在其上储存，如果用绝缘体放在导体上阻止电的自由穿行，那么电也可以在导体上储存，否则，在导体上存储电就像在筛子中储存水一样。但是由于吉尔伯特不知道这些，他没有对他的验电器进行绝缘处理，因而从没有观察到电荷的反应。卡波斯在1629年首先发现了这个现象：金属屑在摩擦过的琥珀的吸引力的作用下被吸引，在与之接触后会从琥珀跳开几英寸。1672年，气泵的发明人奥托·冯·格里克用了一种令人惊异的方式展示了同样的效果，他将一个硫球放在铁架子上，用一只手转动，同时用另一只手摩擦，这样使它产生电。小而轻的物体，如羽毛，会在硫和地板之间跳动，因为球上的电会交替吸引或排斥它。几年以后，牛顿为皇家学会展示了类似的实验，用丝绸和玻璃的摩擦制造出电。

1730年，杜菲在解释这些吸引和排斥现象时提出，所有物质都包含两种电流，它们通常等量存在，彼此中和，正因为此，他称之为正电和负电，但它们只可以通过摩擦分割，然后根据彼此相同或相异而互相吸引或排斥。美国的名人，当时还是费城的印刷工的本杰明·富兰克林（1706—1790）在1747年提出，吸引和排斥可以更好地解释为存在于所有物体中的单一的“电火”或“电流”，一个物体如果所具有的电流超过其自身本来的份额，就成为加，或正充电的；如果低于该份额，就成为减，或负充电的。这种对电现象的流体解释在一个多世纪内占据主导，但更老一点的两种电流的解释更符合我们现在的认知。

如果没有更好的技术处理和储存电，就不会产生进步。大约1731年，人们发现如果在两个物体之间放一个导体，那么电可以从一个物体传到另外一个物体。1745年，雷顿的马森布罗克和库曼的克莱斯特都独立发现，电可以大量储存在由两个中间带有绝缘片的导体盘所组成的“凝结器（电容器）”中——根据最初发明地所命名的雷顿罐。

1749年，富兰克林提出，雷电是一种导电现象，并在1752年通过将雷电经过风筝传导到手中的钥匙这样一个痛苦的实验进行了证实。他提出，使用雷电导体来保护建筑物不受雷电的伤害——即一个将雷电无害导入地下的金属棍。

1767年，普利斯特里编写了《电的历史和现状》，记载并调查了所有当时的电知识。富兰克林曾经将一个小的软木塞球落入一个高度通电的金属茶杯中，发现没有吸引或排斥现象发生。1766年，普利斯特里重复了这个实验，进一步证明了在一个通电导体的内部没有充电现象。例如，如果一个中空的导体球的表面有一个门，那么可以预计，如果球带电，某些电荷会通过门传导到外面，实际上这是不可能的，因为在内部没有任何电荷。将这一点和牛顿的数学定律比较，即在球的内部不存在引力，普利斯特里得出结论说，电荷之间的力的规律与引力定律一样，即与距离的平方成反比。卡文迪什在1771年通过实验验证了这个定律，但结果直到1879年才公布。同时，法国工程师查理·奥古斯丁·库仑(1736—1806)在1785年也证实了这个定律，方法是直接测量将两个带电木髓球保持在一定距离所需的力。

在这个基础上，库伦建立了电力的数学理论，他的工作由几个知名的理论学家延续，包括伟大的法国数学家西莫恩·德尼·泊松(1781—1840)，以及同样杰出的德国数学家高斯(1777—1855)。

电流　在18世纪末时，静止电荷的科学——我们现在所谓的静电学，基本形成了现在的形态，直到一个世纪以后的电子出现之前，再没有重要的知识加入。大约1773年，物理学家开始对所谓的“电鱼”，即“电鲼”和“裸背鳗属”产生的电击感兴趣，这些电击的感觉类似于雷顿罐的效果，因而被认为在源头上具有电力，从而开始了对电的生物学研究。1793年，意大利博洛尼亚的伽伐尼将雷顿罐的电流穿过青蛙的腿，看到了肌肉的痉挛收缩。他还想象说，这种电现象可以通过肌肉收缩获得，这一点是正确的，但是他未能提供证明。他将这些效果归为他所称的动物电，但是其他人称之为“流电学”。

1800年，帕维亚的伏特证实，电活动可以刺激触觉、味觉和视觉器官，因而可以产生不同的身体感受。例如，如果两个不同金属硬币放在口中，一个在舌上，一个在舌下，它们的两面由铜线进行电接触，舌头会产生盐的感觉，他将这种现象归为动物电，因为他认为这取决于活体物质的存在——舌。但是他很快发现，当用粗盐水浸泡过的直板来代替舌头时，这种电的效果依然存在。他然后做了一个“福特堆”，将不同层的锌、纸、铜、锌、纸、铜……铜以此顺序彼此叠加，总是以锌开始，以铜结束。如果底部的锌与顶部的铜直接相连,电就会不断流过金属线。这个简单的设施就是电池和蓄电池的原型,所有的电流都是通过类似的方式获得的,直至发电机在晚些时候出现。

1801年,沃拉斯顿证实,按这种方法产生的电与伽伐尼的动物电的效果完全一致,接下来的一年,埃尔曼用验电器测量了福特堆所产生的电化的级数,并发现,很多层数的瓦特堆所产生的电化级数仅仅与一个很小的摩擦所产生的级数一样。

当时,福特堆的电流一般被认为是运动中的电流,而摩擦所产生的电流则被称为紧张(电位差)电。1827年,乔治·西蒙·欧姆(1781—1845)用一个更加确切和科学的术语代替了这个模糊的描述。将电的流动和水的流动进行比较,在摩擦机器中电的流动,就像少量水从很高的高处落下而形成的瀑布,而瓦特堆的导电线中电的流动就像大量水很少发生降落地在宽阔河流中的涌动。在环路中不断的电流就像水在环形隧道中流动,除了在泵站将其提升回原来高度外,可以在任何地点下落。泵站可以是一个瓦特堆、电池、续电器,甚至发电机,欧姆将电量、电流强度和电动势进行了精确化。在我们的类比中,一定量的电和一定量的水是对应的,电流和我们隧道中的水流对应——即在某一单位时间内通过一个点的流动,而电动势(瓦特)代表河水下落的高度。严格地说,这样改变是为了将某一单位的电带动形成环流,或笼统地说从一点到另一点,所必须做的功。

电化学 1800年瓦特建立了第一个瓦特堆的同一年,两个英国人,尼科尔森和卡莱尔对瓦特堆进行了改进,并产生了重要的成果。他们没有用单一的线将第一个锌片和最后一个铜片连接起来,而是在两者上各加了一个黄铜线,并将松开的两端引入装有盐和水的容器,盐的作用是将液体转化成大导体。与以前通过单一的瓦特线不同,电流现在通过两根黄铜线和水,其结果是氢气在一根线的底部聚集起来,而另一根线的底部则出现了氧化。或者,如果使用不可氧化的物质，氧气在一根线的底部而氢气在另一根线的底部聚集。显然，电的通过将水分解成它的两种组成部分——氧和氢。

从这个基础的实验开始，电化学的整个题目便产生了，包括水在内的很多物质，很快通过同样的方法被分解成其基础组成成分，在这个过程中新的元素得以发现。汉弗莱·戴维爵士（1778—1829）在1807年发现了钠和钾。

在尼科尔森和卡莱尔原来的实验中，被释放出来的氧和氢与水中通过的电流量成正比。1833年，法拉第测量了释放出一克不同物质需要多少电流，发现其结果电流量与这种物质的相对原子质量紧密相关。但是电流量似乎与所解放的原子数更加紧密相关，并且，如同赫姆霍兹后来评论的，这指向了与每个原子连接在一起的电荷的某种基本单位，这就是电子出现的最初征兆。

测量电流解放出来的物质的量很简单，因而长时间内这被用来实际测量电流，现在仍然被用来定义电流单位，这个单位即“安培”，被确定为每秒释放出0.0011183克银的电流。

法拉第引入了今天仍然在使用的大多数电化学的术语。电流将一种物质分解为较简单的组成物的过程被他称为“电解”——电释放，被分解的物质称作“电解质”。插入电解质的两个盘片被称为“阳极”和“阴极”，正极电从前者流向后者。被分解的物质的两种成分被称作“阴离子”和“阳离子”，并可以统称为“离子”。

这样，电与化学连接起来，并迅速与物理的其他分支联系起来。电通过导体的路程会产生热，某些时候还会产生光，因而电与光和热联系起来，这样现代电热和电光技术的基础建立起来了，但很快建立了另外一个更有成果的联系——电和磁。

电　磁　很多观察家注意到，针的磁受到附近电释放的影响，从而得出结论，电和磁之间一定有某种联系。第一个确定的联系在1820年由哥本哈根的奥斯特建立起来，当时他的一个在轴上或用线悬挂的平衡的磁针在附近有电流通过时会发生位置偏转，从这个单一的观察出现了电气电报。交替点击电流某一点的“电报键”可以在电流中制造电或中断电，从而在可能几百英里以外的电流另一端造成磁针的不断偏移，其结果可以根据事先安排好的密码进行解读。同样的观察可以让人们使用一种“电流表”来测量电流的强度，最简单的形式是，这包括一个磁针，悬挂起来或在轴上，并可以自由转动，其周围是线圈，构成电流的一部分。线圈通常包括很多圈导线，这样一个小的电流如果通过线圈也将产生可以测量到的针的位移，通过偏移的程度可以测量电流的流量。

法国物理学家安培立刻看到奥斯特的发现会产生深远的影响，常识显示，靠近的 A 和 B 两块磁会互相造成位置偏移，现在奥斯特显示磁 A 可以被电流代替。为什么不可以用电流代磁 B 呢？简言之，一种电流似乎等于一个磁，为什么两个电流不可以等于两个磁，并同样造成位置偏移呢？1820年7月21日，就在奥斯特的发现到达巴黎后一个星期，安培进行了他的实验，并得到了希望的结果：两种电流互相吸引或弧线排斥，如同磁一样。

这是一个伟大的成就，但仅仅是科学史上所承认的为数不多的大实验家之一的迈克尔·法拉第做出的更伟大的发现的踏板。

迈克尔·法拉第（1791—1867）于1791年9月22日出生于伦敦的纽英顿·伯特，是一个铁匠之子，家中共有10个孩子。他最初的生活是为书籍装订商做差使，后来成为了学徒工。在他的雇佣期间，一名顾客给了他一张去皇家学会听汉弗莱·戴维爵士科学讲座的门票，在那里他受到了汉弗莱爵士的注意，并最终被指定作为演讲助手，从而使他逃离了他所厌恶的商业，进入了自己喜爱的科学领域。

他当然对电感应很熟悉，当一个带电体，如一片琥珀，被放在一个非带电体附近，前者所带的力会在后者上分离出两种电，较远部分所带的电与琥珀属于同极，而较近部分所带的电与琥珀属异极，这就是为什么被摩擦的琥珀会吸引较轻的纸屑，或一个验电器的针。法拉第知道，一个磁体放在没有磁化的铁的附近可以对后者引起磁，因而两者可以互相吸引，这就是磁可以吸引小铁屑的原因。

法拉第在对这些事实进行思考后，感到奇怪，在环流中的电流是否可以同样的感应起附近另外一个电流。磁可以互相引起，那么与磁如此类似的电为什么不可以？从1821年以后，他进行了尝试，用磁或另一组环流中的电流去引起一组电流，但没有获得成功。最后，在1831年8月，他将203英尺长的铜线绑在一个大的木块上，将另外203英尺类似的线作为螺线点缀在拐弯处，并将两者用麻线绑住以防止漏电，一根线的末端与电流表相连，另一根线的末端与100组盘片构成的电池相连。这样他有两组环流放在彼此很接近的范围内，并布置了设备分别在一组中制造电流，在另一组中进行观察。如果第一组环流中的电流可以引起第二组中的电流，那么在后者环流中的验电器应该可以显示出位置移动。开始时他十分失望地没有发现任何现象，最后，他发现了在第二组环流中出现了非常细微的同步位置偏移，与第一组环流中发生电流的时间一致，当电流停止时，类似的位置偏移同样发生，但方向相反。

现在秘密可以公开了。第一组稳定的电流没有在第二组环流中引起电流，但电流的变化引起了电流。这一点一经发现，下一步就只需知道第一组环流中的电流是否可以被磁代替，法拉第很快发现一组环流附近的磁的运动可以在另一组中引起电流。

这样，移动磁所形成的机械功可以产生电流，这是将机械能转换为电能的方式。在更大的规模上，磁可以通过燃煤发动机来移动，这样可以将煤的热能转换为电流的能量，电工程学诞生了。

在法拉第的基础实验之上产生了大量的相关技术，可以进行电力的机械制造，发电机的构建和运行，将电流能量转化成机械能的逆程序构成了所有电力发动机和电传输的基础——包括火车、电车、电梯等。

在随后获得发展的电磁数学理论依然以同样的基本实验为基础，为了解释他的实验，法拉第采用了吉尔伯特在《磁》中提出力线概念，提出磁、电荷或电力会在被认为是遍布空间的介质（以太）中产生力。如果在磁的顶部放上一个薄卡片，将铁屑撒在卡片上，就会发现铁屑自动形成串状团，方向基本从磁的一端到另一端。法拉第认为，这不仅表明在介质（以太）中存在磁，而且也勾画了这些力在卡片上不同点的作用方向。他猜测，在电荷的周围也存在类似的电力线，这样介质本身应该处于压力或张力状态，其推或拉的作用当然可以解释磁或充电体所产生的明显吸引或排斥。法拉第现在对他的基本实验的解释是，运动的磁带动磁力线，然后在导体环线中扫过，引起电流穿过环线。

法拉第没有希望他的力线概念可以得到非常现实的解释，仅仅将它作为可以帮助理解电力和磁力作用模式的图画。整体的系列观点显然可以通过数学语言得到更好的表达，但法拉第并不是一名数学家，而克拉克·麦克斯韦是一名数学家，并在1856年发表了文章《论法拉第的力线》，他尽量用精确的数学语言表达法拉第的观点。他遵循了法拉第将电作用和磁作用归于介质中的压力和张力作用的说法，并在1864年证实，电变化或磁变化在介质中产生的搅动会以波的形式散布出去，在这种波中，电力和磁力会彼此成直角，也会与波的前进方向成直角。

这些波的传播会以单一的速度进行，并可以计算、验证，被控制在实验误差之内，实际上与光的速度相等。在英国，这一般被用来确立光是电磁现象，包括电力和磁力，并在介质中传播的观点。“什么是光”的问题多个世纪以来一直未能获得解决，但现在可以终于可以说，光是在介质中穿行的电力和磁力。

但欧洲大陆相对仍然没有信服。1879年，柏林科学院为于此有关的一个课题颁发了奖励，当时的柏林物理学教授赫姆霍兹将该问题提给当时他的学生,后来成为波恩和卡尔斯鲁厄教授的海因里希·赫兹(1857—1894)。其结果是,1887年,赫兹成功地令他实验室的电源放射出麦克斯韦理论所预期的波,并显示出拥有麦克斯韦理论所要求的所有特性,以及光波的所有特性,但波长更长,它们实际上是我们现在所描述的短波长的无线电波。在法拉第和麦克斯韦的这些研究和赫兹的开拓性实验之上,当代广阔的无线电传输技术开始发展了。

在大量的实验之后,欧洲大陆继英国之后接受了麦克斯韦光的电磁理论。

赫兹进一步证实,麦克斯韦的电磁定律暗示了电作用和磁作用之间的基本对称。力的电场的变化会产生磁力,力的磁场变化会产生电力,与新出现的力的变化相关的数学公式对两者都适用——该发现对于有关电和磁的最终含义的讨论具有非常重要的作用。

第八章　现代物理学时代

(1887—1946)

1687年到1887年的200年可以恰当地描述为物理的机械时代,科学似乎已经发现我们生活在一个机械的世界,一个粒子的世界,这些粒子在其他粒子的力的作用下进行运动,这个世界的未来完全由过去所决定。1687年,牛顿的《数学原理》用这种方式非常成功地解释了宇宙天文。1887年以前,麦克斯韦用基本类似的方法解释了辐射,他说,其中包含了在力学定律指导下穿过介质的干扰(搅动)。最后,1887年,赫兹在实验室中制造了麦克斯韦的辐射,并显示了它与普通光的相似性,这似乎在两个世纪以来建造的结构中嵌入了最终的拱心石。

大多数物理学家现在认为这个结构是矗立无疑的,完整且不可撼动,很难想象,未来的物理学家会发现任何比详述宇宙的机械原理,以及将测量物理量推向前进更令人激动的事业。

也不会有人想象事情的实际过程会如何完全不同,但在最后加入拱心石的1887年,这个结构开始摇摆,这是著名的迈克尔逊—莫雷实验进行的一年,也第一次显示出基础有某些缺陷。现在看来,这是机械时代的极点,也是非机械时代的开始。

这并不是说科学在过去的200年中一直沿着错误的道路前进,过去的记录至少已经找到了一套定律,对行星和抛物、自由落体石头和滚球等运动进行了完美或基本完美的描述,它显示了中等大小的物体的一般情况就好像自然是完全力学的,这些都是真实的好的进步,但是科学开始在更广阔的条件下探索自然。对较大和较小的物体的研究可能令人信服地表明,机械画面仍然足以适用,即便是在与人类直接经验相距遥远的领域。实际情况却恰恰相反——作为整体的这幅画面仍然需要根本的改进,自1887年以来的物理史很大程度都反映了这种改进。

绝对空间　第一个大改进是牛顿为自己学说框架所设想的绝对空间被从画面上抹去,介质是整幅画面中并不引人注意的背景,被认为为两种目的服务。它提供了令空间距离可以测量的固定的框架,并可以以电磁波的形式传播辐射,但对其存在没有试验证据,这仅仅是假设。迈克尔逊—莫雷实验的设计是为了可以对这种捉摸不定的介质有更确切的描述,尤其是测量地球在其中的运动速度。

光被认为是在其中以单一的速度传播,大约每秒186300英里,即光速,但这个速度对于一个在运动的地球上的人而言却可能意义不同。如果地球在介质中的移动方向与光的方向一致,而速度为每秒x英里,那么在1秒之后光可能已经在介质中运行了186300英里,但是由于地球自己也可能已经运行了x英里,那么光在地球面前仅仅运行了186300- x英里。这样光运动的显现速度——相对与地球的真实速度,仅仅是每秒186300- x英里。如果光的运行方向与地球相反,其相对速度应该是每秒186300+ x英里。现在想象一下,一束光从地球光源射出,沿着地球运动的方向运动,直至落在一个镜子上,然后被反射回光源,那么光的外行速度为每秒186300- x英里,返回速度为每秒186300+ x英里。简单的数学表明,往返的行程比地球在介质中保持静止的情况下所需的时间稍长(长度为l的行程的双倍所用的时间为$\frac{l}{186300-x}+\frac{l}{186300+x}$,比$\frac{2l}{186300}$稍大,二者之差为$\frac{2l}{186300}\times\frac{x^2}{(186300)^2-x^2}$),而且地球运动得越快,时间丧失得越多,这样,从对失去的时间量的观测,应该可以在原则上确定地球运动的速度 x 。

迈克尔逊—莫雷实验通过上面描述的简单形式来进行这个实验当然不可能,这需要高度准确的计时器。但在1887年,两名美国教授——迈克尔逊和莫雷设计了一个看起来适用并且可以得出所需信息的变量。他们将一束光分成两半,其中一半用来进行上面描述的往返行程,另一半作为某种控制力量,在成直角方向上做往返行程,当两个半束光返回光源时,它们合在一起通过一个小的望远镜。

如果地球在介质中出于静止状态,那么两束光当然会以同样的时间进行行程;如果它们在出发时处在一起,它们会一起返回。但如果地球在运动中,它们的时间会稍有不同,而这种不同会以干扰的形式自己显现出来,观察到的不同的量可以揭示出地球运动的速度。该方法非常敏感,一个少于每秒1公里的速度都会造成可见的结果。

正是基于这样的期望,实验被设计出来并得以实施,但是没有检测到时间上的不同,一切都似乎是地球在介质中保持静止的状态时的结果。当然,地球可能在时间进行的时候保持静止,它沿着太阳的每秒19英里的运行被太阳在空间中的每秒19英里的反方向运行抵消了。如果是这样,那么仅仅需要等待6个月,地球便会在空间中以每秒38英里的速度运行。但在6个月后重复进行的实验却得到了一致的结果,而且后来的多次试验也一样,地球似乎始终在介质中保持静止。人们可以认为地球在拉着介质一起运动,但这种可能性已经被光行差现象预先排除了,这确定需要地球在介质中自由运行。

整个情况一度看起来似乎成为谜,但当哈勒姆的洛伦兹和都柏林的菲兹哲罗(1851—1901)几乎同时并各自独立地提出同样的解决方案时,问题便澄清了。两个半束光线尽管平均速度不同,但用了同样的时间完成行程,并且推论似乎是行程的长度不一样。

解释整个问题，可以假设，一个物体的运动更导致它在运动方向上而不是在垂直的方向收缩，其收缩量恰好可以抵消两个半束光在速度上的不同（确切的抵消所需要的比率应该是 $\sqrt{(1-\frac{v^2}{c^2})}$ 比 1，v 是运动的速度，c 是光速），这样的收缩永远不会被直接测量查到，因为每个标尺都会与其所测量的物体同样收缩。但是洛伦兹显示，完全符合所需要的量的收缩实际上已经由麦克斯韦的电磁理论预测到，所以迈克尔逊—莫雷实验没有得出更多的结论。事实上仅仅是理论的确证。

但是如果有介质，地球一定在其中穿行，似乎难以想象整个运动会将痕迹完全掩盖，使所有的实验科学手段都不能探查。可是难以想象的事情发生了，另外还有很多实验被设计出来以发现地球在介质中的运行，但都得出了同样的结果：如果有介质，情况就与地球在其中永久静止的情况一样。

相对论　1905年，当时还是波恩的专利办公室的专利检测员的阿尔伯特·爱因斯坦所做的整个讨论出现了一个新的转折。爱因斯坦1879年5月14日出生在乌尔姆的一个犹太家庭，他在慕尼黑、意大利、瑞士的阿劳接受教育，并在去波恩前在苏黎世和沙夫豪森任教，他后来在苏黎世、布拉格，以及苏黎世、柏林的恺撒—威廉物理学院、牛津和普林斯顿大学担任教授或类似职位。

我们已经看到了从一个非常一般性的原则得出科学结果的案例，如列奥纳多、斯蒂文和赫尔姆霍茨所采用的永久运动的不可能性。爱因斯坦认为，上述实验结果的积累可能指向一个类似的一般原则，他这样明确表述："不可能通过任何实验来确定一个物体在空间的运动速度。"经验表明这在实践上不可能。爱因斯坦现在提出，在原则上也不可能——不是因为人类的技巧不足以找到，而是因为世界的组成和自然法则使其不可能。

新的原则明确地暗示，所有自然现象对于一个以某种速度运行的人而言,与对于一个以另外一个速度运行的人而言是一样的,这立即解释了迈克尔逊—莫雷实验和其他所有类似实验的负面结果。它还进一步显示,自然与绝对速度无关,只与相对速度有关,这样就是所称的“相对论”。

新理论提出了,甚至鼓励形成对物理现象新的解释,以及科学目标的新观点。光速,现在看来,不是对从物质介质凿出的绝对空间恒久不变的相对,而是对观察者的相对,它,而不是介质,现在成为了情况的中心事实。随着题目的开展,可以清楚地知道,自然现象是由我们和我们的经历所确定的,不是由我们之外独立于我们的机械宇宙确定的。在科学婴儿时期的德谟克利特将重点从我们和我们的感觉上卸载下来,并将之转给一个我们之外的客观自然。新的原则现在将之再一次卸载,重新转给我们和我们的主观测量。

如果新的原则是世界组成的一个必然的结果,它应该告诉我们某些关于世界组成的情况。爱因斯坦相应地开始探查新原则的物理内涵,他发现,这与麦克斯韦的电磁理论完全一致,而与牛顿力学有某些出入。例如,一个物体的质量现在取决于它的运动速度,汤姆森证实,对于一个带有电的物体来说这是真实的。新的原则要求对所有运动的问题都适用,该原则进一步要求,所有能量都拥有质量。例如,一个快速运动的物体的动能赋予它上述额外的质量。所以,任何在失去能量的物体必然也在失去质量。例如,太阳的辐射暗示着它的质量以每分钟2.5亿吨的速度在减少,找到太阳辐射之源的问题涉及找到太阳如何失去这么多质量的问题。简言之,质量守恒和能量守恒的大原则变得一致。

空间—时间　1908年,波兰数学家闵科夫斯基对理论的所有内容进行了全新的非常精致的陈述。在此之前,自然法则一直被认为在描述发生在三位空间的现象,而时间在另外一个与之非常不同的维度无变化而不可被打扰地流动。闵科夫斯基现在提出,这个第四维的时间维度与空间的三个维度并不分离，并不独立存在。他引入了一个新的思维空间，其中普通的空间占有三个，时间占一个，我们可以称之为“空间—时间”。在空间—时间的每个点都处于普通空间的三维和时间的一维中，因而可以代表一个粒子在某个给定的时间在普通空间的位置。粒子在普通空间的连续时间所占据的位置的接续可以用一条空间—时间线来表示，这就是我们所称的粒子的“世界线”。

当我们描述一般光学原则时，我们通常将光想象为在三维空间中穿行。引力主导着我们日常生活的一切，使得我们本能地将一般空间想象成两个水平维与一个垂直维。但是一般光学与真理无关，所以光学定律中对垂直维和水平维不加区分。空间可能以某种方式分为三个维度，但光学定律仍然和以前一样不变。现在，如同光学定律指向一个部分水平和垂直维度的三维空间一样，自然法则也指向一个不加区分时间与空间的四维时间—空间，这至少是闵可夫斯基加以变异的相对理论。换言之，自然拒绝将四维时空分裂成绝对的空间和绝对的时间。

正是由于这一点，牛顿的绝对空间和绝对时间跌出了科学之外，并且同时带走了众多原则。首先离开的是同时性概念，如果没有万有引力，垂直和高度就毫无意义，因而说两点在同一高度也毫无意义。同样，如果没有绝对时间，说同时在不同的两点发生的事情也没有意义，或者除非特定情况，说其中一个先于另一个也没有意义。这使得牛顿的引力定律变得没有意义。说在 S 点的太阳吸引了在 E 点的地球，并且引力取决于 ES 的距离就没有意义，除非我们可以对 ES 赋予确定的含义。

做到这一点，我们必须知道太阳在某一时刻的位置，以及地球在同一时刻的位置，如果同时性这个概念毫无意义，那么上述这些就没有意义。现在要找到某种方法来处理与同时性无关的引力，爱因斯坦通过他的“等效原理”找到了答案。

等效原理 当乘坐旅行的飞机进行一次快速转弯时,我们对于水平和垂直的概念会出现奇怪的混淆,引力似乎改变了方向。解释是,飞机及其内部的一切正在进行加速,其效果类似于引力的效果——其程度之大可以将加速和原来的引力合二为一,成为一个新的引力并在新的方向上发生作用。同样,当一个升降机快速发动或停止,加速会习惯一个新的引力一样发生作用,并与以前的力合二为一,并且难以分辨,好像我们的身体重量经历了一个突然的改变。

这样的考虑令爱因斯坦在1915年提出一个新的原则——"等效原则",引力和加速产生的伪引力不仅看起来相似,而且非常相似,以至于任何实验都不能将它们分开。这种想象会导致令人惊异的结果,我们已经看到将闵可夫斯基时空变成普通时间和空间的任何分割都是我们自己的选择,即主观性的。为了将自然法则进行客观描述,我们必须避免将它们陈述成普通的时间和空间,而只能通过闵可夫斯基的总体时空说法,它们可以这样被描述就是相对原则的所有内容。举例而言,牛顿第一定律可以这样表述:一个粒子的世界线,在该世界线上没有任何力的作用,那么它是一条直线。如果一个粒子受到引力的作用,它的世界线就不会是一条直线。我们可以预计它是一条曲线,而实际上的证明也是这样,但是弯曲对于闵可夫斯基的时空是固有的,对于世界线却不是。为了对引力所产生的效果进行客观的描述,爱因斯坦发现有必要将时空想象为曲线状,必要的曲线可以比作橡皮气囊的曲线,四维时空与橡皮的表面对应,不是与球的内部空间和外部空间对应。在物质的附近有特殊的曲线,尽管我们不能说物质是原因或结果。在这个弯曲的时空中,一个粒子的世界线无论是否有引力作用,都是"大地线"——一个需要解释的术语。

大地线,简言之,就是最短的距离。这个术语用于地理学(测地线),意指在地球表面从一个地方到另一个地方的最短路径——

一架飞机从一个机场飞到另一个机场的最短路径，或者用一根线在地球表面拉紧后所标出的路径，该术语更加笼统地指（一般使用“大地线”这个称谓）在弯曲表面或在弯曲空间内从点到点的最短线。在任何没有弯曲的表面或在任何没有弯曲的空间内部，大地线当然是直线。

时空的任何附近没有引力物质的区域都是非弯曲的，因而大地线这里也是直线，这意味着粒子以单一的速度沿直线运行（牛顿第一定律），但行星、彗星和地上抛物体的世界线在某个时空区域内是世界线，并因为在地球或太阳的附近而弯曲，因而不是直线。可是并不需要一种引力来压迫世界线的弯曲，弯曲是空间的内在属性，就像飞机路程线的弯曲是地球表面弯曲的内在属性一样。

牛顿和爱因斯坦的理论预测了同一种物体运动，即没有任何力作用的物体的运动，或者说，就是匀速直线运动，他们还预测了在有引力的物质的作用下慢速移动的物体的相同运动。到目前为止，还不可能通过观察对两种理论进行取舍，但是两种理论预测了高速移动的物体的不同运动，因而对此类物体的观察会对两种理论产生区分作用。

根据牛顿的定律，一个行星一定以完美椭圆的轨道绕日运转。根据爱因斯坦的理论，椭圆一定在自己的平面慢速旋转。一个早已知晓的事实是，水星的轨道——行星中运行最快者，表现出了这种旋转运动。勒维烈首先注意到了这个现象，然后是美国天文学家西蒙·纽康测量了其量值。科学家们曾经有过很多不成功的尝试对其进行解释，但是只有爱因斯坦的理论可以立刻做到这一点，并且可以预测其真实的量值。

其他观察实验也是可能的，爱因斯坦的相对原则需要一束光线在靠近引力体时发生偏向，根据这个要求，出现在太阳附近的星体应该被观测到从原来恰当的位置偏移，这种偏移只有在日食时发生，但是它们在爱因斯坦的理论出现时还没有被观测到，直到

1919年当格林尼治天文台和剑桥天文台在日食时进行特意搜寻时，它们才出现在人们的视线中，并立刻将科学舆论转向爱因斯坦。从那时起，人们开始普遍接受，这个理论必将取代牛顿的理论。

最后，相对原则要求，当光在一个由引力作用的区域产生出来时，例如在一个星体的表面，光的光谱中的线一定靠向光谱的红色一端，效果十分微小，一般不可观测到，但在高密度星体发出的高量线中得到了确定无疑的证明。这个原则成为了天文学的日常工具，并为测量星团的质量和直径提供了方法。

爱因斯坦的这个推演是希尔罗原则的直接后续，即在普通空间中，光线在其间两点间取最短路径——简言之，世界线就是大地线。在光方面，爱因斯坦的推演仅仅是将这个原则推广到了弯曲的时空中，并提出，即便在引力体附近，光线的世界线仍然是最短的距离，尽管不再是直线，在物质团的运动方面，情况也基本如此。最小作用原则通过将一个特定量确定为最小来确定行星的路径，爱因斯坦的新原则的方法也是通过将一个特定量确定为最小即大地线的长度来确定。将这个最后的解决方法与先前的解释行星轨道的努力相比较是有意义的，我们回顾一下欧多克索斯和卡利普斯的互连球，托勒密和中世纪科学家的复杂的圆形和周转圆，开普勒的椭圆，牛顿和多数现代人，直至最后我们以极其简单的爱因斯坦的“最短距离”来结束。这是一个很好的例证，当我们从正确方向接近一个难题时，它会变得简而又简。

爱因斯坦和牛顿的两个推演在物理解释上是互相分离的两极，但认为牛顿的推演毫无价值，仅仅是错误的集合显然是不对的。牛顿引力定律的量化错误极为微小，在大约200年的时间里没有发现任何错误，甚至没有任何怀疑。的确，爱因斯坦和牛顿的理论的不同更在于一个小的比率的平方，$\frac{V}{C}$，V是星体的运动速度，

C 是光速。即使对于最快运行的行星水星而言，这个平方也仅仅是 0.00000003，在整个太阳系中，两个理论的量化区别仅仅是这个小小的分数或更小。当我们从天空来到地球时，我们发现日常科学仍然完全是牛顿式的。建筑一座桥，一艘船，火车机头的工程师仍然按照爱因斯坦前的牛顿的方式在做事，准备航海天文年历的计算机、讨论行星一般运动的天文学家也是一样。

在理论以如此简单的方式解释了引力的表现力之后，其他类的力自然可以进行研究了，尤其是电和磁方面的力。法拉第和麦克斯韦曾经认为，在一点的电力表明该点的介质的扰动或位置偏移，而在这种情况下电力应该在空间的任何一点都有一个确定值。相对论现在显示，在一点的力仅仅是测量问题。不同的测量方法会得出不同的值，而且各个值都同样正确。绝对力被视为臆想，就如同绝对空间和绝对时间。同样的，一个运动物体的质量被发现取决于所测量到的运动速度，而这又取决于测量者，或者测量者的运动速度，这样，绝对质量跌出了科学的研究范畴，并且由于能量与质量成正比，所以也随之被淘汰，认为能量在空间的不同部分被"本地化"的观点必须被抛弃。

爱因斯坦和其他人曾经试图构筑一种"单一场理论"，即用一个综合的框架来解释电磁力和引力(重力)，并视之为空间特性的结果。说在这些方面没有取得进步是不对的，但没有达到完全成功是确定的，而且在当时，没有一个单一的理论可以得到大范围的赞同，我们仍然处在知识的前沿，而电磁力的答案在于尚未得到控制的位置知识。

实验物理学

当数学物理正在获得这些令人瞩目的结果，实验物理也在经历着自己的系列震动,并开启了现代物理时代。19世纪下半叶观测仪器领域出现了众多伟大的技术革新,并从中诞生了一门新的物理,尤其是空气泵的改进超出了人们的预料,每一个实验者都有大量的真空状态进行利用,并可以研究诸如自由通道长度仅以微米计算的气体现象。这些导致了微小带电粒子的发现——电子,实际上被证明是每一类原子的成分,继而又出现了新发现:所有物质在结构上都完全是电质的。

物质的电结构

当一束电流关闭时,在开关的两个终端之间常常可以见到短暂的火花出现。电流因为动量将之保持在原来的路径上一段时间,但很快被终端之间的空气的高阻力所阻断——因为通常条件下的空气是电的不良导体。如果开关被置于一个空气基本抽空的容器内,这种感觉现象可以得到较高形式的显现,因为稀薄的气体对电流通道的阻力较小。如果空气压力足够低并且电压足够高,两个终端即便相距较远也可以出现电流的持续存在,并且电流在落到玻璃容器壁的时候会产生独特的磁光现象。

电通过部分真空环境要比通过大气压下的空气更容易这种现象,这是沃森在1752年发现的。磁光现象由法拉第在1838年首次记录,从1859年起,德国,尤其是盖斯勒、普吕克尔和希托夫详细地研究了电流通过气体的路径。希托夫在1869年、哥尔茨坦在1876年证实,电流通常以直线运行,并且可以因为路径上出现固体障碍物而被阻断。电流的这种现象会在容器壁上留下"阴影",这是独特的磁光现象的缺失的显现。但是两个终端中只有一个,即阴极可以产生这样的阴影,这似乎表明电力仅仅包含单程航道——阴电从阴极流向阳极,正是这个原因,它被描述成包括阴极射线。

在德国，光线被认为包括波，即障碍物投下的阴影类似于阳光下站立的人投下的阴影。但是当瓦尔莱和克鲁克斯将光线通过强烈磁极时，他们发现阴影改变了位置，光线被磁力弯曲偏出原来的轨道。现在电磁科学熟知的事实是，磁力将运动中的带电粒子从轨道中偏离出去，但并不使电磁波发生偏离。这样，瓦尔莱和克鲁克斯观察意味着，阴极线是带电粒子的喷淋，传输电的方式如同喷洒下的雨点传输水。1895年，佩兰证实，当阴极线落在其上时，导体变成了负电荷带电体，就如同石路在雨中变湿一样。

阴极射线　关于阴极射线的本质的问题在1879年得到解决，并具有划时代意义，我们已经看到它们充满粒子，一个带电粒子在磁场中发生偏移所需要的粒子量取决于粒子的电荷和粒子的质量。如果带电量很大，偏移也很大，因为磁场对粒子的抓力大。而如果质量大，偏移就小，因为对抗改变的惯性更多。偏移量还取决于带电粒子运动的速度，如果运动速度已知，偏移的测量可以估算粒子电荷与质量之间的比——通常用 $\frac{e}{m}$ 表示。1890年，当时的曼彻斯特物理学教授亚瑟·舒斯特首先对阴极线做出了上述结论。物理学家已经对电荷与质量之间的一种比例熟知，即电解中的氢离子。舒斯特估计阴粒子的比应该在500倍（现在知道这仍然低估，真实的值是1840倍），并且设想应该没有比原子更小的粒子，因而得出结论，阴粒子一定是带电的原子。1892年，赫兹发现，光线可以穿过薄的金属箔，其程度似乎是原子大小的粒子所无法实现的，所以如果光线带有粒子，一定比原子小得多。

这个课题明显具有重要意义，现在对粒子运行的速度已经做出了很多测定，并得出了电荷与质量之间的比率。1879年，汤姆森在剑桥、维舍特在德国都独立地进行了粒子被电力和磁力同时偏移的实验，从而直接测量出其速度，$\frac{e}{m}$ 的比率也得以推论出来，他们和其他许多实验者发现,该比率大约是氢原子中比率的1800倍。

1896年,一种新的仪器得以设计出来,并在后来做出了极为重要的贡献。威尔逊,即后来剑桥的自然物理学教授,发明了他的著名的“冷凝室”,其中带电粒子可以用来收集其周围的水滴,如同它们在大气中形成雨滴的效果,让这些雨滴降落在冷凝室的地面可以制造出人工降水。雨滴的平均大小可以估算出来,即测量出它们逆着空气阻力下落的速度,然后再称量整个水的重量,从而计算出雨滴的总体数量,通过验电器测量所有水的电荷,可以估算出每个雨滴的电荷。

这种仪器使汤姆森在1899年发现,阴粒子与电解中的氢离子所带的电荷相等。在其他来源获得的粒子中,例如强烈紫外线照射下的锌盘中所获得粒子,他得到了相等的值,同样,后来成为牛津物理学教授的汤森德在研究气体离子彼此漫射的速度时也得到了类似的结果。现在结论非常清楚,阴粒子$\frac{e}{m}$的高值不是由于电荷高,而是由于质量小,即仅仅是氢原子质量的$\frac{1}{1800}$。

所有这些都说服物理学家,他们所处理的粒子远远小于氢原子,而在此以前,氢原子被认为是自然界中最小的粒子,现在所有物质都似乎在其结构中包含这些新粒子。它们可以在任何地方找到,并且无论来源如何总是相同,它们被称为“电子”,这是由都柏林的约翰森·斯托尼首先进行的命名。

荷兰的物理学家亨得里克·安顿·洛伦兹将麦克斯韦的理论扩展到新的事实。例如,光可能是由于原子内电子的运动所造成的,这种运动当然受到磁力的影响,因而如果一个物质在磁场中发出光,这种光与正常条件下的光不同。阿姆斯特丹的物理学教授塞曼早在1896年就注意到了这种效果(塞曼效果),最初,该影响似乎仅仅包括光谱线的扩张,但是当更强大的磁投入使用时,每个线都被看到分裂成众多的分离成分。洛伦兹现在显示,这种情况该如何用数学方式解决？他提出，光是由原子中的电粒子的运动造成的，每个电粒子都带有电荷和并具有质量，与电子所具有的相等。

似乎可以安全地设想，光是由原子中电子的运动造成的。更进一步说，由于正常原子所带的总电荷数为零，可以设想正常的原子带有某数量的电子，同时也带有相当数量的正电荷，将所有电子上的电荷中和。

牛顿曾提出，一个物体的质量在其运动的各种变化后仍然保持不变，但早在1881年，汤姆森已经显示，当物体带电时，情况会发生变化。麦克斯韦等式要求带电体的质量随着速度增加而增加，其原因简单说，带电体不是独立的，而是在一定程度上包含从本体延伸到无限空间的力线，当物体的速度增加，这些力线会重新排列，并会增加对进一步变化的抵制。一句话，一个物体的表观质量增加了。这样一个物体的质量可以分为两部分，内部或称为牛顿质量，即不发生变化的部分，以及外部或称为电质量，即依赖于速度的部分。

从1906年以后，众多的物理学家——考夫曼、布雪勒、贝斯特梅尔等人，通过实验探索了为什么运动电子的质量取决于其运动速度，并得到了令人震动的结果：这种依赖恰恰是汤姆森以前对单独的带电部分计算的结果。换言之，电子没有牛顿质量，其质量似乎是完全的电质的。认为原子的正电也是如此是合理的假设，因而所有物质似乎都仅仅包含电。关于自泰勒斯时代就困扰科学界的“宇宙的终极物质什么”这个问题，现在似乎可以给出一个答案，一个字——“电”。

1890年1月哈里斯拍的照片，盒中的笔、蜥蜴、青蛙和一只手，据称是英格兰第一份X光照片。

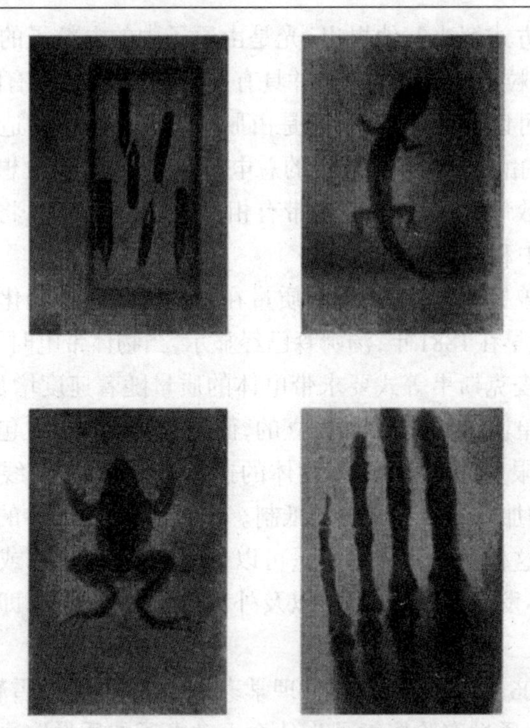

X射线 1895年因为慕尼黑的威尔姆·康拉德·伦琴(1845-1923)发现伦琴线,即X射线的发现而载入史册。很多实验者都非常沮丧地发现,放在放电管附近的感光片都出现了雾状物质,但他们大都将之视为小事,仅仅需要更换新的储藏地点,不需要任何研究性的注意。但是伦琴对雾状物出现的原因搞到好奇,并猜测那些管子一定释放除了某些上不知道的物质,它们可以穿透感光片堆积的材质。几乎是偶然地,他发现存在这样一种辐射,并且不可见,仅仅通过其将磷光材质变得发光的特性才能够探知。这种辐射的特性令其研究变得简单,一个事实很快被发现,一个厚的金属片可以完全阻挡它,但是薄的金属片,或者纸、木头或人的肌肉却可以被穿透,并影响到线路终点的磷光屏或感光片。这样,对活体肌肉下的骨骼进行拍照就变得可能，该发现对专业物理学家和普通人产生了同样的吸引力，并被证明对医学和外科手术具有极为重要的意义。

多年以来，物理学家无法确定这种辐射是否包含粒子或波。如果包含粒子，则它们必然是无电荷的，因为辐射不会被磁力所偏移。如果包含电磁波，它们必定是非常短的波长，因为辐射比可见光更具有穿透力。

这个问题被三名德国物理学家在1912年解决。劳厄看到，如果辐射包含短波，那么一个晶体规则排布的原子应该会使之发生衍射，就像衍射光栅会对可见光进行衍射一样，他还计算了基于这种假设的一般类型的衍射模式。当弗里德里希和尼平对这些建议进行实验时，他们恰恰发现了劳厄所预测的模式类型。

这些事实确定地表明，辐射具有电磁的本质，但是效果超出了这个本质。晶体中不同排列的原子当然可以产生不同的衍射方式，因而原子的排列可以从观察到的衍射图中推演出来，这个新技术由威廉·布拉格和他的儿子劳伦斯·布拉格以及其他人迅速开发出来。布拉格父子首先研究了非常简单的物质，如氯化钠和氯化钾，发现它们的原子排列成了规则的立方体形式，每个立方体的每个角都有一个原子。这些和他们后来研究的无机化合物一样，都显示出没有原子可以配对形成分子。在固体状态下，原子已经成为一个单位，但是当威廉·布拉格爵士在1921年对不同有机复合物诸如萘和蒽进行探查时，他发现分子仍然作为原子串保持了自己的形态。

对固体物质的X射线分析已经证明对生物化学和冶金学具有重要价值，但是实验物理学应该从X射线中获益最多。当辐射通过某种气体进入电导体时，会改变该气体，而这种情况下的电可以在最简单形式和最简单的条件下得以研究，这也许比其他所有事件都更具有意义，因为物理由此开始了胜利性的进步，我们下面将谈到。

辐 射 X辐射之后，又有很多其他新辐射得以发现。X辐射是暂时现象，只有在电流流动时才产生，但其他的辐射则是持久的，从某个物质中不断地放射出来。这些物质中最重要的是铀，即佩利戈特在1804年发现的化学元素，其相对原子质量为238，并直至最近一直保持为最重的元素。1896年2月，亨利·贝克勒尔教授发现含有铀的某种复合物放射出辐射流，持续不断且完全自动，并且如同X射线一样可以穿透物质，影响感光片，刺激磷光，并且在穿过气体进入电导体时转变气体。事实很快被发现，这种特性来源于铀本身。两年后，施密特和居里夫人独立发现，贝采里乌斯1828年发现的另一种重元素钍也具有类似特性。

这种显现激起了居里夫人和她的丈夫皮埃尔·居里教授的兴趣，他们开始对被称为具有"放射性"这种新特性的物质进行系统研究。在长久的毫无新意的探索之后，他们对含铀的沥青油矿进行了实验。他们将铀提取出来，发现剩下物质具有的放射性是所提取的纯铀的4倍，沥青混合物一定含有某种比铀本身更强大的放射物质。通过与贝蒙特合作，他们在1898年将其分离出来，并命名为镭。这被证明是另外一种重元素，相对原子质量为226，是铀的放射性的数千倍。他们还发现另外一张元素钋，相对原子质量为210，具有类似性质。1899年，德比尔恩和盖瑟尔还发现了一种新的元素锕，相对原子质量为227所有这些放射性元素都比以前发现的元素重。广义上说，放射性是重原子的特性，所有比铅(207)和铋(209)重的元素都具有放射性。

该课题现在获得了后来成为纳尔逊·卢瑟福爵士的欧内斯特·卢瑟福的注意，他当时正是麦吉尔大学的教授。1899年他发现辐射包含两种不同的射线，他称为α射线和β射线。二者可以通过不同的穿透力得到分离，α射线子通过$\frac{1}{50}$毫米的铝箔后强度减为

$\frac{1}{2}$，但β射线只需要$\frac{1}{2}$毫米的铝箔。1900年，维拉尔德发现，镭还放射出一种更加具有穿透力的辐射，他称之为γ辐射，从辐射物质射出的所有辐射都被发现含有上述三种射线的一种或几种。

下一个问题是关于这些辐射的本质和结构。1899年，吉塞尔、贝克勒尔、居里等人使用汤姆森用来测量阴极线粒子电荷的方法对β射线进行了测验，结果发现它们与这些粒子类似，但运行更快，有一些甚至接近了光速，这样β射线仅仅是电子的高速喷淋。

卢瑟福1903年也通过同样的方法发现α射线含有高速运行的正电荷粒子，这些粒子在电场或磁场中仅仅发生稍微的偏移，并显示出与其电荷相比，它们的质量一定很大——将它们拉着转圈的力与推动其前进的动量相比要小得多。他继而发现，每个粒子都具有超过电子7000倍的质量，电子两倍的电荷，但电极相反。这些粒子的真实本质在3年后得到发现，当时卢瑟福和罗依兹将它们的一束射过一个厚度低于$\frac{1}{2500}$英寸[①]的非常薄的玻璃，并进入一个无法逃离的室。他发现气体氦在室内形成，并且只要α射线不断进入就会不断聚集。显然，氦原子的成分中有α粒子。其他的则被发现为两种电子，可以中和α粒子上的电荷，并将整个原子变得中性，这样α粒子被证明为氦原子被剥夺了两个电子，或者我们可以说，氦原子的“核”。

另一个更难的问题由γ射线提出，该射线从不发生偏离，无论是在电场还是磁场中，因而可能是未充电的粒子或电磁波。在经过很多讨论后，它们被认为是波长很短的波——大约一英寸的100亿分之一，或者可见光波长的10万分之一。由于其较短的波长，*X*线辐射比可见光更具有较强的穿透能力，但是γ线辐射，由于更短的波长，比上述两者都具有更强的穿透力。

① 1英寸等于2.54厘米。——译者注

同时,一系列新的放射性物质正在被发现、研究和分离。1899年,卢瑟福注意到,一块钍在有气流吹在其上时会减弱其辐射性,当他发现钍放射出一种本身即具有放射性的重气体时,谜底便大白了。这种气体在周围空气稳定时会附在钍的表面上,但是吹一口气就可以将它吹走,然后钍的放射性似乎突然降低了许多。卢瑟福将这种气体称为“钍射气”,并发现镭和锕也放射出类似的射气。由于镭是一种新的元素,因而这种镭射气被称为“氡”。1900年,威廉·克鲁克斯发现铀产生少量的较强的放射性物质,他称之为“铀-*X*”,2年以后,卢瑟福和索迪从钍中获得了一种类似的物质“钍-*X*”。

大量的其他类放射物质现在被发现,其中大多数表现出了强烈但短暂的放射性,显然它们要为其剧烈的活动付出寿命期较短的代价。

1902年,卢瑟福和索迪研究了放射力衰减的现象,发现背后的原则很简单:同样放射力的物质的多个样品在某一给定时间内会失去同样份额能力,一个放射物质的样品的放射能力从1000降到900所需要的时间与它后来从100降到90,以及再后来从10降到9所需要的时间一致。在数学语言中,这种减弱为指数级。但是衰减率从一种物质到另一种物质的变化极大,铀在450亿年中失去其放射力的一半,镭大约需要1600年,氡大约需要3.8天,等等,直至钍*C*′,大约只需1亿分之一秒。物理条件的变化不会改变衰减的速度,改变似乎来自于物质的内部,性质上似乎是核爆炸或核分解。这样一个原子总是有同样的分解机会,无论其过去的历史或现在的状态可能是怎样。这里有一条上不为人所知的自然法则,其巨大意义将很快显现出来。从德谟克利特到牛顿,到19世纪,科学总是宣称现在由过去决定,20世纪的科学似乎在说出某种不同的声音——从所进行的研究看,过去显然对现在没有影响,现在对未来也一样。

卢瑟福和其他人仔细研究了核分解，发现放射性物质经历了很长一串变化，不是一次而是多次改变其化学性质，在高放射性状态时速度快，低放射状态时速度慢，直至到达最终的完全永久的稳定状态。例如铀在经历不少于14次转换后会变成一种不同于普通铅的新铅，其相对原子质量从通常的207变为206，这些变化伴随着α-、β-或γ-射线的释放。释放β-或γ-射线不会明显改变原子的质量，但是当α-粒子被射出时，相对原子质量当然下降了4，这样，铀从最初的相对原子质量238，经历了234、230、226、222、218、214、210等相对原子质量后，最终变成了相对原子质量为206的铅。

所有这些放射性变化的在一个方向上发生——降低相对原子质量，没有其他方向的变化，这样，放射性并不支持自从德谟克利特时期就存在的观点，即除了永久原子的重组自然界中不存在其他变化。放射性讲述了开始和结束，从创造到死亡的稳定的进程，确定时间里发生的进化，提供了一种估算的这个时间的方法。

宇宙时代　由于地球地壳中的很多岩石里都发现了嵌在其中的放射性物质颗粒，其中夹杂着它们分解时的不同产物。对这些产物的比例分析显示了这些放射性物质已经在岩石中保存了多长时间，从而可以估算出地球固体化以来已经经历的时间。

地质学家已经通过不同方式形成了自己的估计，例如，从海洋的结盐度的推断。河流不断将随和盐带入海洋，水蒸发，但是盐不会，因而海洋变得越加咸。从海洋现代的盐度，天文学家哈雷已经计算出地球一定已经有几十亿年的年龄，他的估计得到了其他人的确证，其根据是山脉的剥蚀和山谷的积淀的速度——即山脉被削减和山谷升起的速度，但这些估计都取决于速度极不稳定也不能准确知晓的过程，放射性现在带着已知不变速率的钟表这样一个大礼物呈现出来。在最古老地球岩石中的放射性产物现在正在被分析，其年龄大约可以推断到20亿年，而由帕内斯和其同事所分析的陨石组的年龄可以到达70亿年,显然,宇宙的年龄可以测定为几十亿年。

这解决了一段时间以来热烈讨论的问题——太阳能源的来源。古代人也许在太阳不断发出的能量中没有看到任何令人惊奇的事物,但当赫尔姆霍茨在1857年遇到能量守恒原则时,他一定奇怪太阳从哪里得到了辐射的能量,他所能提出的充足来源是太阳的收缩。当钟锤向东落下时,他便为钟的不断运动提供了能量。同样的,赫尔姆霍茨认为,太阳的收缩和外缘向中心的降落可能为不断地辐射放射提供了能量。但是开尔文爵士计算,这个能量源所为辐射所能提供的能量不会超过2000万年,而地质学家认为他们有证据表明,太阳的辐射至少已经存在了几十亿年。放射性的证据不仅非常有力地支持了地质学家的观点,而且对可能的能量源提供了线索。由纯粹的铀组成的太阳应该比太阳的估算年龄辐射更长的时间,强度也应该更强,这表明,太阳的能量可能与放射能量具有某种相同的一般属性,而事实一直被证明是这样。

原子的结构 物质的这些放射性特质不仅迫使物理学家们重新设计关于自然的某些基本过程的概念,而且也给他们提供了一个新的工具。α-粒子实际上是原子大小和质量的抛射物,卢瑟福看到,它可以用来探索原子的内部。1911年,他对两个研究同伴基格和马斯登住提出,可以让α-射线齐射通过一层气体,其厚度可以让抛射物的一部分能击中一个原子。他们付诸实施后得到了轰动的完全没有预料到的结果,大多数的抛射物完全通过的气体,没有碰到任何东西,甚至没有从路径上发生偏离,这样去除了多年以来将原子描画为坚硬固体物质串的观点,原子现在被视为仅仅含有中空的空间。更加令人意外的是,一些粒子被发现以大角度从路径上偏离出去,用卢瑟福的话说:“其不可思议程度就好像你将15英寸的炮弹射向一张纸,而它却返回来打中你。”

观察到的偏移符合一个简单的数学定律,并从中可以推断出造成这种现象的原子结构。根据发现,每个原子必定含有一个中心核,或“原子核”,体积微小,但携带了原子几乎所有的质量。它还携带一个正极电荷,造成了观察到的喷射出的α-射线的偏离,从而其数量可以通过偏移的程度计算出来。另外,由于原子上的总电荷量为零,这个电荷一定中和了原子上所有电子的电荷,从而使得这些电子的数量可以计算出来。对于大多数物质来说,结果大约是相对原子质量的一半,一个粒子是氦,其相对原子质量为4,每个原子有两个电子,这为原子画了一幅“行星”图,大个的原子核就像太阳,周围的电子就像行星一样围绕它旋转。

后来,1913年,默塞来等人发现,行星状电子的数量遵循一个简单的原则:如果元素的排列是按相对原子质量上升顺序的,原子中电子的数量就分别是1、2、3、4、5……——系列整数。这样所有原子中最轻的氢原子只有1个电子,次轻的氦原子有2个,然后是锂原子有3个,铍原子有4个,等等。这些整数被称为各自元素的“原子序数”,最初在已知的元素序列中有一些间隙,但这些间隙很快被新发现的元素所填补,直至一共92个元素被发现,其原子序数从1(氢)到92(铀)。在1940年,这个数字由于2个新发现的元素镎和钚而增加,即原子序数93、94,之后序数95、96也被发现,但直到1946年才宣布。当原子序数的简单原则最初被发现时,原子结构的问题似乎得到解决,几乎没有人猜到还有多少障碍需要跨越。

阳极射线 阴粒子不是电在气体中穿行的唯一机制,还有正电荷的负载者沿着相反的方向运行,戈德斯坦在1886年通过在阴极钻一个孔这样一个简单的权宜之计发现了上述现象。一些粒子本来应该相反地在阴极终结行程,现在却穿过它,因而被分离出来进行研究。1898年,维恩通过电和磁偏移测量了这些负载者的电荷和体积,每个粒子被发现携带着数量相等但标记相反的正电荷,直至电子上的电荷,并与释放管上的任何原子都具有相同的质量。的确,可以通过测量这些原子在已知的电场和磁场中经历的偏移来得到其质量，这样，这些负载者仅仅是被去除了电子的原子——很快它们被称为“正离子”。

现在可以简单地看到电如何被负载穿过气体，造成电流流动的电力将原子的正负电荷推向相反方向，直至电子从原子中脱离，只剩下正离子。电子和正离子现在继续在电力下沿着相反方向运动——带有负电荷的电子从阴极到阳极，两股粒子流分别形成了阴极线和阳极线。

同位素 对阳极线的研究提供了一个新的方法来确定原子的质量，然后是元素的相对原子质量，并且这种方法很快被发现比以前的方法更加准确。1910年，汤姆森爵士用这种新方法测量不同简单物质的相对原子质量。如果阳极线束的粒子几乎都完全相似，都以完全一样的速度运行，那么所有粒子都会类似地被电力和磁力偏移，从而线束会保持紧密，而它们到达感光片时也只会出现单一的点痕。实际上，去除速度差异并不简单，因而线束蔓延出去并在感光片上记录下一个抛物线（磁偏移与原子的运动速度成反比，电位移与速度平方成比例。这样电偏移与磁偏移的平方成正比，并与之成直角，因而曲线为抛物线）。但当汤姆森记录氖的线束时，他发现了两条而不是一条抛物线。化学家给出的氖的相对原子质量为20.2，前一个抛物线是后一个强度的9倍。这令人惊异地意味着氖并不完全只是含有类似的原子，而是含有两种不同物质的混合体，相对原子质量分别是20.0和22.0。对于这种物质群，索迪给出的名称是“同位素”，因为它们在化学元素表中具有相同的位置——例如，它们有相同的原子序数。

这个课题被剑桥三一学院的阿斯顿饶有兴趣地拾起，他首先对仪器和方法进行了显著的改进，然后研究了大量的元素以期找到同位素。他首先分解了据信相对原子质量为$35\frac{1}{2}$的氯，形成相对原子质量为35和37的同位素的混合体，其相对占有度当然为3:

1,从而得出平均相对原子质量为$35\frac{1}{2}$。在此之后,他和其他人还陆续得出其他结果,直至几乎所有元素都得到研究,其同位素得以发现,其相对原子质量得以精确测量,那种认为统一化学元素的所有原子都是同一模型中产出的老观念应该被抛弃。每个元素都有固定的相对原子质量可以确定其化学性质,但是大多数元素都含有不同相对原子质量的原子构成的混合体。

他们还发现,如果氧的相对原子质量确定为16.00,那么大多数相对原子质量都非常接近整数。氢的相对原子质量为1.00837,同位素量为2.0142和3.016;氖含有三个同位素,量为19.997,21(近似)和21.995;而氪含有的同位素混合体中的各个量为77.93、79.93、81.93、82.93、83.93、85.93,大多数的元素都具有类似的故事。

我们看到普劳特的关于所有原子都是简单的氢原子的聚合体的假设不再受欢迎,因为人们发现相对原子质量并不都是完全的整数——没有人会认为氯原子是$35\frac{1}{2}$个氢原子的聚合体。相对原子质量新的确定方法向前走了一大步,将去除这种反对意见。因为尽管相对原子质量不是完全的整数,显而易见的小的不同可以简单地得到解释。我们看到相对原则如何要求能量的每一个变化都伴随质量的变化,如果两个电荷的距离改变,组合的能量也会改变,从而质量也会改变。这样任何原子的质量在其组成物被远距离分开时都会发生变化,如果所有原子都这样,其相对原子质量可能会令人信服地成为完全整数,从而普劳特的假设可能再次站得住脚。

根据卢瑟福的观点,氢原子含有一个负电荷电子和一个正电荷电子,即“质子”,并携带与电子等量相反的电荷,原子上的总电荷因而变成零。在一段时间内,人们认为每一个原子可能仅仅包含质子和电子——必然数目相等,因为每个原子的总电荷为零。如果是这样,每个原子会含有某整数的氢原子作为其成分,这正是普劳特所提出的，但这导致了与原子核的磁特性相关的某些困难，而且其他粒子很快开始出现在质子和电子旁边。

元素的转变 我们已经看到炼金术士如何花费几个世纪的时间尽力转变元素，一般都是出于将低质金属变成黄金的经济目的。当他们的努力没有获得成功，他们的目标也渐渐失去了光环，甚至被斥为无稽之谈。现在人们知道原子是持久和不可改变的结构，它们现在的形态是在造物之初就形成的，并将一直持续。

然后在1919年，卢瑟福做了一个划时代的实验，显示炼金术士的计划并非痴心妄想，而是完全可能实现的。不仅如此，而且改变一个物质的化学性质的方法也简单得令人惊异：用α-粒子对物质进行轰击。卢瑟福首先选择了氮气进行冲击，并发现当相对原子质量为4的α-粒子(或氦原子核)撞击到相对原子质量为14的氮原子核时，后者的原子核会射出小粒子，看起来像氢原子核。1925年4月，正在卢瑟福实验室工作的布拉开特设计了一次在威尔逊冷凝室发生的冲击，在该冷凝室中，一个运动的带电粒子可以在身后留下冷凝的痕迹，与飞机在大气上层留下的冷凝痕迹类似。这次实验被拍照，从而记录下运动粒子的路径。在以前冲击中，布拉开特发现原子核仅仅是如同众多弹子球般弹回，但是还有几次氦和氮的原子核组合变成了相对原子质量为17的氧的原子核(氧的一种同位素)，以及一个质子或相对原子质量为1的氢原子核。相对原子质量14和4的两个原子核显然变成了3个质子和1个电子，形成了质量17和1的原子核。这个过程某种程度上预示着一个放射性的过程，但不同的是它在控制下完成；实验者们没有等待发令枪自己发声，而是通过强大的α-粒子对其进行影响，然后枪响了。还有更深一层的不同是，α-粒子被吸收而不是被释放，质子被释放，因为它们从没有在放射性转换中存在。这个实验打开了研究的广阔领域，仍然远没有完结，但是简单元素的转化中几乎全部被详细研究。

中子　1931年，玻特和贝克尔选择了轻元素铍进行轰击，发现它释放出具有高度穿透力的辐射，由于它不会因磁力而偏移，因而在最初被认为含有γ-射线。第二年，曾经在卡文迪许实验室工作，现在已成为利物浦大学教授的詹姆斯·查德威克证实它含有物质粒子，与氢原子大约质量相同，但并不携带电荷，他将这些粒子称为中子。它们形成了比α-粒子更有效的抛射物，因为不带电荷，它们不会被原子核所排斥。

很快做出的猜测是，它们可能是原子核正常的组成成分。一个原子核可能含有与该元素的原子序数相等数目的质子，使原子核带有电荷，同时含有足量的中子，从而将质量提升为该元素的相对原子质量。增加或消除中子当然会产生同位素。例如，相对原子质量为1、2、3的氢的三个同位素的原子核应该各自含有一个单一的质子以及0、1、2个中子。

实验室的证据很快证实了这个猜测。查德威克和戈德哈伯将相对原子质量为2的氢原子（氘核）分解成质子和中子，而西拉德将相对原子质量为9的铍的原子核分裂为相对原子质量为8的一个原子核和一个中子。

这些仅仅是非常一般的程序的简单例证，即通常所称的“核裂变”——将原子核分裂成更小的部分。费米和他的同事在罗马用中子轰击铀原子核，并认为得到了一种比铀更重的放射性元素，直至哈恩和史托拉斯曼在1938年证实，他们仅仅是将铀原子核分裂为两个更小的部分。弗里希和迈特纳指出，原来铀原子核物质的相当一部分一定已经转化成能量，弗里希确认了这一点，显示被打碎的原子核的各个部分以爆炸的速度四散飞行。

当核裂变伴随着中子的放射出现在1939年时，新的一章便揭开了序幕。其重要性在于，如果释放出的中子比吸收的多，每一个新释放的中子可能本身即成为冲击者，制造出更多的中子，直至无限，因而产生具有毁灭微粒的爆炸。这种效果被发现可以更加简单地制造出来，方法是对相对原子质量为235的铀的稀有同位素的原子核进行轰击。

这就是目前制造出原子弹的技术的起源，但是这种技术可能在未来的时间里产生最具价值的工业发展。转换将原子核的质量的一部分直接变成能量，而这可以成为有利用价值的能量，就像我们现在使用来自煤和石油的更加少量的能量一样。

两种带电荷粒子所储存的能量取决于它们之间的距离，与距离成反比。如果将两个粒子之间的距离减少到100万分之一，我们就可以将它们所产生的能量增加到100万倍。现在，燃烧煤炭、点燃汽油或引爆硝化甘油时，我们实际上将分子大小距离，即10^{-7}~10^{-8}cm的带电粒子重新排列。但在促成核裂变反应时，我们所重新排列的带电粒子仅仅为原子核距离大小，即10^{-13}~10^{-14}cm。由于这些仅仅为分子距离的100万分之一，其储藏的能量为100倍，这样我们必须期望一颗原子弹可以制造出等量高爆炸药100万倍的效果，我们可以希望，如果在和平领域核能代替化学能，那么也可以制造出100万倍的效用。

在萨姆·休斯顿堡建立"高等教育资源全国委员会"望远镜

宇宙辐射 到目前为止,现代物理学的故事一直围绕着发现新辐射的历程,现在我们必须描述一下20世纪初出现的另一类辐射。大约在1902年,很多实验者发现他们的电气设备在设有任何明显原因的情况下自动放电,并因此猜测原因一定是到目前为止尚不知晓的某种辐射。这似乎无处不在,并比任何一种辐射都具有更强大的穿透力,任何厚度的金属都无法屏蔽其效果。开始,人们认为这来自于地球本身,但是格克耳、黑尔、柯尔霍斯特和后来的密立根及其在帕萨迪纳的同事们发现他们的仪器如果放在气球中上升时会放电更快,而相反,如果仪器放入矿藏或深潜入无镭的水中时则放电较慢,显然,辐射一定是从外部空间进入大气的。

辐射不会来自某个星体,因为如果是这样,太阳应该到目前为止是最大的辐射源,而且白天和黑夜所接收到的辐射量等同,似乎辐射来自某种一般的宇宙过程,因而被称为“宇宙辐射”。

这是到目前为止最具有穿透力的辐射,因为它可以穿过数码的铅,这使其变得不可毁灭。由于空间的物质的平均密度非常之低(每立方厘米仅有10^{-28}克),以至于辐射在穿行了几十亿年之后才会遇到与1微米厚度的铅板等同的物质。宇宙的年龄大约只有几十亿年,这意味着几乎所有的宇宙辐射在产生后仍然继续在空间内穿行。雷格纳发现,我们接到的这种辐射大约与我们从太阳以外的星体所接到的光和热等同,在每立方英寸中,它每秒分裂大约10个原子,从整个空间平均下来,这大概是整个宇宙中最普通的辐射。

发现这种辐射后的若干年,对其性质曾进行过很多讨论,它是否含有带电粒子,或者含有电子干扰,或者二者都不是?在普通实验室磁场中进行测试是没有意义的,因为在到达实验室时,它已经穿过了整个地球大气层,打碎了所遇到的每一个原子,因而与自己所创造出来的原子碎片混合在一起。唯一可以用来进行测试的磁场是地球本身,因为辐射在大气中发生纠缠已经穿过该磁场,这个场不会使电磁波发生偏移，因而如果辐射含有这些，它会等量地落在地球表面的各个部分。另一方面，如果辐射含有带电粒子，这些粒子会在地球的场中发生偏移，并不均衡地落在地球表面的各个部分，其不均衡性会显示出地球磁场的某些特性。

从1938年开始，密立根和在帕萨迪纳技术学院的合作者们一直不惜力量地在地球表面各个区域测量辐射的能量，并发现结果并不均衡。密立根和内尔对观察的解读是，60%的辐射一定含有带电粒子，其运行时带有一个电子从20亿~150亿伏电压下降的过程中所获得能量，他们对这些能量的来源进行了猜测。

我们已经看到一个粒子的质量在其运行速度增加的过程中如果相应增加，从而一个运动足够快的电子可能具有一个完整原子的质量。这不是异想天开的猜测，或仅仅是理论推演，因为罗林斯顿和福勒已经发现，实验室中的一个完整原子可以将自己转换成一对粒子，其运行速度可以使其质量之和等于原来原子的质量。密立根还猜测到，宇宙辐射可能含有这类粒子，它们的高速运动令其具有原子的质量。1943年，密立根、内尔和匹克林发现，观察到的辐射可以通过氦、氮、氧和硅原子的分解进行解释——这不是原子的随意分类，因为其中含有空间中最普通的一些原子，如果这些最终被证明是宇宙辐射之源，那将成为物质转换成辐射的显著案例，尽管到目前为止我们还不知道这种转换如何发生或为什么发生。我们已经看到较不完整的转换如何被应用在原子弹中，未来将很快看到来自太阳和其他星体的辐射将会如何得到应用。

其他粒子 宇宙辐射的高能穿透力暗示了一个高能的破碎能力，事实上这种辐射击碎了所有撞到的原子核。如果这种情况发生在威尔森冷凝室，被击碎的原子核碎片可以通过对不同组成部分冷凝痕迹的摄影进行检验。1932年，在帕萨迪纳技术学院工作的卡尔·安德森发现这些碎片含有一种尚不知晓的粒子，并且携带质子电荷，但质量只有一个电子大小，它们实际上是带有正电荷的电子,安德森称之为阳电子。

它们的存在时间很短,几乎一出生就与普通电子合并,并在辐射的一瞬间消失,这一闪所产生的能量当然是,其质量等于阳电子和电子的组合质量。1933年,布莱克特和奥恰利尼在卡文迪什实验室提出并由安德森迅速证实,该过程具有可逆性,由于阳电子和电子成对消亡,它们也成对出生,这样能量创造了物质。

到目前为止,这些阳电子仅仅被认为是来自空间深处的宇宙辐射的产物,但在1934年,约里奥发现类似的粒子也从某种实验室产生的放射性原子核中释放出来。

1937年,宇宙辐射所产生的碎片含有另外一种新的粒子——介子(重电子),它与电子具有同样的电子,但是其质量不同,据估算可能是电子质量的40~500倍,因而介于电子质量和质子质量之间。这种质量是否等同还不得而知,可能有很多种介子。

所有这些不同的粒子看起来都是从原子核中出现的,而原子核可以看作是所有这些粒子的混合体,但是我们不知道这些粒子在多大程度上可以永久并独立地存在。安德森曾经提出,中子可能不是基本粒子,而是一个质子和电子的组合——一种崩溃了的氢原子。卢瑟福和阿斯顿发现,其质量大约比一个质子和电子的组合质量高出大约1%的十分之一,更笼统地说,质子和中子可能是同一基本粒子的不同状态,二者通过释放1个电子或阳电子而互相转换。这种释放当然会产生反作用力,并且为了符合能量和动能守恒原则,还会有其他粒子同时被释放出来,所需要的纯粹的假想粒子被称为“中微子”或“反中微子”。

鉴于上述所有,对原子核赋予任何精确的规范都是徒劳的,讨论一杯茶是含有用糖甜化了的奶茶,还是含有用牛奶白化了的糖茶并没有太大的意义。

量子理论

气体的运动理论主要是19世纪的创造，在19世纪末，该理论对一种气体的大部分特性的解释，是将之描绘为一群小的坚硬分子在空间冲来冲去并互相碰撞——弹回在新的路径上继续以前的运动，就像弹子球的三维运动一样。

但是这个概念有其困难性，尤其难以理解的是冲行并弹回的分子为什么会继续重复这种冲行和弹回——几乎是永远的。弹子球不会这样，它们最终会停止在桌面上，因为在每次互相碰撞或碰到衬里时会失去部分动能。动能被转换成热能，也就是球内部振动的能量，为什么气体的分子不会同样转换自己的能量？

一个解答可能是认为分子不会振动，但难以令人信服。气体的波谱图一般被解读为原子或分子内部振动的证据——就好像钟在发声时会内部振动。后来，原子被发现含有大量的带电成分，因而认为内部振动不会发生似乎就更加荒谬。

这个难题通过一个数学定律“能量均分定理”被提到了注意的焦点，该定律显示，一种气体的分子的所有可能的运动可以被看作是一个等待能量喂食的嘴，并且为获得一切可能的能量食物而进行竞争。当两个分子碰撞时，能量从一个分子转到另一个分子，定理显示，当大量的碰撞发生后，能量以一种定比得到分享。对于在空间的运动来说，每个分子(平均起来是在一小段时间中)会有3个单位的能量，内部振动会得到2个单位能量，根据具体的形状和结构而出现的旋转会得到0、1、3个单位能量。那么，如果出现很多内部振动，大多数能量会满足此项要求。实际上实验显示，大多数能量会满足在空间的个体运行。在最简单的分子中——氦、氖等只有单一原子的分子，情况都是这样。显然，这里出现了某种错误，由于能量均分定律是从牛顿机械系统直接做出的逻辑推论，错误似乎应该在于此。

从红—热体发出的辐射提出了同样的难题，但形式稍有不同。能量均分定律显示，从这种物体发出的辐射应该几乎只含有可能的最短波长的波，但实验显示了相反的情况。

为解决这个僵局做出第一个尝试的是柏林大学教授，后来就职于恺撒—威廉学院的马克斯·普朗克。在1900年发表的一篇划时代的论文中，他想象说，所有物质都具有振子，每一个都有自己的振动频率（即每秒进行的振动次数），并释放出该频率的辐射，就像钟释放出其振动频率的声音一样。这与现在的观点完全吻合，但是普朗克引入了一个令人吃惊的假设，即振子并不是以不断的流的形式释放能量，而是通过一系列短暂的喷吐。这个假设与麦克斯韦的电磁定理和牛顿机械学公然对立，它否定了自然的持续性，引入了至今还没有证据的非连续性。

每个振子都被认为具有与其自身相关的某个辐射单位，并且仅仅以整个单位的形式释放辐射，它不会释放一个单位的一部分，因而辐射被认为是原子性的。这种假设自然会导出一个与牛顿力学不同的结果，但是普朗克能够显示，自然站在他一边，他的理论准确预测了从热体中发出的辐射。

普朗克将其辐射单位描绘为“量子”，每个单位内的能量总量取决于该单位所在的振子，等于其振动频率乘以一个常数h，即普朗克常数，这被证明是宇宙的基本常数之一——如同一个电子中的电荷或质子的质量。通过量子理论所经历的所有变化——数量巨大——常数h显而易见，我们现在将之与辐射而不是振子相联系。

1905年，爱因斯坦试图通过画面的方式重现该理论，他将辐射比喻成能量的单个粒子的飞行，他称为“光箭”，每一个都带有一个量子的能量，直到它们落在物质上，并被吸收。

如同洛伦兹很快指出的,这个理论打碎了波理论及其所有成功,但是画面中也有对其的很多赞誉。当紫外线、X射线或γ-射线通过气体时,它们打碎了其中的一些原子γ-,这样将其变成导电体。可以预计,被打碎的原子的数量应该与穿过气体的辐射的总能量成正比。实际上,该数字更加依赖于辐射的频率,高频弱辐射可能打碎大量的原子,而低频强辐射可能不会打碎任何原子——就像在摄影活动中,少量的阳光会雾化胶片,而太多的红光(低频)却没有任何害处。这可以得到恰当的解释,因为根据普朗克的观点,我们将高频辐射比作有力的子弹,而将低频辐射比作小炮弹。如果1量子有足够的能量打碎他落在其上的原子,它就会这样做,被解放的电子会抢走运动能量所剩下的任何能量残渣。实际上,人们发现获得解放的电子的运行速度恰恰是该观点所要求的速度。

尼尔斯·玻尔 1913年,另外一个前进的步伐由哥本哈根光谱学院的波尔迈出。当从一种气体中出来的光穿过光谱仪并被分析时,其光谱被发现成系列线状,每一根线都与一种固定的频率相连。里茨已经显示,这些频率与其他的被认为是更加基本的频率不同。如果后者是a、b、c……,那么所观察到的频率就是a-b、b-c、a-c……

波尔认为,一定存在更加基本的东西,例如ha、hb、hac……即能量的总量。他大师般的中心思想是,一个原子可以永久站立,但前提条件是能量必须是这些值中的某个,是会突然从这种状态中的一个降为另一个低能量的状态,并在这个过程中释放出某量子的能量。例如,如果能量从 ha 降到 hb,原子会释放出能量 $h(a-b)$ 的辐射,根据普朗克的观点,这应该构成该量子的频率 $a-b$,而该频率是光谱仪中观察到的频率。

波尔接下来试图通过对氢原子的研究来描述这些观点,他和卢瑟福一样认为氢原子含有一个质子和一个在其周围运行的电子。他提出,电子可能的轨道是其中角动量为 h 的整数倍,并发现结果的值为 ha、hb…… 恰恰可以推导出氢的光谱。该光谱已经令科学家在长久的时间里无所适从,似乎在新的量子理论面前立即显露了秘密。波尔有将他的探讨延伸到氦的光谱,并获得令人满意的结果,但是他的理论在比氦更加复杂的原子光谱中失去了效用。

新观点受到了更严肃的反对声音的质疑,因为这与老的光的波动理论相左,数学家们开始试图将看起来不相容的二者弥合为统一体。

海森堡、玻恩和约尔丹 在此之后,该领域一直乏善可陈,直至1925年才出现另一个重大进步,其完成者包括曾在哥本哈根与波尔共事,后来成为莱比锡大学物理学教授的维尔纳·海森堡,和曾在柏林、法兰克福以及格丁根担任教授后来又在爱丁堡大学担任自然在哲学教授的马克斯·玻恩。海森堡认为,波尔理论的不完美性一定来自于他对原子描述的不完美性。当一个原子被打碎时,电子会从中脱离,但是这些成分可能会在打碎的过程中改变自身的特性。在原子中束缚的电子可能会与在空间中自由的电子有某些不同,海森堡因此抛弃了所有未得到证实的猜测,包括粒子、能量量子、光波等的存在,因为它们不可观测。他转而将注意力集中在其存在不容置疑的"可观测者"上,这些现象只不过包括其频率和强度都可以观测的光谱线。在遵循海森堡的这些线的观点的基础上,玻恩和约尔丹设计了一个定理系统,后被证明与对原子光谱的观察极为一致,新的定理系统就是一般所知的"矩阵力学"。

普通代数处理普通的简单数量,并用简单的符号如 x、y、z 表示。如果一组数量紧密关联,有时可以方便地将整组作为一个整体处理,用一个字母表示。一组特殊的类别,这里不做详论,可以描述为一个矩阵。在矩阵变得对原子物理具有重要意义之前的很长时间里,已经有很多数学家对其进行了研究,并对其操作规定了原则。例如,如果 p 代表一个组 a_1、b_1、c_1……,q 代表另一组 a_2、b_2、c_2 ……,那么明显地可以用 $p+q$ 代表 $a_1+b_1+c_1+a_2+b_2+c_2$ ……对于 $p-q$、pq、p^2、$\frac{1}{p}$ 等也可以做类比推断。

当海森堡、玻恩、约尔丹等人显示出自然在原子级别的运行与牛顿定律的形式相同,但需要将牛顿代数数量用矩阵来取代时,历史便迎来了一个重大进步。如果出现在经典方程中的一般化的坐标和动量被恰当选出的矩阵代替,这样得出的法则似乎会统驭整个原子物理。波尔的计划是保留粒子-电子,但修改牛顿力学。玻恩和约尔丹保留了牛顿力学(至少在形式上),但修改电子粒子,用某种未知但必然比简单粒子更加复杂的事物代替之,这种未知的事物我们只可以在数学上进行规定。牛顿力学的使用范围以原子为界限,之后便是量子力学的领域。在原子以外的自由空间,同时也在原子的外部界限,新的电子降为一种简单的粒子,新的海森堡、玻恩和约尔丹体系与老的波尔体系一样,都降为牛顿力学。

物质现在被看作比粒子组更加复杂的某类东西。波尔理论是将其解释为粒子的最后尝试,但是显然还需要更加精化的东西来解释原子的内部活动。必需的新的概念不允许用机械术语进行再现,的确,它们根本不能在空间或时间内得到代表。德谟克利特关于宇宙是虚空,但其间存在着粒子的观点已经对科学很好地服务了2400年,但是随着波尔理论的失败,现在是抛弃它的时候了,认为宇宙是粒子的结构,存在于时间与空间中的观点必须从科学中去除。

德布罗意　在上述进步不断出现的时候,还有一些人在其他方面做了尝试,希望能够发现自然规则的真实框架。巴黎的路易斯·德布罗意受到一种光学类比的指导,在1924年引发了新的转折。在反思原始的认为光在空间中以直线传播的理论不得不让位于更加精确的波形理论之后，他认为运动电子的理论或许也可以以同样的方式得到改进。他开始将运动的电子想象为一系列波，并显示量子理论的原则如何可以将频率和波长赋予波。1927年，戴维森和革末几乎偶然地让以快速移动的电子喷淋在晶体的表面，并发现电子发生衍射，形成的结构与X射线在同样条件下形成的结构一致。由于X射线被认为含有波，这表明电子也有波的性质。在接下来的一年，J.J.汤姆森爵士的儿子，当时为阿伯丁大学自然哲学教授的G.P.汤姆森将电子喷淋过非常薄的金属薄膜，并发现了类似的效果，波的频率和波长与链子理论所要求的完全一致，物质似乎是由波而不是粒子组成的。

薛定谔　1926年，当时的柏林大学教授埃尔温·薛定谔将同样观点应用于原子内部电子的运动，用一组波代替波尔理论所假定的电子。这个理论允许电子在原子内按一定的轨道运行，现在薛定谔证明，所允许的轨道正是那些含有整数数量的完整的波的轨道，从而波形弧线完整相连形成完整的圆。这样薛定谔得到了一个数学规范，似乎可以完整解释所有的已知光谱。到目前为止，波仅仅是数学抽象概念，它们的实际解释现在由海森堡引入的"不确定性原理"或不明确性进行了诠释。

不确定性原理　科学界的一个常识是，糟糕的仪器不会得到精确的结果。仪器越精确，结果越准确。如果我们有极为精确的仪器，就一般可以对物质宇宙进行更完美的描述。例如，我们可以说"这里，在空间的隔着确定点和时间的这个精确时刻，有一个电子，以这样的速度运行"。但仪器本身也是我们探索对象的一部分，并分享了它的缺陷，包括在探索中出现的它本身的原子力。因为物质和辐射都是有原子的，我们永远不能为我们的观察获得完美精确的仪器，我们有的仅仅是笨拙迟钝的、不可能为任何物体画出精确图形的探测器。我们可以运用的最小物质是电子，我们可以释放的最小能量是完整的量子。电子或量子的影响造成了对我们所研究的那部分宇宙的歪曲,代之以更新的器具也会以同样的方式绕开了所需的精确研究,这就是海森堡在1927年引入的“不明确性原理”的内容。

海森堡显示,自然的这种粗糙和粗劣,原则上使我们无法对电子的位置和速度进行完美的测定。如果我们在一方面降低了不确定性,那么在另一方面它就会增加,而且两种不确定性永远不会被降到某一最低值以下。这个最低值就是普朗克常数h的一个简单倍数,并明确为一个自然数。由于这个常数规范了辐射的原子性,我们必须希望它也对我们来自该原子性的知识无定性进行规范,这样我们对于位置和速度的测量一定会被认为是标示某种概率而非确定的事实。

1926年,玻恩证实,德布罗意和薛定谔的数学波可以解释为空间不同点的电子的概率图。在某点没有波就是零概率,弱的波意味着小概率,等等。波不存在于普通的三维空间,而是存在于一个虚拟的多维空间,这一点单独可以显示它们仅仅是数学架构,可以没有实体存在。但是,它们根据确定的已知方程进行的传播,对原子内部发生的事情,或者至少是流出原子之外的辐射进行了完美的解释。这些波可以等同地被描述为我们关于相关电子的知识的粗略表现,也正是出于此,它们有时也被描绘为“知识波”。

对于这些结论的充分讨论清晰地表明,物质不可以被解释成波或粒子,也不是波加上粒子,物质的某些特性与波性不符,另外一些特性与粒子性不符。通常普遍认可的是,它必须被解释为在某些方面可以让我们想起粒子,而在另外一些方面让我们想起波,但是没有可行的模型或图画可以建造出来。波必须是概率波,或知识波——两个解释是同等的,而粒子是完全物质的,我们可以从中得到关于物质性的标准。但是我们的感觉告诉我们宇宙是由物质和辐射构成的,如果物质是我们刚才所说的,那么辐射呢?

如同我们已经看到的,现在关于辐射有两个明显互不相符的观点。一个将辐射看作波——麦克斯韦的电磁波,另一个将辐射看作粒子——爱因斯坦的“光箭”,即我们所说的光子。显然,与对物质的解释一样,这里也有双重性。解释被证明都是一样的:我们永远不可能确切知道光子在哪里,一切都是概率,如同德布罗意和薛定谔的波显示了光子可能在不同地方的概率,麦克斯韦的电磁理论和光的波形理论——及我们一般描述为光波的波,可能被解释为表述光子相应概率的波。

狄拉克　1930年,剑桥大学数学教授狄拉克发表了一本重要的书《量子力学》,旨在将整个理论置于连续的数学形式中,并将不同的理论进行统一。他提出了一种非常抽象的数学理论,其中包括作为特例的矩阵力学和波力学,其基本理念是,自然的基本过程不能够被描述为时间和空间中的事件,在我们可以观察到的一切之外,还有事件的下层不允许做这样的表现。对这些事件的观察是一个这些事件可能经历的过程,并且它们的形式也在过程中变化;它将各种事件带到上述下层的表面,在那里它们可以通过时间和空间来表达,并可以影响我们的仪器和感觉。

这将我们带到了今天关于量子理论的知识的前沿,在这里,进步似乎被阻断了。还有几个没有解决的困难,其中的一些可能会被证明是基本性的,其无数细节要求有更多的知识及广度。一些物理学家认为,现在的困难也许通过对现有理论进行简单的修正就可以很快克服。其他的一些人则不那么乐观,认为仍需要发现一些基本的完全新的东西,或者某些重大的、可以简单化的综合体仍未出现,而它们才是问题的关键。对自然的每一个新解读在最开始时都似乎是奇怪或非理性的,我们的趋势是期望一个机械的宇宙,与我们对日常人类大小的世界的经验保持一致,而当我们从这个人类大小的世界走出去越远,就越发现那个世界中的我们越陌生,在这一点上,量子理论也不例外。

物理学的其他发展

到目前为止,我们已经提到了当今世纪物理学的各项主要的新进展,但如果就此停止,将会造成一个非常错误的印象。在近些年中,大量的工作被投入到发展和拓展19世纪的研究成果,尤其是拓宽实验室中的温度和压力的界限,研究随之而来的新条件下物质的特性。

也许将界限拓宽的最显著的成就是低温方面,当然有两个困难,第一是将作为研究对象的物质带到所需的低温中,第二是将它保持在低温中。

在19世纪早期,盖—吕萨认为,当气体自由膨胀且不做功,它将不会经历温度变化,因而没有能量变化。后来,焦耳、开尔文爵士等人发现这并不完全正确:通过多孔塞进入真空的气体会慢慢冷却,因为在克服气体分子相互引力的过程中,功被消耗掉了。在低温状态下,温度的下降可能是显著的,将气体一遍又一遍通过多孔塞,温度可能不断降低。通过这个原理,詹姆斯·杜瓦成功地在1898年将氢液化,温度为-252.7℃。在此之后,其他许多气体相继实现液化,直至最后,卡莫林在1908年将氦在高于绝对零度4.22℃时液化,从而使最后一种气体也可以在液体状态下存在。

第二个困难由詹姆斯·杜瓦的“真空烧瓶”解决,如同我们已经知道的,一层空气可以成为很好的非导热体。我们穿上衣服,在皮肤之外便形成一个这样的空气层。空气越稀薄,热绝缘性越好,因而完美的真空是理想的非导热体。杜瓦真空烧瓶运用了这个原理,它包括两层壁,二者中间为真空,这是我们经常用来为汤和咖啡保温的通常的商业“暖水瓶”。杜瓦使用它来为液体空气或其他物质保冷,在研究低温条件下的物质方面,其功效被证明难以抹杀。

卡莫林·昂内斯在获得液体氦后并没有停下脚步，而是与雷顿的一组同事一道进入超低温领域，并很快到达绝对零度外1度的范围，现在有磁手段可以进入绝对零度外百分之二度的范围内。

达到这些低温开辟了一个广阔的新领域——研究那些几乎不受其分子的热运动打扰的物质，这里，物质的很多特性都被证明与我们在日常生活中所知道的完全不同。卡皮查已经证明，大多数物质的磁特性在低温条件下会发生显著变化。1935年，葛生和罗琳发现绝对零度外2.19℃范围内的还会完全改变其性能，几乎可以变成另外一种气体，即现在所说的氦II。这种气体几乎没有黏性，并且具有令人惊异的导热性，但也许最令人吃惊的特性是"超导性"，当一个金属在冷却到某个体现该金属特性的低温之下时，它就会变成完美的电导体。在任何普通温度下，导入环线但没有保持住的电流会在不到一秒的时间内消失，但在足够低温下，电流可能会继续其动量直至多个小时甚至多日。这最后一个效果已久为人知，但还没有令人满意的理论来解释，而且对多个低温现象而言都可以出现同样的情况。他们更多的是提出了问题而非为科学的主体提供答案，在科学史中仅仅需要一带而过。

在高温方面，需要记录的更少。现在已经可以达到接近20000℃，但在这种条件下可以做什么还知之甚少。自然在恒星中为我们提供了更高的温度，并以自己的方式在其中做实验，也许通过天体物理学我们才能最好地获得有关最高温下的物质的特性方面的知识。

极端压力方面要说的也大体相同。现在可以获得从一个大气的几十亿分之一到100000倍范围内的任何压力，但是同样天体物理学中还有更宽的界限，也许这才是极端压力需要最好研究之处。

天体物理学是研究星体自然组成的科学，是作为光谱学的分支产生的。1823年，约翰·赫歇耳提出对星体的光谱进行研究可能会揭示星体化学成分,于是开启了天体物理学杂志的研究之门,并在将近一个世纪中一直是新科学的中心任务。

1867年,罗马梵蒂冈天文台的塞基神父将星际光谱分为4个主要类别,现在人们通常采用哈佛天文台设计的一套更加详细的分类方法。科学发现,被观测到的不同类光谱可以排列成连续的序列,每一类都逐渐融入其相邻的一类。原因是,一个星体的光谱几乎完全取决于其表层的温度,而连续的系列仅仅是一种温度下降。最蓝色的星体在此系列中排在第一位,红颜色的星体排在末位,其原因是,星体的温度越热,其颜色越蓝。

光谱的不同类别显示了不同化学元素的特征线,一个显示了强度的氦,下一个显示了氢,等等。最初的设想有些天真,认为星体主要含有在光谱中显示为最强的元素。当光谱的各个类别呈现出线性序列时,人们认为这可能代表了星体演化的不同阶段,并就此画出了图谱,显示出在最初的时间,星体主要含有氢,然后随着年龄的增长氢逐渐变成重元素。但当萨哈在1920年和1921年对星光谱做出正确解释时,这一切便都消失了:在不同的温度下,星体的不同化学成分依强度而显现。这样,在温度为1万摄氏度时,一些但不是所有物质的原子会积极释放出辐射;如果温度下降到一半,这些物质会停止释放辐射,而其他的物质会取而代之。根据旧的星体光谱解释学说,当一个星体从10000℃下降到5000℃时,它似乎会突降将其组成元素如氢、氦和铁等转换为钙、碳等。我们现在知道,所有星体基本都是电类似的元素构成的混合体,但是具有不同光的光谱,因为其表层的温度不同。这样,光谱是一个有用的温度指针。但光谱的作用远不止于此,它还揭示出空间星体的运动、星体的内在光亮度、质量和大气组成。

巨星和矮星 由于大多数星体都十分遥远,任何望远镜都只能将其显示为小亮点,因而不可能通过直接测量的方法判断其直径。但是星体的光谱可以告诉我们它们的温度,从而我们知道其表面上的每平方米会有多少辐射，我们从收到的光的总量上可以知道辐射的总量，现在一个简单的除法就可以告诉我们它表面的总面积，接下来就可以知道直径。

1913年，雷顿的赫罗图教授通过这种方法计算了一些星体的直径，并发现那些最冷的也就是深红颜色的星体分为两个不同类别：巨型直径的星体和小型直径的星体，他将其命名为巨星和矮星，中等大小的星体并不存在。不久以后，H.N.罗素教授发现较凉的星体的情况也一样，但程度较浅。转到较热星体，大小星体之间的鸿沟在很大范围内继续存在，并最终消失——大星体和小星体最终合二为一。

罗素用一个图表表现这一切，即著名的"罗素图"。他将最红的星体放在表的最右边，将最蓝的星体放在最左边，其他颜色的星体放在适当的位置。他还将星体放在不同的高度以代表其不同亮度（当然还有不同个大小），最亮的在顶部，最暗淡的在底部，中间的放在中间的合适位置。当罗素完成的时候，他发现他的图（大致）形成了一个侧向的V，即<。上面的分支当然由巨星构成，下面的分支由矮星组成，赫罗图的鸿沟就在图中最右边的两臂之间。

罗素对这一点提出了革命性的解释。简言之，他认为，随着年龄的增长，一个星体会从<的顶部滑向底部，首先从红色变成蓝色，然后从蓝色转回红色，而其内在的温度逐渐降低。一个星体一般被认为开始时是巨大的、温度相对较低的大块星云气体，现在，美国的霍默·莱恩在1870年显示，由于这样大的气体在辐射过程中损失能量，因而会收缩，但同时也会变热。罗素提出，这种收缩和变热的结果是，大块的星云气体会首先变成体积巨大的红色星体，然后经历巨星序列，不断变热变小，直至最终其密度可以和水相比。此时，原来的大块物体已经远不是气体状态，莱恩的定理也不再适用。罗素将这一阶段确定为巨星和矮星的连接环节——<的尖部，并想象说，从这时起，星体同时收缩和冷却，经历矮星序列直至最

终在黑暗中消失。在一段时期中,这些观点似乎为所观测到的不同星体光谱和直径提供了令人满意的解释,也对星体的演化做出了可信的解释。但在1917年,上述观点失去了价值,因为剑桥大学的普鲁密安教授亚瑟·爱丁顿提出,一个普通星体的亮度主要取决于其质量。这样,只要一个星体的质量保持基本不变,该星体就不会明显增量或变暗。在普通星体的几十亿年的平均寿命中,没有理由期待该星体的质量会出现实质性变化,因而一般星体的亮度一定保持明显的稳定。根据这个知识,罗素的演化推演变得站不住脚。

星体内部 到目前为止观察和理论都只是关注星体的表面,现在兴趣开始转向星体的内部机制,而这里只有依靠理论分析。1894年,爱丁堡的桑普森显示,在星体的内部,热是通过辐射而不是传导来转移的,但是由于他提出了一个错误的辐射原则,他关于星体内部的研究也变得无效。1906年,格丁根的史瓦兹契德教授对同样的问题进行了冲击,并提出了关于能量转移的正确公式。从1917年开始,爱丁顿对星体的内部进行了密集研究,并对自己的将星体质量和亮度联系起来的理论进行了解释。他得出了一个具有重要意义的结论:普通矮星中心的温度几乎都相等——大约2000万摄氏度,对星体的大小和质量的依赖程度很小。

这意味着一个对星体演化的新推演。一个星体可以被认为在开始时是大块的温度较低的星云气体,然后开始收缩直至中心温度达到上面提到的2000万摄氏度。现在它已经成为一个普通的矮星,并在很长的时间内保持其现有的亮度和体积。的确,收缩的初期可能仅仅是几百万年,然后是几十亿年,其间星体应该辐射能量而同时不会改变其大小或性质。这意味着,一旦温度达到2000万摄氏度,能量一定在星体的内部被释放出来,问题是:怎样释放?

我们曾经提到过一个未经证明的猜想,星体的演化可能伴随着其物质从轻元素变成重元素。卢瑟福等人的实验表明,这个观点没有内在的不可能性。由于大多数元素的相对原子质量都不是确切的整数，每一次转换都可能伴随着质量的损失或获取；如果质量损失，相应的能量就会以辐射的形式被释放出来。佩兰和爱丁顿都曾经提出，氢变成重元素释放出的辐射可能会持续数十亿年，而这正是现在所一个星体的正常寿命。

星体能量的来源　所有这些都显示，一个星体可能从其物质的转变获得辐射的能量，但是发现实际过程需要一些时间。1938年和1939年，贝特、盖莫、泰勒等人在阿特金森和豪特曼斯（1929年）计算的基础上提出了一个推演，现在被认为是真实情况的最合适的描述。

简言之，该推演提出，4个质子合并组成氦原子核，但其间需要碳原子和作为该过程的催化剂，而最终碳原子核脱离出来并且毫无改变——化学家说，这仅仅是催化作用。碳原子核（相对原子质量为12）首先捕捉一个质子并与它合并形成相对原子质量为13的原子核，这是氮的一个同位素。然后它再先后捕捉2个质子，形成相对原子质量为14和15的氮原子核。然后第4个质子被捕捉到，但是这次合并不会形成相对原子质量为16的氮原子核，因为这样的结构非常不稳定，并且立即分裂成相对原子质量为12和4的两个原子核。前者是原始的碳原子核，现在毫无损伤地返回星体，后者是氦原子核，其质量小于聚集在一起构成它的4个质子，质量之差大约是0.028个质子，被以辐射的形式释放出来。尽管该推演因描述了最后产品前过多的转换而显得复杂，但是实验室观察证明了每个阶段。森和伯曼曾计算说（1945年），如果其量中有与前面估算非常吻合的35%的氢，并且太阳中心物质的密度是水的45倍，且温度达到2020万摄氏度，那么它可以放射出该太阳的辐射。

现在普遍提出的是，普通矮星某种程度上也是这样形成的。但在形成现在的状态之前，太阳中心的物质一定已经经历了所有的温度直至2000万摄氏度，而且还有其他核反应——质子和氘核相互间的反应，与轻元素锂、铬和硼之间的反应，据知都是在比2000万摄氏度低很多的温度中发生的。由于矮星的物质一定经历了不同转换发生的这些温度，那么无论如何星体可能会在低温的演化过程中停顿一段时间，其辐射将由这些轻元素的原子核消耗殆尽来支持。实际上，如同盖莫和泰勒所指出的，有不同的星体群的中心温度恰好可以支持这些反应发生，这些被称为红色巨星的星体群的中心温度可以令氘核与氘核及其他质子发生反应。另外一个星体群，即所谓的造父变星，其定义较为模糊，但盖莫和泰勒认为，其形成是通过三个不同的组互相叠加的，其中心温度可以令质子分别与锂、铬和相对原子质量为11的硼的原子核分别发生反应。最后提到的星体群是名为可变星团的变星，其中心温度可以令质子与相对原子质量为10的硼发生反应。

这样，似乎可以将星体描述为经历一系列状态，并且氘核和轻元素锂、铬和硼的原子核相继发生转换，直至这些元素的支持资源耗尽。在此之后，星体开始收缩，直至达到质子与碳原子核发生反应的温度。在早期的反应中，轻元素已经用尽，而至少氢仍有存留。现在氢也耗尽，但是碳存留，然后会到达一个阶段，不再有足够的氢支持星体的辐射。

当到达该阶段时，星体必然再次收缩，其中心温度开始上升。可能会有其他的反应支持辐射，但无论怎样，星体可能会终结，即所谓的“白矮星”。在这些星体中，物质非常紧密地聚集，因而其密度是水的数千倍。其直径很小——不会比地球大，尽管它们仍然释放出少量辐射，其表面温度仍然很高，在行星星云的中心恒星会达到7万摄氏度。这些星体放射出的辐射很少，以至于即便是其引力下的收缩所释放的能量也足以在漫长的寿命中为之支持辐射。最后，它们必定会耗尽所有储存的能量，消失在黑暗中。

实测天文学

在整个19世纪,实测天文学如同物理学一样沿着坚实的道路不断取得进步;在进入20世纪后,仍然和物理学一样,新方法和新观点得以引入,并大大加快了进步的步伐。

首先也是最重要的,20世纪是巨型望远镜的时代——或至少显得是这样。曾经有观点认为天文学历史是一个不断退却的地平线,而在20世纪开端的几十年里,正因为有了这些体积和功能快速加强的望远镜,地平线退却的速度令人惊异地加快了。19世纪末时,天文学知识几乎完全局限在太阳系,天文台的注意力主要集中在太阳、月球和行星的运动以及行星的出现方面,而在天文台之外,不断有人努力告诉我们那些令人失落的消息,诸如一辆特快列车从太阳系的一点到另一点需要多长时间。除了最近的几个恒星的距离之外,我们对恒星几乎一无所知,而且即使这样的数据也不准确。

逐渐的,研究重心从行星转到恒星,然后转到星云。每一次转变都代表了对空间百万倍的更加深邃的观察,因为最近的恒星的距离是最近行星距离的100万倍,而最近的星云的距离也几乎是最近恒星距离的100万倍。

星体距离 望远镜的光收集能力因为其体积增大而不断改进,在此之上是另外一些更加重要的技术进步。其中最有价值的一个是将摄影技术运用到天文学,其价值在确定星际间距离方面尤为突出,首先是1902年在阿利根尼的施莱辛格,然后是1905年在剑桥大学的罗素,然后迅速遍及到世界各地的天文台。在引入摄像技术以前,获得星际的距离首先要测量一颗恒星与另外一颗较为暗淡因而也距离更远的恒星之间的角距离,然后观察这些距离在地球沿轨道进行绕日运行的过程中的变化。如果一个恒星相对于太阳没有运动,它穿过较暗淡恒星背景的角就会给出对其距离的测量——当然以地球轨道的直径的方式来表达。大多数恒星相对于太阳都是运动的,但是相对运动可以通过下面的方法进行简单测量并考虑。现在有了摄像技术,简单地测量感光片上距离的方式取代了对天空中角的漫长艰难而不准确的测量,现在只需要经过适当的间隔对天空的同一小部分进行拍照即可,数以千计的恒星的距离都是通过这种方法得出。但这不是对每个遥远的恒星都有用,因为它们在天空中的显性运动太微小,难以测量,测量它们必须有其他方法。数百恒星的准确距离成为了某种标尺,从中可以知道哪些更大的距离可以通过其他方式测得,我们很快就会看到天文学家们现在可以选择不同种类和长度的表示标尺,用来测量从最近恒星的 $4\frac{1}{4}$ 光年到可以看到的空间中最远星体的5亿光年的距离。

我们已经看到牛顿是如何努力估算星际间的距离的:假设恒星是“标准的灯塔”,每个都有与太阳同样的内在亮度(或“光亮度”)。这样的假设在今天看来是不可能的,因为我们知道恒星的光亮度可以从太阳光亮度的30万分之一到30万倍。但是某些确定类的物体仍然可以用作“标准的灯塔”,它们的亮度都相等而且亮度可知,因而这种星体的距离可以通过其暗淡程度立即推测出来。

这种星体中最突出的是某些种类的可变恒星——这些恒星闪耀时光线不稳定,而是亮度跳跃的。所有恒星中最有趣、最有用的是造父变星,根据其原型δ造父星而命名。这些星体完美地按照固定期间闪耀,而且非常明显——光线快速发亮然后慢慢减弱,因而可以很容易地看到。

1912年,哈佛大学的利福特小姐对小麦哲伦星云中的造父变星进行了研究,这是在银河系束缚之外的一个大星群,并发现所有具有同样光闪动期间的星体都看起来亮度相同。一个恒星的显性光亮依赖于其距离和内在光亮度,但在这种情况下,星云中所有恒星几乎都具有相同的距离。显然,利福特小姐的结果表明,所有具有相同光闪动期间的恒星都具有相同的内在光亮度,换言之,任何单一确定期间的造父变星都可以当作"标准灯塔"。由于许多造父变星的距离已经通过上面解释的方法测量出来,因而可以演绎出每个期间的造父变星的内在光亮度,从而得出可以认出造父变星的任何物体的距离,这些恒星提供了测量空间深度的众多有用标尺中的一个。

星体运动　摄像技术很快就被证明在研究空间恒星运动方面具有相同的作用。如果两个胶片以完整一年的间隔取回,地球绕日运行的干扰效果就会被消除,恒星跨过天空的任何运动一定代表了相对于太阳的真正运动。最好的结果自然是通过间隔几年的长间距对运动进行测量而获得,布雷德利在1755年对星体位置进行的观察被证明具有特殊作用。

这个方法当然只是告诉我们一个恒星的绕日运行,它不可能解释直接朝向或直接背离太阳的运动。早在1868年,哈根斯爵士曾提出,也许可以通过研究星体光谱的方法来确定此类运动,任何沿着实线进行的运动都会在光谱中产生线的位移,星体的运动速度可以从此种位移的总量推出。在20世纪初,利克天文台台长坎贝尔曾经非常成功地使用过这种方法,大量星体的辐状速度很快被准确地测量出来。

此时,普遍存在的想象是,星体进行纯粹的任意运动,人们对星体运动的主要兴趣在于确定空间中太阳的运动。但当格罗宁根的凯特勒通过数据检验了星体运动后,他发现这些运动并非完全任意,而是显示出某些迹象,符合一个确定的规则,尽管这种符合并不完美。1955年他宣布,太阳附近的星体可以分成两个明显的流,彼此相对穿行运动。几年以后,史瓦兹契德、艾丁根等人用数学方式显示,观测到的运动可以用其他方式来解释,而不是上面的两条星流。在后来的一些年中,奥尔特、林得布拉德、普拉斯基特等人对运动进行了深入的数据研究,并发现了新的值得注意的规律。以前曾经有过评论,正是星体的运动使它们避免互相碰撞而在彼此引力的作用下坠落到系统的中心去。1913年,亨利·庞加莱通过计算5亿年的转动足以将它们从这种命运中挽救出来。同一年,沙利耶宣布行星所描绘出的绕日轨道的平面似乎在空间中,或至少相对于遥远的银河背景而言,以3.7亿年的周期慢慢转动。现在的动力学理论要求该平面应该在空间不断保持同样的方向,正是出于这个原因,它被称为"不变的平面"。艾丁根曾经提出,不是这个平面而是银河系的星体系统在转动。现在明确地知道这种转动是存在的,但不是像车轮那种简单的转动,这种转动更像行星的绕日旋转,行星的转动更具有不同的速度,因为它与太阳的远近不同。由于整个探查具有数据化的性质,其结果并不适用于单个星体,而只适用于那些碰巧现在在空间中距离较近的小群星体的平均运动。这一小群在太阳周围的星体被发现正在以2.5亿年的周期描绘一个轨道,其围绕的中心的方向可以较准确地确定,而其距离较难得知。

银河系的结构 无论这个距离是多少,情况似乎都与威廉·赫歇尔爵士的太阳在银河系中心或靠近中心的位置的结论有着明显的不一致,而该结论已经被普遍接受并进入了20世纪,同时也在凯特勒的对空间星体的分布的研究数据中得到证实。简言之,当时的星体分布似乎表明,我们与银河系的中心非常接近,而现在的形体运动则显示我们与之非常遥远。

这个谜团由1920年的一个发现被解开,即星际空间并不是完美透明的,而是含有模糊的物质挡住了光的通道,因而也限制了我们的视野,我们生活在某种宇宙雾中。当我们在一个雾天走在森林中时，我们只能看到一定距离内的树木，因为我们处于所看到的树木的中心。但是我们绝不可以得出结论说，我们在森林的中心，我们仅仅是在可见范围的中心。赫歇尔和凯特勒在发现我们在所有看到的星体的中心后，陷入了错误，以为我们在整个星体系统的中心。

对宇宙雾变暗能力的估计各有不同，但所有估计都认为宇宙雾足够浓厚，令我们无法看到银河系更加遥远的星体，其中超过一半的星体都隐没在我们的视线之外。但有很多其他的被称为“球状星团”的星体——数以百万计的紧密星组，则有足够的亮度穿破更加深厚的浓雾。由于这些星团在造父变星中大量存在，其距离可以很容易地测得。1918年，哈佛天文台台长沙普利发现，可以简单地说它们占据了位于银河平面内或在银河平面附近的盘形空间的内部。这个圆圈现在已知的半径是100000光年，其中心并非太阳或接近太阳，而是距离太阳40000光年，其方向与太阳在轨道中围绕旋转的中心完全一致。我们现在所有的知识都认为两个中心一致，因而太阳（或者更好地说，恒星的太阳系）一定在40000光年处围绕这个中心旋转，以2.5亿年为一个完整周期，速度为每秒270千米。

对宇宙雾的认可澄清了本世纪早些年中令天文学家困惑的另一个难题，天文物体可以根据其普通外观分为不同类别，这些类别被发现可以分成两组，其中一组似乎“规避”银河系平面，另一组似乎“喜爱”银河系平面。后面一组物体仅仅可以在位于银河系平面附近的天空中部分看到，而前面一组则在远离银河系平面的区域看到。我们现在知道，在自然含义中，不存在任何规避或寻找，但由于宇宙雾在这个平面中尤其浓厚和广阔，一些暗淡的物体如果在平面内则不可能被看见，因而似乎在规避它——不是因为那里没有，而是因为在那里却因为浓厚的宇宙雾而不可见。另外一类物体，如同距离明亮星体较近的，并不受到宇宙雾的影响，似乎在寻找银河系平面,如同大多数类别的物体,它们在这里要比在其他地方更加数量庞大。

银河外星云 在似乎规避银河平面的物体中有“银河外星云”,即星云状物体,康德和赫歇尔认为可能是与我们银河系类似的星体系统。它们现在已经被认为完全在星云之外,其中没有任何一个可以透过银河系平面附近的宇宙雾被看到,因为其光亮不足以穿过宇宙雾。那些在天空中其他部分的可以看到的星体看起来非常暗淡,它们需要最大望远镜来进行观察。

1924年,哈勃在威尔逊山天文台用一个巨大的100英寸望远镜发现,这些星云中最明显的部分,仙女座的“大星云”的外部区域可以分解为无数个暗星,这个发现可以与伽利略将他的望远镜转向银河时做出的发现相类比,最近(1944年),巴德发现的星云内部也一样。同样的程序被应用于众多其他星云,它们无一例外地被发现与我们的系统或多或少相似。

星云的大多数都以一种连续的线性顺序进行排列,其体积和形状以线性呈现不断变化。所有形状相同的星云都被发现体积也相同,内部光亮度也相同,因而我们再一次有了标准的物体——这次是幸运本身。体积和亮度的显性不同一定是距离的不同造成的,所以我们可以测量星云的相对距离。哈勃曾将星云中的某些星体认作造父变星,因而可以测量许多星云的绝对距离,并获得了星云距离的标尺。

他和同事们研究了空间中星云的一般分布,发现它们较为统一地分开,相互之间平均距离大约为200万光年,最近的距离是70万光年,而可见的最远的也许是10亿光年。远距离不会产生弱化,如同赫歇耳在自己的星体系统中发现的一样,但望远镜所能到达之处却有平均的一致性。

但无论哪里,星云都聚集成明显的簇,这样的簇只能在其成员引力互相的作用下得以保持。由于簇成员的运动速度可以通过光谱进行确定，因而可以容易地计算引力，并进而得到星云的质量，对星宇质量的这种估算已由辛克莱·史密斯等人做出。平均星云质量通常为1000亿至2000亿个太阳，因而也再一次显示出星云是和我们一样的星体系统。

膨胀的宇宙　星云在空间的分布很少会提出本质上的新问题，除了我们想知道它们会延伸到望远镜所及范围之外多远，但是星云的运动则不同。这里，相对论可以解释一切。

我们已经看到爱因斯坦的理论怎样对行星的绕日运行做出了完美的解答，将宇宙作为整体而进行的讨论提出了更难的问题。我们不得不设想，所有空间都含有物质，任何空间的弯曲度都取决于那里物质的多少。每一点物质都增加空间内的弯曲度，如果物质在任何地方都是数量恰好，总体效果可能会将空间封闭，形成一个确定的封闭量，并保持平衡，任何确定下来的物质密度都会是与该平衡一致的空间的一种尺寸。

爱因斯坦曾经在最初设想，空间的大小必须通过这种方法确定，空间中物质的平均密度可以通过星云已知的质量和平均距离估算，从而可以计算出这个大小的值。当时的计算并不太重要，因而它们已经被超越。但无论当时还是后来的计算都显示，空间中星云的数量一定可以与一个星云中的星体的数量相联系，大约为1500亿，其中仅有100亿个可以通过最大的望远镜看到。

由于其内部物质的压力而形成平衡的空间的这个相对性图画——与由于内部气压而保持平衡的橡皮气球相似，似乎一直令人满意，直至俄罗斯人弗里德曼在1922年，以及比利时人勒迈特在1929年提出，这种排列并不会是永久的。它将空间做成了某种带有内部物质压力形成的弯曲的盘簧，这种弯曲与在其上压重物的弹簧所形成的弯曲不同。如果物质从一个地方运动到另一个地方，弯曲度在两个地方都会发生变化，这样宇宙就不会继续保持平衡，通过这种方式产生的新的力或者会恢复以前的平衡，或者会增加不平衡。弗里德曼和勒迈特证明,它们可能会发生后一种作用,因而爱因斯坦提出的排列可能会是一种不稳定的平衡。他提出的空间,如果只有它自己,将会开始膨胀或收缩。

在所有这些都还处于讨论中时,威尔逊山的哈勃和赫马森获得了某些结果,如果用最明显的方式解读,似乎显示出空间实际上在膨胀,并且速度不慢。星云的光谱显示出位移,如果同样用最明显的方式解读,表明星云正向太阳远离或逼近,一些运动显然使太阳围绕银河系中心做每秒270公里运动的结果。哈勃和赫马森发现,当这些被考虑到后,剩下的位移表明,所有的星云都在离我们而去,其速度与到我们的距离成正比,所观察到的最大的位移与每秒26000英里的速度即光速的七分之一对应。

如果最明显的解读用在所有这些上面,空间就不能再与平衡中的橡胶气球的表面相比,而是与不断吹气膨胀的气球的表面相比。星云可能被比作橡胶上的小纽扣,光谱中的位移表明在我们的纽扣和其他纽扣之间的距离在做相同的扩张。在扩张的系统运动之上是其他的,相对较小的个体的星云运动,尚未发现与任何规律相适。

如果将这样的扩张运动在时间上回溯,可以发现,整个宇宙在几十亿年前被限制在一个体积非常小的空间中,这个期间与地球放射性岩石所显示的地球的年龄可以相提并论。这使勒迈特据此猜想,宇宙的物质可能是一个大的超级分子的爆炸导致的碎片。但在采取这样一个如此现实的解释之外,我们可能注意到星云的显性运动为我们提供了一个时间单位,大约是地球的年龄或大概是恒星的年龄。

这将我们带到了现在的知识前沿。对于未控制领域以外的知识已经有一些认识,但尚未形成非常站得住或令人满意的结果,到目前为止关于宇宙膨胀概念更多的是提出问题而不是解决问题。

这显然是重要的。星云天文学,无限大的物理学被看作在讲述与放射性和无限小的物理学一致的故事，物理学被证明是一个连贯的统一体。

亚瑟·爱丁顿爵士将生命的最后时间用来试图建立一个更加宽泛的合成体，将不同科学的基本事实连接起来，显示它们都是某些基本假设的必然结果，它们似乎是量子理论的基本原则，但被深深地隐匿的。

以此为基础，他宣称已经显示，星云后退的速度一定与实际观测到的恰好基本一致。如果我们将宇宙描画为一个空间和时间结构，那么空间的维度一定是3个，时间另算一个。如果我们将宇宙描画为含有粒子，那么某些是带有阳电荷某些携带有阴电荷；两种粒子的质量之比为下面二次方程的根之比 $10x2-136x+1=0$，或1847.6。这个值无论对错，当然与所观察到的质子和电子的质量比非常接近。宇宙中粒子的总数必然是 $\frac{3}{4}\times2^{256}\times(1+2^3+2^7)$，这是电子和质子的引力之比与电引力之比的平方的简单的给定倍数。

爱丁顿的同事几乎没有人可以完全接受他的观点，的确几乎没有人宣布理解它们。但是他的思路本身似乎不是完全荒谬，似乎某种此类的大型合成体会随着时间的推移最终解释我们所居住的这个世界，尽管时间还没有到来。